Jankowski
Zwischen Alt und Neu liegt Gut

Für Udo

Zwischen Alt und Neu liegt Gut

von

Jule Jankowski

Mit einem Beitrag von Stephan Grabmeier

Verlag Franz Vahlen München

Jule Jankowski ist systemische Organisationsberaterin.
Sie begleitet Teams und Führungskräfte durch Veränderungsprozesse und hilft, Innovationen voranzutreiben.

ISBN Print: 978 3 8006 6933 2
ISBN E-BOOK (ePDF): 978 3 8006 6934 9
ISBN E-BOOK (ePub): 978 3 8006 6935 6

Satz: Fotosatz Buck
Zweikirchener Str. 7, 84036 Kumhausen

Druck und Bindung: Beltz Grafische Betriebe GmbH
Am Fliegerhorst 8, 99947 Bad Langensalza

Umschlaggestaltung: Ralph Zimmermann – Bureau Parapluie

CO_2 neutral
vahlen.de/nachhaltig

Gedruckt auf säurefreiem, alterungsbeständigem Papier
(hergestellt aus chlorfrei gebleichtem Zellstoff)

Inhaltsverzeichnis

Prolog: Zeit für GOOD WORK

1

1.1 NEW WORK unter neuen Vorzeichen

Die Learning Journey

Die vorderen Reihen auf dem Parkdeck sind belegt. Die Schranke hebt und senkt sich im 15-Sekundentakt. Die beiden Verwaltungstürme zeigen nur noch wenige dunkle Flecken in ihrer Fassade. Aus den meisten Fenstern bestätigt das Licht, dass ein neuer Arbeitstag begonnen hat. Es ist der 10. März 2020, 6.45 Uhr, ein Dienstagmorgen im März, in der Mitte der Republik, kalt, grau und verdammt früh. Kein Vogel hat bislang seine Frühschicht angetreten. Doch die Stadt steht bereits Schlange, um sich auf den Weg zur Arbeit zu machen.

Wir warten am verabredeten Treffpunkt. Wir sind gut in der Zeit. Noch ist kein Teilnehmer in Sicht. In etwa 45 Minuten werden wir aufbrechen, auf Reise gehen, wie wir es nennen. Vor uns liegt ein langer Tag, eine Learning Journey, die unseren Gästen eine Wagenladung voller Inspirationen und wohlwollender Verstörung präsentieren soll. Die fünf Stationen für heute haben wir sorgsam kuratiert, eine Mischung aus „alter“ und „neuer“ Arbeitswelt ausgewählt. Als externe Moderatoren begleiten wir den heutigen Ausflug in eine andere Arbeitswelt, der unter einer ganz spezifischen Überschrift steht. Kann der genossenschaftliche Gedanke ein Weg sein, um gesellschaftliche Probleme zu lösen und nachhaltige Innovationen zu befördern? Mit dieser Frage im Gepäck werden wir uns heute eine Modellbank, einige Start-ups und Bürgerinitiativen anschauen und mit den Gründern und Verantwortlichen in den Austausch treten. Ich bin entspannt. Immerhin ist es für mich die 30. Auflage dieses Formats, das ich allein für diesen Kunden der Finanzbranche gemeinsam mit Kollegen geplant und durchgeführt habe. Ich weiß also ganz genau, was uns erwartet. Denke ich, am Morgen des 10. März im Jahr 2020.

Learning Journeys – Lieblingsevent aller NEW WORK Enthusiasten – boomen, nicht nur in Berlin. Längst haben sich ganze Geschäftsmodelle daraus etabliert, eine Reihe von Start-ups oder unkonventionellen Unternehmen für einen Tag zu besuchen und den Dialog zwischen Gründern und NEW WORKern auf der einen und wissbegierigen Angestellten auf der anderen zu gestalten. Landauf, landab gehen Menschen auf Safaris, begeben sich auf Lernreisen, lassen sich inspirieren. Das, was noch vor einigen Jahren lediglich hochrangigen Managern vorbehalten war, die im Tross weiterer zahlungs- und entscheidungskräftiger Menschen ins Silicon Valley reisten, gehört mittlerweile zum Repertoire der Personalentwicklung vieler deutscher (Groß-)Unternehmen.

Menschen aus sämtlichen Branchen und Berufsfeldern interessieren sich immer stärker dafür, nicht nur über das „WAS" ihrer Arbeit, sondern vor allem über das „HOW" und „WHY" nachzudenken. Es sind allen voran Mitarbeiter aus Konzernen, aus größeren mittelständischen Unternehmen, die irgendwie das Gefühl beschleicht, dass Arbeiten auch ganz anders funktionieren kann. Dass Arbeiten eigentlich doch viel mehr sein sollte, als nur ein unangenehmes Zeitfenster, das sich lästigerweise in das Leben quetscht. Das Konzept der Learning Journeys geht davon aus, dass Lernen vor allem durch unmittelbares Erfahren, durch den direkten Austausch viel eher gelingen kann, als es theorielastige Seminare vermitteln können. Was gibt es da schon zu lernen, wenn man anderen Menschen für eine kurze Stippvisite beim Arbeiten über die Schulter schaut? lästern die Kritiker und verhöhnen diese Art Ausflüge als Zoobesuche. Die Fans nehmen solche Einwände achselzuckend zur Kenntnis.

Einen Tag lang aus dem üblichen beruflichen Tun heraustreten, in völlig andere Arbeitsrealitäten eintauchen und im Spiegel des Erlebten das eigene Wirken reflektieren, das ist das Versprechen einer Learning Journey. Und damit trifft das Format die NEW WORK Seele. Wenn wir unsere Arbeit neu erfinden wollen, eine neue Arbeitswelt erschaffen, dann brauchen wir mutmachende Geschichten, Beispiele von Wegen, die ganz anders verlaufen, als es die herkömmlichen Karrierepfade vorsehen. Es braucht ein neues Narrativ von Arbeit, neue Erzählungen von Arbeitsweisen. Narrativ. Noch so eine Lieblingsvokabel der NEW WORK Szene. Der Begriff stammt ursprünglich aus den Sozialwissenschaften und umschreibt sinnstiftende Worterzählungen, die exemplarisch für eine soziale Gruppe oder eine ganz Kultur stehen.

Der Reisebus hat seine Tür als Geste der Einladung geöffnet. Die warme Luft im Inneren des Busses strömt auf den Gehsteig. Sollen wir einsteigen? Unsere Gäste tröpfeln ein. Ein junger Mitarbeiter aus dem Controlling schlürft noch den letzten warmen Schluck aus seinem Barista-Mehrwegbecher. Die Dame in Businesskostüm und Pumps schaut sich irritiert unter ihren Kollegen um. Ihr Blick verrät ihre Sorge, sich womöglich im Kleiderschrank vergriffen zu haben. Die meisten Anwesenden sind klamottentechnisch offenbar komplett auf lässige Start-up-Kultur eingestellt. Ein Mitreisender steht mit seinem Teamkollegen am Treffpunkt, für die meisten jedoch ist der gemeinsame Arbeitgeber die einzige Klammer, die sie mit den anderen Teilnehmern verbindet. Die Learning Journey ist ein offenes Lernangebot, das das Unternehmen seinen Mitarbeitern offeriert, über alle Hierarchien und Bereiche hinweg.

10 Minuten vor Abfahrt sind gerade einmal 14 der angemeldeten 28 Teilnehmer eingetroffen. Ungewöhnlich. Die Mitarbeiter des Konzerns sind für ihre Pünktlichkeitskultur bekannt. Einige Kollegen wischen auf ihrem Diensthandy, legen die Stirn in Falten. Es gibt offenbar Probleme. Sie berichten von kurzfristigen Abmeldungen, die sie gerade auf allen möglichen Kanälen erreichen. Bereichs- und Abteilungsleiter, die längst ihren Mitarbeitern die Teilnahme genehmigt hatten, klinken sich plötzlich ein und sprechen ihr Veto aus.

Zu gefährlich. Keine Versammlung mit mehr als 15 Personen. Das wachsende Unbehagen gegenüber größeren Zusammenkünften ist in den vergangenen Tagen immer stärker spürbar gewesen und gleichzeitig etwas, das eher in den Nachrichten diskutiert wird als im eigenen Leben passiert. Eine Mischung aus Unverständnis, leichter Überforderung und Pragmatismus macht sich bei uns breit. Wir schauen uns an: Sind wir unvorsichtig, zu nachlässig? Oder können wir es heute wagen? Abblasen oder Durchziehen? Keine der Optionen fühlt sich wirklich richtig an. Dann fällt die Entscheidung. Wir brechen auf, mit einer kleinen motivierten Mannschaft. Den Mitarbeitern und uns gelingt es an diesem Tag nur mäßig, das auszublenden, was mehr und mehr auf Platz Eins unseres kollektiven Bewusstseins rückt. Corona. Es soll unsere letzte Learning Journey sein in einer Arbeitswelt, die im Rückspiegel betrachtet so sortiert und auf eine merkwürdige Weise naiv erscheint.

NEW WORK – eine Bewegung kommt in die Jahre

Dies ist kein weiteres Buch über NEW WORK und auch keines über Corona. Und doch hat die Pandemie die Art und Weise, wie wir arbeiten oder genauer: zusammenarbeiten, in ein „Davor" und „Danach" eingeteilt. Wenn wir also über etwas anderes sprechen möchten als NEW WORK, dürfen wir dennoch kurz verstehen, wie dieses Phänomen im „Davor" und „Danach" verortet war und ist. Und wir sollten noch einmal in die Stimmungslage direkt am Scharnier der Veränderung eintauchen, also in die ersten Wochen und Monate, in denen der Change besonders deutlich bemerkbar war.

Schauen wir erst einmal auf den Startpunkt, an dem NEW WORK seinen Lauf nahm. Der Philosoph Frithjof Bergmann, der Begründer des Gedankens von NEW WORK, war beseelt von der Vorstellung, dass wir eine gänzlich neue Arbeitswelt erschaffen müssten. Eine Welt, die sich von der traditionellen Erwerbsarbeit emanzipiert. Eine Welt, die jedem Menschen die Chance gibt, sich mit all seinen Fähigkeiten einzubringen und ihren Beitrag, nicht allein für die Arbeitswelt, sondern für die Gesellschaft zu bringen.

Die Frage, die sich ein jeder im Leben stellen sollte, war für ihn: „Was ist das, was du wirklich, wirklich willst?" Eine gleichermaßen schlichte wie anstrengende Frage, deren Beantwortung viele Menschen auch heute noch überfordert. Es gibt eine Armut der Begierde, war Frithjofs ernüchternde Erkenntnis, nachdem er in den USA Anfang der 1980er-Jahre mit tausenden Arbeitern aus der Automobilindustrie, bedroht vom unmittelbaren Jobverlust, über ihre inneren beruflichen Sehnsüchte und ihren Platz in der Welt gesprochen hatte. Seine vehemente Kritik an der Geißel der herkömmlichen Lohnarbeit und seine Vision beruflicher Erfüllung für jedermann und jederfrau wurde flankiert von der Idee der technologischen Selbstversorgung, des „high-tech self-providing" wie Frithjof es nannte.

Seit 40 Jahren ist der Gedanke von NEW WORK unterwegs. Und noch immer befindet sich die Bewegung in einer Phase der Verprobung. Sie hat sich noch längst nicht in allen Köpfen verfangen. Wenn ich heute in meiner Funktion als systemische Organisationsberaterin Menschen in Unternehmen auf das Phänomen anspreche und sie einschätzen lasse, wie alt wohl dieses „NEW WORK" sei, lauten die Antworten nicht selten: Das fing doch schon vor Corona an, oder? Das, was sich in den Jahrzehnten dazwischen aus dem Kerngedanken entwickelt hat, lässt die Ursprünge kaum erkennen. Über die radikale Forderung, die klassische Lohnarbeit hinter uns zu lassen, wird nur noch vereinzelt gesprochen. Der Gedanke der persönlichen, technologischen Autonomie, des „high-tech self-providing", ist gänzlich in den Hintergrund getreten.

Stattdessen ist in den vergangenen Jahren ein regelrechtes Feuerwerk am Arbeitshimmel entfacht worden, an Arbeitsmethodiken, an Vorstellungen über NEW WORK gerechte Räumlichkeiten, über adäquate Mindsets, mit deren Hilfe man beherzt den Schritt in Richtung Veränderung und Zukunft wagen solle. Der Markt bietet eine unüberblickbare Anzahl an Weiterbildungen rund um die Bewegung NEW WORK. Buchhandlungen, Wirtschafts- und Gesellschaftsmagazine quellen über mit Veröffentlichungen. Jegliche Winkel der neuen Arbeit sind bereits ausgeleuchtet. Das Potenzial von NEW WORK als Geschäftsmodell ist spätestens offensichtlich, seit sich auch Plattformen wie beispielsweise XING den Begriff auf ihre Fahnen geschrieben haben.

Das Credo der Impulsgeber ist recht einhellig: Jetzt ist die Zeit gekommen, eine neue Arbeitswirklichkeit zu gestalten.

Als Begründung für deren Notwendigkeit werden in der Regel unsere beobachtbaren sozialen und wirtschaftlichen Phänomene herangezogen: Digitalisierung, Globalisierung, Automatisierung, sozialer Wandel. Diese Dynamiken stellen uns vor komplexe Herausforderungen, denen wir mit einem „weiter so" nicht begegnen können. Es scheint, wir wissen bereits alles über NEW WORK und sind auch irgendwie von seiner Notwendigkeit überzeugt. Irgendwie. Auch das weite Feld der Organisationsberater, dem ich angehöre, hat mehr als gut zu tun, in jeder Hinsicht. Nicht allein, dass die Anzahl an Projekten, an Anfragen rund um das Thema „Neues Arbeiten" mit jedem Jahr weiterwächst. Auch die Qualität der Fragen ändert sich. Während in den frühen 2010er-Jahren es häufig noch genügte, ein paar Inspirationen und theoretische Überlegungen zu Methoden zum Thema NEW WORK in den Raum und damit zur Diskussion zu stellen, haben mittlerweile schon viele Unternehmungen erste praktische Erfahrungen sammeln können. Sie haben selbst erfahren, was es bedeutet, agiler und selbstorganisierter zu arbeiten, um zwei der zentralen NEW WORK Prinzipien zu benennen. In den unzähligen Transformationsprozessen, Projekten, Workshops, die ich in den letzten Jahren für meine Kunden – hauptsächlich größerer Mittelstand und Konzerne – begleiten durfte, hat sich dabei immer deutlicher eine Stolperkante abgezeichnet. „Mind the gap" schallt es aus den Lautsprechern an den Bahnsteigen des Londoner Underground. Und das seit Jahrzehnten. „Ja, muss man denn wirklich immer noch darauf hinweisen, dass auf dem Schritt zwischen Hier und Dort eine – gefährliche – Lücke klafft?! Die Antwort lautet: „Offensichtlich, ja." Dort, wo sich etwas entzweit, auseinanderdriftet, entstehen Risse, denen man anfangs keine besondere Aufmerksamkeit widmet. Und da lauert das Problem. Seit ein paar Jahren verläuft eine subtile Grenze zwischen OLD und NEW WORK, die zur echten Kluft sich auszuweiten droht, wenn genau dieser Zwischenraum nicht hinreichend gewürdigt und besprochen wird.

Auch wenn NEW WORK unter Wissensarbeitern immer intensiver besprochen und diskutiert wird, gelingt es eben noch nicht wirklich, die Konzepte in der breiten Arbeitsrealität zu leben. NEW WORK ist – zumindest bis zum Jahr 2020 – eine Bewegung, der ein zwar wachsende, aber letztlich sehr homogene Community mit glühendem Eifer folgt. Insbesondere Vertreter der Wissensarbeit finden sich in selbstähnlichen Kreisen zusammen und tragen mit großem Konsens Argumente vor, von deren Richtigkeit alle Anwesenden längst überzeugt sind. „Preach to the converted", das Predigen unter Anhängern, nennen die Amerikaner so etwas. Der Diskurs innerhalb der NEW WORK Welt ist geprägt von einem hohen Maß an Reflexion, Abstraktion und Intellektualität und birgt damit Potenzial für Zweierlei: Für Begeisterung und Reaktanzen. Vielleicht ist genau diese Selbstbezogenheit der NEW WORK Szene und die Begeisterung ihrer Anhänger eine Erklärung dafür, warum sich die Überzeugungskraft in der Breite der Arbeitswelt – noch – nicht voll entfalten konnte. Nicht wenige Menschen – insbesondere Arbeitnehmer in einem klassisch strukturierten Angestelltenverhältnis – fremdeln mit dem NEW WORK Gedanken. Sie tun sich schwer, das neue Arbeiten freundlich willkommen zu heißen. GOOD WORK setzt sich mit diesen wahrgenommenen Vorbehalten auseinander und entwickelt Perspektiven der Übersetzung. Es ist eine Brücke zu neuen Arbeitsformen, die unmittelbar an den eigenen Realitäten ansetzt.

Das Buch ist demgemäß auch kein Abgesang auf die großen Utopien eines inzwischen verstorbenen Philosophen, der seine Gedanken erstmals vor fast vierzig Jahren in die Welt trug. Es ist vielmehr die ehrfurchtsvolle Verneigung vor diesem Entwurf, gepaart mit einer pragmatischen Übersetzung, einer Hinwendung zum dem, was viele Menschen in ihrem Arbeitskontext gerade durchleben. GOOD WORK moderiert den Zwischenraum zwischen einer Arbeitswelt, die sich überdauert hat, und dem für viele Menschen noch sehr weit entfernten NEW WORK.

1.2 Zwischen OLD und NEW liegt GOOD WORK

Dies ist ein Buch über GOOD WORK. Und GOOD WORK liegt eine Annahme zugrunde: Wo permanent Neues gefordert wird, kann Altes kaum fortgesetzt werden. In den Ohren vieler Arbeitnehmer klingt NEW WORK wie eine Art mentale Räumungsklage dessen, was sie seit Jahrzehnten praktizieren. Es gibt etwas, was Menschen noch weniger schätzen als einen von außen verordneten Wandel: Das ist Herabsetzung der eigenen Gegenwart und Vergangenheit. Alles auf Neu. Warum? Das Neue erfüllt keinen Selbstzweck. Gutes muss nicht zwingend neu sein. Der Zweck unserer Arbeit ist eine gesunde Wert-Schöpfung, die von guter Zusammenarbeit geprägt ist und gute Arbeitsergebnisse erzeugt. Und für dieses GUT braucht es den Blick zurück und den Blick nach vorne. An manchen, vielleicht entscheidenden Stellen werden wir tatsächlich nicht um ein NEU herumkommen. Weder GOOD WORK noch NEW WORK können jedoch beantworten, was dieses GUT oder NEU ist, wie es aussieht, was genau enthalten ist. Vielleicht liegt daran schon ein Stück der Enttäuschung von NEW WORK: NEW WORK liefert keine Blaupause für künftiges Arbeiten, dafür lässt es zu viel interpretatorischen Spielraum. In dem Ringen um eine programmatische Antwort und zugleich einer abstrakten Zukunftsperspektive tut sich eine semantische Zwickmühle auf, die sich NEW WORK in bester Absicht selbst gebaut hat. Der Inhalt dessen, was die Bewegung an Veränderungsimpulsen für die Arbeitswelt allgemein fordert, klingt seit vielen Jahren unverändert: Selbstorganisation, Potenzialentfaltung, sinnorientiertes Arbeiten. Wie passt das zusammen? Eine konstante Programmatik mit der Aufschrift NEU ist ein Widerspruch in sich. So betrachtet ist in allem, was sich NEU nennt, eine automatische Selbstauflösung oder zumindest die Aufforderung nach permanenter Anpassung inkludiert. Es gilt, die Klippe der inhaltlichen Festschreibung behutsam zu umschiffen, ohne dabei ins Beliebige und Triviale abzudriften.

GOOD WORK ist dieser Logik folgend keine programmatische Setzung. Es ist vielmehr eine Handreichung, eine Sammlung von Prinzipien, die uns in Zeiten von Transformationen hilfreich Orientierung bieten können. GOOD WORK setzt in der aktuellen Arbeitsrealität der Menschen an, in ihrem Erleben, ihren Verstrickungen und Herausforderungen. Somit richtet GOOD WORK den Scheinwerfer auf die drängenden Fragen der Zeit, wie gute Zusammenarbeit gelingen und zukunftsfähige Arbeitskultur gestaltet werden kann. Ohne alles neu machen zu müssen, ohne alles komplett infrage zu stellen. GOOD WORK öffnet den Denkrahmen und schließt auch an diejenigen an, die sich bislang von NEW WORK weniger gemeint fühlen.

Woher leiten die GOOD WORK Prinzipien ab? Diese Prinzipien sind nicht in erster Linie das Ergebnis rein theoretischer Überlegungen. Die GOOD WORK Prinzipien lassen sich sehr deutlich erkennen, wenn wir unser eigenes berufliches Tun der letzten Jahre, Jahrzehnte betrachten. Unser eigenes Ringen um zugleich Stabilität und Weiterentwicklung in unserer Arbeitsrealität. Corona hat uns eine kollektive Transformationserfahrung historischen Ausmaßes beschert. Corona hat das kondensiert, was sich bereits in den Jahren zuvor an Veränderungsdynamiken gezeigt hat. Die GOOD WORK Prinzipien sind so gesehen nicht das Lernergebnis aus einem einzelnen epochalen Ereignis. Wir nehmen vielmehr diese kollektive Erfahrung zum Anlass, die strukturellen Veränderungen in der Arbeitswelt und unseren Umgang damit zu fassen.

In diesen fünf GOOD WORK Prinzipien wird das, was uns allen offenbar geholfen hat, den „overnight change" zu bewältigen, in generelle Lösungsperspektiven übersetzt. Ihre Erklärungskraft reicht somit weit über den zeitlichen Horizont dieser Ausnahmesituation hinaus. Wenn wir einen Schritt zurücktreten, uns Raum und Zeit zugestehen, um zu begreifen, was sich – spätestens seit März 2020 – tatsächlich für uns nachhaltig verändert hat, lassen sich diese Prinzipien beschreiben. Halten wir an dieser Stelle fest: Wir können hervorragend von uns selbst lernen.

Ganz grob gefasst spannen die GOOD WORK Prinzipien den inhaltlichen Bogen von Organisationsstrukturen, persönlichem Skillset, Methoden Know-How, strategischem Denken sowie Digital- und Kulturkompetenz auf. In diesen Prinzipien fließen Beobachtungen und theoretische Schlussfolgerungen zusammen. Die Beobachtungen gehen zum einen zurück auf meine jahrelangen Erfahrungen als systemische Organisationsberaterin für mittelständische Betriebe und Großkonzerne. In mehr als 300 Workshops, in unzähligen Transformationsbegleitungen, Entwicklungsprogrammen und Trainings für Fach- und Führungskräfte sind es immer genau jene Stellschrauben, um die sich das Transformationsgetriebe der Organisationen dreht. Die Beobachtungen gehen aber auch zurück auf die Erkenntnisse aus dem gleichnamigen Podcast, den ich als Feldforschungsprojekt am 16. März 2020

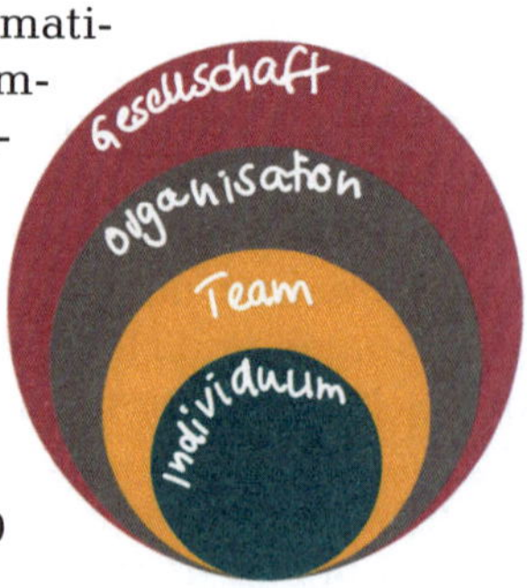

startete. In dem Podcast sind mittlerweile mehr als 130 Interviewfolgen veröffentlicht, mehr als 7.000 Minuten gelebte Transformationserfahrung und Expertenwissen versammelt, quer durch alle Branchen und Beschäftigungskontexte. Die ersten 100 Folgen sind mit dem Titel „Corona Chroniken" überschrieben und als qualitative Erhebung zum Umgang mit den Veränderungen angelegt. Der Fokus war und ist die Arbeitswelt, die Art und Weise, wie wir zusammenarbeiten. Diese Interviews mit Menschen aus der Mitte der Arbeitswelt und berufenen Experten sind ein stimmliches Zeitdokument, das uns Auskunft über unser authentisches Erleben, unsere Bewältigungsstrategien und jeweiligen Annahmen und Lernschritte in einer wirklich exzeptionellen Phase der jüngeren Geschichte unserer Arbeitsrealität gibt.

Die folgenden Kapitel im ersten Teil des Buches greifen die initiale Dynamik der Veränderung auf. Wir nehmen Corona als Anlass, um auf unsere inneren und äußeren Zustände in dieser Zeit zu schauen. In dieser Zeit, als das Arbeitschaos über uns hereinbrach und wir aufgefordert waren, unsere Welt ein Stück weit neu zu sortieren. Es ist gleichsam eine Einladung an Sie, dem Reflex, diese anstrengende Zeit einfach nur hinter sich zu lassen, zu widerstehen. Nutzen wir stattdessen die Chance, aus dem Nachempfinden eigene Stärken, Ressourcen und Kompetenzen zu identifizieren und für weitere Herausforderung nutzbar zu machen.

Im zweiten Teil des Buches werden die GOOD WORK Prinzipien vertiefend beschrieben und anhand konkreter Beispiele greifbar gemacht. Jedes GOOD WORK Prinzip wird ausgestattet mit einem Set an zielführenden und perspektiverweiternden Fragen, mit den GOOD WORK Fragen. Sie können als Coachingtool ebenso genutzt werden wie in einem Teamentwicklungsprozess oder als Rahmung im Zuge organisationaler Transformationen. Wir sind durch eine kollektive gesamtgesellschaftliche Erfahrung gegangen, die sehr unterschiedliche Einwirkungen auf die Systemebenen Organisation, Team und Individuum erzeugt haben und immer noch erzeugen. Diese Ebenen werden immer wieder in die Analyse in unterschiedlicher Tiefe integriert und von diesen Blickpunkten aus beleuchtet.

Die Linsenlasagne – eine Disruption zum Anfassen

Starten wir mit unserer Reise aus Sicht des Individuums. Dies ist eine herzliche Einladung an Sie, liebe Leser, liebe Leserinnen, noch einmal nachzuspüren, ob sie auch dieses „Davor-Danach-Gefühl" haben, wenn Sie an die Zeit im März 2020 zurückdenken.

Solche Ereignisse, die die Welt in ein „Davor" und „Danach" einteilen, sind häufig begleitet von Momenten, die uns deutlich den abrupten Abschied der Vergangenheit von der Gegenwart spüren lassen. So ein Moment war für mich – wie vermutlich für viele andere Menschen – der 13. März 2020, ein echter Freitag, der 13. Ich reise nochmal in Gedanken zu diesem Tag zurück.

Im Supermarkt ist die Hölle los. Menschen laufen hektisch durch die Gänge. Vor manchen Regalen ist ein Handgemenge nicht ausgeschlossen. Die Einkaufswagen der Kunden sind seltsam bestückt: randvoll, aber wenige unterschiedliche Artikel. Der Hinweis „Abgabe nur in haushaltsüblichen Mengen" wird geflissentlich ignoriert. Die Hamster sind los. Und sie jagen in Deutschland alles, was lagerbar ist und das absolute Überleben absichert. Allen voran das Klopapier. Kaum ein Phänomen findet dieser Tage so viel Beachtung wie die Hamsterkäufe und die eigentümliche Vorliebe der Deutschen für das Bevorraten mit Toilettenpapier und Nudeln. Die Fotos von leeren Regalen in den sozialen Medien leisten der absurden Reaktion der Menschen erneuten Vorschub.

Wir sind stolze Besitzer zweier Packungen roter Linsen, noch aus der Vor-Corona-Zeit. Mit jenen Linsen und einer Reihe weiterer Zutaten ausgestattet fährt unsere Tochter Philippa zur Schule. Es ist Projektabschlusstag. Die Kinder kochen gemeinsam. Es gibt Linsenlasagne. Keine zwei Stunden später klingelt mein Handy. Es ist ausnahmsweise mal kein Kunde, der kurzfristig, mit Verweis auf die aktuelle Lage, einen Workshop, ein Seminar, ein Coaching absagen möchte. Es ist Philippa. „Mama, die Schule wurde geräumt. Wir mussten alle sofort raus. Der Papa von einem Kind aus der Parallelklasse hat vielleicht Corona. Ich steh' hier mit der Lasagne, die ist nicht mal fertig. Kannst Du mich bitte abholen?" Auf dem Weg zur Schule drehen meine Gedanken sich im Kreis. Ein bundesweiter Schul-Lockdown scheint ebenso unvorstellbar wie unausweichlich. Das ist exakt die Ambivalenz dieser Wochen, in denen wir täglich mehrfach zwischen einem „das kann nicht passieren" und einem „es geht nicht anders" hin und her mäandern. Unser Hirn ist in einem dauererregten Zustand, und unpassenderweise macht sich zu dieser inneren Unruhe und Nervosität eine Verzagtheit und große Unsicherheit breit. Jeder Tag beginnt und endet mit Nachrichten, Sondersendungen, mit Analysen, die wir zitieren, ohne sie wirklich zu verstehen. Meine Tochter steht frierend vor der Schule. Ihr Klassenlehrer spricht aus, was manche der Kinder befürchten: „Wir sehen uns bestimmt erst nach den Osterferien wieder."

Ob ich in den nächsten Monaten wohl meine gewohnte Arbeit, die auf dem direkten Dialog mit Menschen basiert, fortführen kann? Die Gedanken kreisen weiter. Wenn ab Montag sämtliche Schulen schließen, bedeutet das automatisch, dass in vielen Familien ein Elternteil auch zu Hause bleiben muss. Ein Pandemie-Sonderurlaub, bis die Krise vorbei ist, erscheint aus vielerlei Gründen als unrealistisches Szenario.

Wochen bevor Vokabeln wie Aerosole, Abstandsregelungen, Maskenpflicht den öffentlichen Diskurs bestimmen, schiebt sich Mitte März ein ganz banales, aber nicht weniger drängendes Thema nach vorne: Welchen Einfluss, in NEW WORK Deutsch: Impact, werden Schulschließungen auf unsere Arbeitswelt haben? Ich überschlage im Kopf: Ab dem 16. März werden womöglich Hunderttausende von Arbeitnehmern von jetzt auf gleich ins Homeoffice wandern. Wie soll das gehen? Zu viele zermürbende Gespräche rund um die Genehmigung von ein paar Tagen „Arbeiten von zu Hause aus" hatte ich in den vergangenen Jahren, am eigenen Leib, in der Begleitung von Teams miterlebt.

Büropräsenz ist im März 2020 bei der überwiegenden Zahl an Unternehmen noch immer das Maß der Dinge. In den Köpfen der allermeisten Angestellten und ihrer Vor-gesetzten ist eine Kopplung der Erbringung von Wertschöpfung so fest mit der Anwesenheit in der Arbeitsstätte zementiert, dass zu dieser Zeit die Vorstellungskraft schlicht nicht dafür ausreicht, dieses Paradigma zu überwinden. Laut Statista[1] arbeiteten 2019 gerade einmal 4 Prozent der Erwerbstätigen überwiegend oder ausschließlich im Homeoffice.

Keine Zeit zu lernen

Bevor Covid-19 im Jahr 2020 den Job des Digitalisierungsbeauftragten übernahm, wurden vielfach nicht mal Versuche unternommen, dorthin zu schauen, wo verteiltes Arbeiten und Führen bereits längst praktizierter Alltag war. Wie kann es funktionieren, was braucht es wirklich, effizient, effektiv und erfüllend auf Distanz zusammenzuarbeiten? So hätten Leitfragen für eine Entwicklung in Richtung digitaler Zusammenarbeit zu einer Zeit lauten können, zu der nicht der Handlungsdruck die Richtung vorgab, sondern die Einsicht in einen Transformationsnotstand. In der Rückbetrachtung werden heute mutmaßliche Gründe für diese Schwerfälligkeit angebracht. „Es geht um Kontrolle, um bessere Absprachen, um Prozesssicherheit", lautet der einhellige Kanon.

Mit Einsetzen der Corona Pandemie sind diese Argumente der Vergangenheit plötzlich vom Tisch. Es gilt das „Alles oder Nichts"-

Prinzip. Es ist spürbar, uns steht ein gigantisches Experiment ins Haus. Die so oft beschworene Disruption ist plötzlich da und wurde durch etwas fast Unsichtbares ausgelöst.

Wir behaupten seit Jahren: Wir leben in einer Transformation. Doch mit dem Einsetzen der Maßnahmen zur Bekämpfung der COVID-19-Pandemie spüren wir erstmalig wirklich, wie tiefgreifend diese sein kann. Corona hat seitdem unseren gesamten Lebensalltag auf den Kopf gestellt, die Arbeitswelt eingeschlossen.

In der Folge hat in den ersten Monaten „unter Corona" an vielen Stellen das pausiert, was für NEW WORK so zentral und typisch ist: das Betrachten des eigenen Tuns. Unternehmen, Teams, wir Menschen waren erst einmal gefordert, unsere Prozesse so zu sichern, dass schlicht die Arbeitsfähigkeit erhalten blieb. Das hat von uns allen enorme Kraftanstrengungen abverlangt. Niemand ist in seinem beruflichen Tun von den Umwälzungen, die sich als Konsequenz aus der Pandemieeindämmung ergeben haben, bis heute komplett verschont geblieben. Niemand hat sich in seinem Homeoffice einen faradayischen Käfig errichten können, der gegen jegliche Blitzeinschläge der Veränderung abschirmt. Ob Wissensarbeiter, Mitarbeiter im produzierenden Gewerbe, Freischaffender oder Beamter – die abrupte Veränderung unserer Arbeitsrealitäten war eine völlig neue Kollektiverfahrung. Die „Selbst"-Vokabeln von NEW WORK – Selbst-organisation, Selbst-steuerung, Selbst-bestimmtheit – wandelten sich von einer abstrakten Zielgröße hin zu einer alltäglichen Aufgabe.

Wie gelingt der Schritt von der gesetzten Struktur hin zu einer Flexibilität, die ich mir selbst gestalten darf und muss? Selbst diejenigen, die schon vorher stark auf digitale Zusammenarbeit setzten und keine Anfänger in Sachen Selbststeuerung waren, mussten erfahren, dass es an ihren Schnittstellen, zu ihren Kunden und Partnern, mitunter ganz schön ruckelte.

Sehr früh schon schnappen sich im öffentlichen Diskurs prominente und weniger bekannte Menschen die Deutungshoheit, was wir aus dieser Zeit wohl gelernt hätten. Doch Erkenntnisprozesse folgen stets dem gleichen Dreiklang: Erleben, Reflektieren, Lernen. Wir können uns schlechterdings im Erleben gleichzeitig selbst beobachten. Uns quasi beim Leben zuschauen, seine pralle Fülle auskosten und geläutert aus der Erfahrung heraustreten. Wirkliches Lernen setzt voraus, dass wir

„Erkenntnisprozesse folgen stets dem gleichen Dreiklang: Erleben, Reflektieren, Lernen.

uns Raum und Abstand zugestehen zu dem, was wir – täglich – erfahren. Genau daran hat es in vielen Organisationen aufgrund der Wucht des Veränderungsdrucks gemangelt.

Jetzt mitschreiben, später lernen

Es ist diese Melange aus der ungeheuren Ereignisdynamik, der gewaltigen Dimension der Krise und dem betrieblichen Maßnahmen-Stakkato, dem sich viele Unternehmen hingeben, was mich Anfang März 2020 immer wieder an den gleichen drei Überlegungen als Endlosschleife in meinem Kopf vorbeiführt:

1. Wie soll die Ad-hoc Umorganisation der Arbeitsprozesse auf remote funktionieren? Organisatorisch, technisch, personell? Sind die Menschen, die Unternehmen darauf überhaupt vorbereitet?
2. Welche grandiose Lernerfahrung wird wohl darin stecken?
3. Werden die Menschen überhaupt Zeit und Raum finden, über das nachzudenken, was gerade passiert?

Eine erste Schlussfolgerung steht für mich fest: Wir müssen jetzt mitschreiben. Das Erkennen und Lernen wird später folgen. Was uns die Geschichte lehrt, ist die Erfahrung, dass große strukturelle Veränderungen immer auch große Lernerfahrungen im Gepäck mit sich tragen. Und als ein Teil dieser Lernerfahrung bilden sich neue Kompetenzen heraus. Von dieser positiven Grundüberzeugung geht das Experiment GOOD WORK im März 2020 an den Start.

„Es braucht eine tägliche Mitschrift, um die ungeheure Dynamik des Veränderungsgeschehens und die gewaltigen Verwerfungen abzubilden." Das ist meine tiefe Überzeugung zu diesem Zeitpunkt. Die ersten Jahrzehnte meines beruflichen Wirkens hatte ich der Sozial- und Kundenforschung gewidmet. Der Impuls, eine quasi-empirische Basis zu sichern, folgt demgemäß einem geübten Muster: „Lass kein Phänomen unbeobachtet und unerforscht vorbeiziehen."

Der Leitfaden für die Interviews ist schnell verfasst und umfasst folgende Aspekte, die sich an alle Interviewgäste gleichermaßen richtet.

- Fragen zur Tagesgestaltung, Start in den Tag
- Konkrete, wahrnehmbare Veränderungen des eigenen beruflichen Schaffens

- Maßnahmen der Anpassung, auch solche, die kurze Zeit später wieder revidiert wurden
- Ausblick auf die nähere Zukunft

Die letzten beiden Aspekte verschwinden nach gut einem Monat Feldforschung, da sich schnell abzeichnet, dass wir uns auf einen Marathonlauf einstellen müssen.

An die Stelle dieser beiden Aspekte rücken nach etwa sechs Wochen Erhebung drei neue Fragen, als Erstes die berühmte „Vermissensfrage". Sie lautet in meiner Version: „Was aus Deinem alten Arbeitsalltag, aus den Abläufen, Prozessen aus der Zeit vor Corona vermisst Du?" In der qualitativen Forschung, insbesondere in der Medienforschung, nimmt dieser Fragetypus einen prominenten Platz ein. Die Vermissensfrage – hypothetisch gestellt – gilt als kluge Operationalisierung von Bindung an und Beziehung zu etwas. Dabei wird unterstellt, dass sich die Bedeutsamkeit, die wir einer Sache beimessen, eher über die Frage nach dem Vermissen als über die direkte Nachfrage ihrer Relevanz abbilden lässt. In unserem Fall müssen die Interviewgäste nicht mal ihre Fantasie bemühen, sondern schlicht schildern, was ihnen im Alltag fehlt.

Die beiden anderen Fragen, die erst im Laufe der Zeit aufgenommen werden, erweisen sich als besonders aufschlussreich. Die zweite neue Frage lautet: „Was würdest Du gerne aus der Vor-Corona-Zeit hinter Dir lassen?" Und als dritte ergänzende Frage: „Hast Du so etwas wie einen Corona-Hack, einen Kniff, der Dir die aktuelle Situation (in Deinem beruflichen Tun) erleichtert?" Alle diese Fragen bilden das grobe Gerüst für die GOOD WORK Gespräche.

Am Freitag, den 13. März verdichtet sich immer mehr, dass es eine Mischung braucht aus einer quasi-empirischen Erhebung und einer tagebuchartigen Aufzeichnung. Interviewgäste bieten sich zuhauf an: Jeder, der in irgendeiner Form einer Erwerbstätigkeit nachgeht, ist schließlich von den Maßnahmen zur Bekämpfung der Pandemie in seinem beruflichen Umfeld betroffen. Die Auswirkungen, das zeigt sich früh, werden nicht für alle Menschen gleich drastisch ausfallen, doch die Mitschrift soll einen Querschnitt über ganz unterschiedlichen Arbeitswelten und Realitäten einfangen. Und so folgt die Rekrutierung der Interviewgäste dem Wunsch nach Perspektivenvielfalt und pragmatischer Umsetzung. Ich starte im näheren, persönlichen Umfeld und entferne mich mit jedem Gespräch weiter vom Ursprung.

GOOD WORK on air

Es ist inzwischen Freitagnachmittag. Die Arbeitshypothese für die Aufzeichnung lautet: „Durch die Schulschließung werden viele Menschen von zu Hause aus arbeiten, und das wird die erste Stufe der radikalen Veränderung sein."

Der Blick auf den Kalender verrät: Es sind gerade einmal noch 60 Stunden bis zum Montagmorgen, dem ersten Schultag in der Geschichte der Bundesrepublik, der für (fast) alle Schulkinder von zu Hause aus stattfinden wird. Der Tag X, wie ich ihn fortan bezeichne. Zwischen die Überlegungen zur Rekrutierung der Interviewgäste drängelt sich ein neuer Gedanke. „Sind diese Interviews eigentlich nicht viel zu schade für die Schublade?" Es könnte auch ein Trostspender in der vor uns liegenden Zeit sein, von anderen Menschen, von anderen Unternehmen zu erfahren, wie sie den Arbeitsalltag in der Pandemie gestalten und bewältigen. Die Idee, die Gespräche aufzunehmen und als Podcast zu veröffentlichen, ist ebenso naheliegend wie abwegig.

Zum einen hat die Flut an Podcasts zu Beginn des Jahres 2020 bereits beeindruckende Ausmaße angenommen. Podcast ist der neue Newsletter. Jedermann, jede Frau mit Botschaft, mit der Idee oder dem Wunsch, eine Botschaft zu haben, betreibt einen Podcast. Wer bitte soll sich das alles anhören? Eine quälende Vorstellung, die auch mich umtreibt, als es darum geht, die richtige Publikationsform für die anfangs täglichen Interviews zu finden. Doch Stimmen transportieren Stimmungen, und das Stimmungsportrait ist ein wesentlicher Aspekt des Projektes.

Bleibt allein die Frage der Umsetzung. Von 0 auf Podcast in 2 Tagen? Möglich, aber verrückt, lautet meine Erfahrung in der Rückbetrachtung. Es liegt ein arbeitsreiches, schlafarmes und zweifelbehaftetes Wochenende vor mir.

Jeglicher Anspruch an Perfektion muss dem unbedingten Willen, mit dem Tag X zu starten, weichen. Eine professionelle Studioausstattung? Utopisch. Das Mikrofon meines Sohnes aus den ersten Tagen seiner Online-Gaming Karriere muss herhalten. Als ebenso unrealistisch stellt sich die Vorstellung heraus, im Zeitraffer alles allein stemmen zu wollen. Für die ersten Wochen gesellen sich zwei erfahrene Moderatorinnen und Freundinnen, Nicole Frenken und Nico Lange, zur Unterstützung dazu. Das technische Set-up übernimmt der Audiograf Ingo Stoll, mein großes Podcast-Idol. Wir richten für die nächsten Tage eine Art Standleitung ein. Ingo navigiert und instruiert mich durch Backend der Podcasterstellung. Auch er verzichtet auf sein Familienwochenende, um GOOD WORK an den Start zu bringen.

16. März 20.02 Uhr. Tag X. Der Zeigefinger meiner rechten Hand klickt zitternd auf die Mouse, die die Aufnahmefunktion startet. Meine Kehle ist trocken, der Atem schnell und flach, der Blick wandert zwischen drei parallel geöffneten Fenstern am Bildschirm nervös hin und her. In der „Leitung", am anderen Ende des ZOOM Calls, sitzt Ingo Scheidweiler, Gründer und Geschäftsführer der Unternehmensberatung O'Donovan. Ingo Scheidweiler ist mein erster Interviewgast im Podcast GOOD WORK. Ingo berichtet begeistert, wie er aus seinem Homeoffice heraus seine Beratungsprojekte steuert, wie er und seine Kollegen Kollaborationssoftware nutzen und sich abstimmen. Ingo muss bei allem Neuen es gerade etwas langsamer angehen lassen. Er ist in Quarantäne. Ingo hat Corona …

Phasen der Anpassung – ein Quasi-Modell

2

Zukunft braucht Herkunft

Ein weiser Spruch lautet: „Zukunft braucht Herkunft". Der Haken an der Sache ist jedoch, dass wir uns immer dann äußerst unwillig der Vergangenheit zuwenden, wenn sie mit unangenehmem Erleben verknüpft ist. Dabei gäbe es genau in dieser Vergangenheit besonders viel zu lernen. Wir bevorzugen es stattdessen, uns lockenden Zukunftsverheißungen hinzugeben und sie in den schönsten Farben zu malen. Auf deutsch: Wir träumen lieber, als dass wir reflektieren.

> Solange wir im Verkehr mitschwimmen, birgt der Blick in den Rückspiegel das, wovor uns bereits die Fahrschule warnt: die Gefahr des toten Winkels.

Dabei vermögen wir mit genügend Abstand gerade das, was hinter uns liegt, viel klarer und deutlicher zu erkennen, wie die vielfach eingesetzte Metapher des Rückspiegels zeigt. Mit dessen Hilfe lässt sich der fließende Verkehr nur präzise beobachten, wenn er sich hinter und nicht etwa neben uns befindet.

Solange wir im Verkehr mitschwimmen, birgt der Blick in den Rückspiegel das, wovor uns bereits die Fahrschule warnt: die Gefahr des toten Winkels. Das gilt im Übrigen für das Autofahren und die Analyse historischer Ereignisse gleichermaßen. Es braucht beides: die geputzte Scheibe für die klare Sicht nach vorne und ausreichend Abstand beim Blick in den Rückspiegel.

Überwinden wir also einmal unseren intuitiven Widerwillen, sich mit lästiger Vergangenheit zu befassen, spulen noch einmal kurz zurück und schauen mit strukturiertem Blick an diese hochspannende Kante. Eine Kante zwischen „alter" Arbeitswelt und dem häufig beschworenen „neuen Normal", das sich im Zuge der Pandemie in allen gesellschaftlichen Systemen entwickelt hat. Möglicherweise zeigt genau dort GOOD WORK sein Gesicht.

Die Kunst besteht nun darin, ein Ereignis, eine abrupte Veränderung zwar in ihrem Kontext zu betrachten, aber das erkennbare Muster aus seinem Zusammenhang herauszulösen und seine Erklärungskraft für aktuelle Fragestellungen zu nutzen. So können Lernerkenntnisse abgeleitet werden, die im besten Falle universellen Charakter haben und uns zweckdienlich zur Seite stehen, unabhängig davon, welche neuen Herausforderungen sich stellen. Gibt es so etwas wie ein Muster, eine Blaupause in der Art und Weise, wie Menschen ihre Arbeitskontexte neugestalten und strukturieren, die Zusammenarbeit mit Kunden, Kollegen, Geschäftspartnern organisieren, Prozesse gänzlich neu geformt und um bislang kaum beachtete Aspekte ergänzt haben? Zumindest lässt sich aus den Gesprächen – insbesondere über den Zeitraum der ersten 6 Monate – ein phasenhafter Verlauf des Energielevels der Menschen und ihrer Stimmungen erkennen. Diese Stimmungs- und Aktivitätsphasen taugen gleichsam als Psychogramm der Krise und erinnern damit an eine Kurve, die uns im Kontext von Transformationen nur allzu häufig über den Weg läuft.

Die Kurve der Veränderung

Wenn es in der Literatur für Veränderungsprozesse eine ikonographische Darstellung gibt, dann ist es die sogenannte Change Kurve. Die Change Kurve beschreibt die subjektiven psychologischen Reaktionsmuster von Menschen auf große Veränderungen. Auf der X-Achse des Schematas wird der zeitliche Verlauf betrachtet, die Y-Achsenbeschriftung variiert, je nach Quelle, zwischen „Moral", „Produktivität", „Arbeitseinsatz" oder einfach „Leistung".

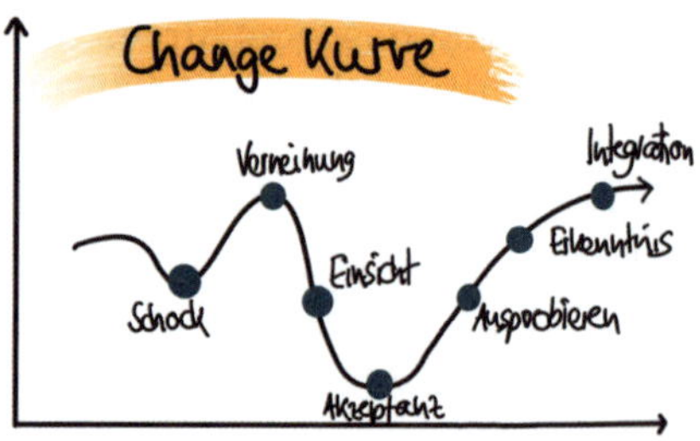

Die Kurve nimmt in ihrem Verlauf zu Beginn einen steilen Anstieg, fällt nach einem Wendepunkt abrupt bergab bis unterhalb des Ausgangsniveaus und zittert sich allmählich wieder auf dieses Plateau oder sogar leicht darüber zurück.

Insgesamt beschreibt die Kurve einen Verlauf mit 7 Etappen, die zur Veranschaulichung im Folgenden kurz skizziert werden.

Etappe 1 – Schock
Der Schock – und damit umreißt die Change Kurve bereits zu Beginn den Referenzrahmen – ist eine universell beobachtbare, menschliche Reaktion auf ungewollte und von außen verursachte Veränderungen. Er beschreibt das initiale Verharren und Innehalten und damit die Vermeidung von Aktionen, die in Anbetracht des Ereignisses vermutlich angebracht wären. Im Zusammenhang von organisationalen Veränderungen wird davon ausgegangen, dass diese Schockstarre häufig mit einem Produktionsverlust einhergeht.

Etappe 2 – Verneinung, Widerstand
Auf den Schock folgt dem Modell zufolge die Verneinung, der innere Widerstand der Menschen, die sich mit großer Kraftanstrengung gegen die Veränderung stellen und an Bekanntes und Vertrautes klammern. Diese Ablehnung, dieses Nicht-Wahrhaben-Wollen führt nicht selten zu Aktionismus bei den Betroffenen.

Etappe 3 – Einsicht
Die rationale Einsicht ist der Punkt im Prozess, an dem die Menschen anerkennen, dass die Veränderung nicht mehr abzuwenden ist und ihr Widerstand sie nicht zum gewünschten Ergebnis führt. Erkenntnis ist jedoch nicht gleichbedeutend mit Einverständnis und so bleibt es in dieser Phase häufig bei Ratlosigkeit und Verzagtheit.

Etappe 4 – Akzeptanz
Im sogenannten „Tal der Tränen" gelangen Menschen am Tiefpunkt der Veränderung an. Sie akzeptieren das Unausweichliche, durchdringen das Ausmaß der Veränderung nicht nur rein kognitiv, sondern spüren es auch emotional. Es ist eine Phase der Trauer, des aufrichtigen Bedauerns und der erschöpften Resignation.

Etappe 5 – Ausprobieren, Lernen
Ist das Tal der Trauer, der emotionalen Akzeptanz durchschritten, so besagt es das Modell, öffnen sich Menschen allmählich für Neues. Typischerweise werden zu diesem Zeitpunkt neues Verhalten, neue Strategien ausprobiert und sich an die neue Situation herangetastet. Die Akzeptanz für Fehler ist in diesem Abschnitt dem Modell zufolge besonders ausgeprägt.

Etappe 6 – Erkenntnis
In der Erkenntnisphase lernen die Menschen zu entdecken, welche Möglichkeiten sich aus der Veränderung für sie persönlich ergeben. Es setzt ein Perspektivwechsel ein, der den klareren Blick auf eine wünschenswerte Zukunft freiräumt. Im Fokus steht die Vorfreude auf das Neue und die Bereitschaft, den Wandel mitzugestalten.

Etappe 7 – Integration
Typischerweise ist der finale Prozessschritt der Integration geprägt von einer Selbstverständlichkeit. Die neue Situation wird in einem Maß akzeptiert, dass sie als neue Normalität erlebt wird. Neue Verhaltensweisen, neue Strukturen werden in den (Arbeits-) Alltag integriert.

Das Muster der soeben beschriebenen Change Kurve ist nicht die Erfindung von Change Beratern. Im Ursprung entstammt sie nicht einmal dem Feld des Change Managements, wenngleich sie in diesem Zusammenhang besonders häufig zitiert wird. Autoren dieser Zunft haben sich die Kurve sozusagen einverleibt und in vielerlei Varianten an ihre Thematik adaptiert. Der ursprüngliche Kontext der Kurve ist ein gänzlich persönlicher, um nicht zu sagen intimer Zusammenhang. Die Kurve handelt vom Umgang mit dem Tod.

Die Schweizer Psychiaterin Elisabeth Kübler-Ross setzte sich zeitlebens intensiv mit dem Prozess des Sterbens und damit, wie Menschen ihren Abschied vom Leben empfinden, auseinander.[2] 1969 veröffentlichte sie in ihrem Buch „On the death and dying" erstmalig ihre gesammelten Erkenntnisse auf Basis zahlreicher Interviews, die sie mit Sterbenden, Angehörigen und Seelsorgern geführt hatte. In der Conclusio ihrer Auswertung beschreibt sie fünf erkennbare Sterbephasen, die ein jeder Mensch im Angesicht seines nahenden Todes durchlaufe: 1. Nicht-wahrhaben-Wollen (Leugnen), 2. Die Frage nach dem Warum ich? (Zorn) 3. Wunsch nach Aufschub (Verhandeln) 4. Trauer um vergebene Chancen (Depression) 5. Das „Neue" annehmen (Akzeptanz). Die Kongruenz zur eingangs beschriebenen Change Kurve ist augenfällig und selbsterklärend.

Kritische Würdigung der Veränderungskurven

Mit dieser Prozessbeschreibung und der dazugehörigen Veröffentlichung hat Elisabeth Kübler-Ross in der Sterbeforschung einen Kristallisationspunkt geschaffen, der bis heute auch jenseits dieser Disziplin als mindestens so durchdrungen wie kritikwürdig gilt. Auch wenn die Analogien zwischen von außen herbeigeführten Veränderungen (in Unternehmen) und dem Sterbeprozess an sich naheliegend zu sein scheinen, bleibt dennoch die Frage im Raum, inwiefern dieser Vergleich legitim ist. Dem Vergleich liegt die Annahme zugrunde, dass Menschen Veränderungen, die sie nicht selbst in die Wege geleitet haben, als existentiell bedrohlich erleben.

Schematische Darstellungen und Visualisierung von theoretischen Modellen verfügen oft über eine bestechende Überzeugungskraft, vor der sich rein verbal beschriebene Konstrukte nur mit Ehrfurcht verneigen können. Die Kübler-Ross-Kurve hat – ebenso wie die daraus abgeleitete Change-Kurve – eine steile Karriere hinter sich und gehört in die Kategorie von Methodenklassikern. Die Darstellung ist anschlussfähig, überzeugend, hinreichend simpel und einprägsam. Damit erfüllt sie viele Kriterien, die Theorien benötigen, um sich nachhaltig in den Köpfen vieler Menschen festzusetzen.

Der Erfolg der Veränderungskurven ist möglicherweise aber genau der Quell ihrer größten Schwäche. Eben weil sie so überzeugend, prägnant und simpel sind, werden sie leichtfertig für jedwede Veränderung im Organisationskontext herangezogen. Das verwässert ihre Aussagekraft und macht sie schnell zum beliebigen Allerweltsmodell. Die Veränderungskurven bilden Kontexte ab, die sich diametral von trivialen, alltäglichen Anpassungen unterscheiden. Ihr Einsatz sei also gut bedacht und vornehmlich für Situationen reserviert, die mit großer Wucht und Unabänderlichkeit den Lebensweg der Menschen kreuzen und weitreichende Konsequenzen für sie haben. Die Veränderungen in der Arbeitswelt, die sich als Folge aus der Covid-19-Pandemie und ihrer Bekämpfung ergeben haben, erfüllen sicherlich die Kriterien der großen Wucht und Unabänderlichkeit. Mit Blick auf die Erkenntnisse aus den Folgen des GOOD WORK Podcasts lassen sich ähnliche Phasen wie im Kübler-Ross-Modell bzw. in der Change Kurve erkennen.

Inhaltlich betrachtet gibt es einen zentralen Kritikpunkt, der gegen jegliche Varianten der Veränderungskurve immer wieder vorgebracht wird. Der Kern dieser Kritik setzt an der Linearität der Modelle an. Sie unterstellen nämlich, dass Veränderungsprozesse für alle Betroffenen universell und gleichförmig nach einem einheitlichen Muster verlaufen. Diese Festschreibung allein ist für systemisch denkende Organisationsentwickler und Menschen, die sich von Berufs wegen mit Wandel beschäftigen, schwer zu akzeptieren. Aus Sicht der Kritiker ist diese lineare Betrachtungsweise der Komplexität und dem subjektiven Empfinden von Transformationen oder gar dem eigenen Sterben nicht angemessen und bildet individuelles Reaktionsverhalten nur unzureichend ab. Ausgehend von diesem grundlegenden Argwohn gegenüber Veränderungskurven jeglicher Art leiten sich weitere Fragen ab, wie beispielsweise:

- Durchlaufen alle Menschen sämtliche Phasen oder gibt es auch „Abkürzungen" im Modell?
- Gibt es innerhalb eines Systems, beispielsweise einer Organisation, einen synchronen Kurvenverlauf, eine Art Gleichschritt der Veränderung?
- Wie ist es um die Verweildauer in den einzelnen Prozessstufen bestellt? Gibt es Erfahrungswerte hinsichtlich der zeitlichen Ausgestaltung?
- Wie stark sind die Amplituden der Kurve? Wovon hängen die Ausschläge nach oben, nach unten ab? Sind sie eher Ausdruck persönlicher Prädispositionen oder Resultate der äußeren Ereignisse?

Das GOOD WORK Quasi-Modell

Der britische Statistiker George E.P. Box hat das wunderbare Zitat „All models are wrong, some are usefull" geprägt. In diesem Sinne möchte ich auch das Modell der Change Kurve (auf Basis von Kübler-Ross) als methodischen Ausgangspunkt nutzen und dabei die oben skizzierten Fragen mitdiskutieren.

In den folgenden Kapiteln werden die Stimmen und Stimmungen einiger Menschen, die im Podcast GOOD WORK in den ersten Monaten interviewt wurden, stellvertretend im zeitlichen Verlauf aufgegriffen. Aus ihren Erlebnissen, Erfahrungen und Schilderungen ergibt sich ein phasenhafter Verlauf der veränderten Stimmungslage innerhalb der Arbeitswelt, der als Quasi-Modell taugt. Das GOOD WORK Quasi-Modell, das ohne wissenschaftlich erhobenen Zeigefinger die prägnantesten Lernbotschaften in der zeitlichen Abfolge der Veränderung formuliert.

Insgesamt zeichnen sich drei bzw. vier markante zeitliche Einheiten ab, wobei sich die dritte und vierte Phase nicht so deutlich voneinander abheben wie die ersten beiden. In jede Phase werden einzelne kurze Anekdoten und Zitate der Interviewgäste eingeflochten. Diese dienen dabei stärker der Illustration und Plausibilisierung und erheben nicht den Anspruch einer umfänglichen, empirisch-wissenschaftliche Erhebung.

Die Phasen sind überschrieben mit folgenden Titeln und fungieren gleichzeitig als strukturgebende Einheiten für die nächsten Kapitel.

1. Zeit der Helden
2. Zeit der Ernüchterung
3. Zeit der Schwebe
4. Zeit des Herantastens

Die Menschen der Corona Chronik im Podcast GOOD WORK

Bezugspunkt für das Quasi-Modell und die Phasen der Veränderung bilden vornehmlich die ersten 100 Interviews des Podcasts GOOD WORK, die sogenannten Corona Chroniken. Es sind Menschen aus der Mitte der Arbeitswelt ebenso wie prominente und renommierte Experten, die ihre persönliche Sicht und Erfahrung teilen und diese zu einem größeren Gesamtbild zusammentragen. Zu Wort kommen Vertreter aus nahezu allen Branchen mit ihren völlig unterschiedlichen Rollen und Verantwortlichkeiten in ihrem beruflichen Wirkungsfeld. Ob Automobilindustrie, Yogastudio oder IT-Beratung, ob angestellt als Fachkraft oder als lenkende Größe in einem Unternehmen, ob freiberuflich oder verbeamtet – die Vielfalt an Perspektiven ist das Maß für die Rekrutierung der Gesprächspartner.

In den mehr als 6.000 Hörminuten über die ersten 100 Folgen des Podcasts zeichnen sie in Summe ein Stimmungsbild, das somit einer Feldforschung im Taschen- und Hörformat gleichkommt und die Interviewgäste zu stimmlichen Zeitzeugen macht.

2.1 Phase 1: Zeit der Helden – Rackern, Retten, Runterfahren

Zwischen Euphorie und Erstarrung

Drastische Veränderungen von der Qualität der Coronapandemie und den sich daraus ergebenden Handlungen brechen mit einer Wucht über Menschen herein, die erfordert, dass enorme Energien aufgewandt und eingesetzt werden, um diese Situation irgendwie zu bewältigen. Selbst wenn wir von dem konkreten Kontext der Veränderung – nämlich der Coronapandemie – einmal abstrahieren, erweist sich das Stimmungs- und Energielevel als exzellenter Gradmesser für die Einschätzung des jeweiligen Aktivitätsmodus. An diesem Stimmungs- und Energielevel können wir ablesen, inwieweit ein Klima – in unserem Fall mit Fokus auf die Arbeitswirklichkeit – von Aktivität, Reaktivität oder Proaktivität besteht. Und hier liegt zugleich der Anknüpfungspunkt unserer Stimmungskurve zur eingangs besprochenen Change Kurve.

Unsere Kurve startet genau wie die Change Kurve ihren Verlauf mit einem sehr hohen Maß an wahrnehmbarer Energie. Doch was kennzeichnet das hohe Energielevel, die eher aufgeheizte Stimmung in den ersten Monaten? Wie macht sich dies bemerkbar? Es ist die Vielzahl an Maßnahmen, die Unternehmen und die Menschen darin ergreifen, die Ärmel-Hoch-Mentalität und Kreativität, die Umtriebigkeit, die unbedingte Entschlossenheit, einen echten Beitrag zum Gelingen einer Aufgabe zu leisten, die größer ist als man selbst, die das Stimmungsbild im März und frühen April 2020 prägen. Es ist eine Zeit, in der Heldenerzählungen entstehen. Einige davon sind lauter, andere kommen still und eher unauffällig daher.

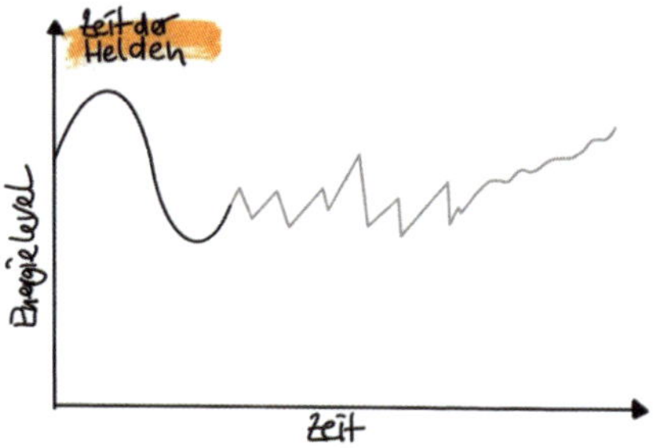

Im Fokus der medialen Aufmerksamkeit stehen all jene, die offenkundig zum Erhalt des Systems Gesellschaft beitragen, allen voran die Menschen aus dem Gesundheitssektor. In ihrem Schatten rackern und retten Heerscharen von Menschen an kleineren und größeren Schräubchen des gesamtwirtschaftlichen Getriebes. Und auch diejenigen, deren aktiver Beitrag aktuell weniger gefragt ist oder nicht eingelöst werden kann, leisten solidarischen Beistand von der Reservebank aus.

Die folgenden Phänomene greifen die Dynamik der Zeit auf und spiegeln das für die ersten Wochen so typische Kaleidoskop an zum Teil heftig widerstreitenden Gefühlen.

- Von Waffen und Parolen
- Eigene Agilität
- Wirkungsbeitrag in Zeiten von Stillstand
- Krisenmanagement und Systemrelevanz
- Solidarität unter Mitbewerbern
- Erzählung der Entschleunigung

Von Waffen und Parolen

Bei aller Bedrohung und den vielen Belastungsmomenten zum Trotz herrscht in der Arbeitswelt paradoxerweise eine Stimmung der Euphorie, die durchaus an Schilderungen von Kriegsausbrüchen erinnern lassen. Die Parolen, die es von allen Seiten her schallt, sind nur eines der stützenden Indizien für diese Beobachtung. „We're in this together", verkündet die Lufthansa und möchte damit ihren Kunden, noch mehr aber sich selbst, ihren Mitarbeitenden, der gesamten Branche Mut zusprechen. „Flatten the curve" hashtagt es sich durch die gesamte LinkedIn-, Twitter- und Facebook-Gemeinde. Und wer den Ernst der Lage noch immer nicht begriffen hat, wird mit #stayf***inghome zur Räson gerufen. Die Parolen schwören ein und diese Taktik funktioniert, in den Organisationen, in der gesamten Gesellschaft. Sie erzeugen unter Kollegen, Geschäftspartnern, sogar unter Mitbewerbern Geschlossenheit und Solidarität, hinter der eigene Interessen zurücktreten.

Die Tools der digitalen Kommunikation werden zu den Waffen im täglichen Kampf gegen das Begegnungs- und Abstimmungsvakuum. Jede Zoom-Konferenz wird zur kleinen Paradeschlacht, zum Kontersieg gegen den Verlust von Sichtbarkeit im Kollegenkreis. Und deren erfolgreiche Abhaltung füllt alsbald die Streams auf den sozialen Kanälen. Das gesamte Jahr 2020, und in weiten Teilen auch noch das Jahr 2021, werden in die Annalen der LinkedIn- und XING-Historie als die Jahre mit den meisten Screenshots aus Videokonferenzen eingehen. Jede geglückte Schalte wird visuell dokumentiert und als Manifestation kleiner Siege gefeiert.

Ingo Scheidweiler, Premieren-Interviewgast zur Eröffnung des Podcasts GOOD WORK am 16. März 2020, ist gleich doppelter Kronzeuge der Pandemie aus dem Blickpunkt der Arbeitswelt. Er erfährt als einer der Ersten in Deutschland, was Arbeiten in Quarantäne und eine Coronaerkrankung, selbst bei einem relativ leichten Verlauf, bedeuten. Während unseres Gesprächs ist davon nichts zu spüren. Ingo ist gut drauf. Vordergründig zumindest. Er berichtet sichtlich stolz und glücklich, wie gut sich die Zusammenarbeit über digitale Medien gestalten lässt. Als Geschäftsführer einer kleinen und feinen Unternehmensberatung, die sich Digitalisierung und Kundenzentrierung auf die Fahnen geschrieben hat, sind moderne Kommunikationsmittel für ihn und seine Mitarbeiter im Jahr 2020 eigentlich State of the Art. Eigentlich. In der Ausschließlichkeit und unter den optionslosen Randbedingungen stellt die Situation auch seine Expertise auf den Prüfstand. Seine Ausführungen schwanken immer wieder hin und her von den Maßnahmen, die sie zur Sicherung ihrer eigenen Prozesse ergreifen, und wandern dann mit eher sorgenvollem Blick hin zu den Aussichten für die nähere Zukunft. In seinen Schilderungen drückt sich aus, was symptomatisch für die Gespräche der ersten Zeit ist: eine eigenartige Mischung aus Handlungsorientierung, Beklemmung und Euphorie.

„Ich bin so ein bisschen in der Mischung aus Von-Sorgen-erfüllt-sein und der Suche nach vorne … Unsere Handys glühen. Wir sind permanent im Austausch mit den Kollegen. Alles ist anders."[3]

Link zur Folge mit Ingo Scheidweiler

Ingos Sätze sind kurz. Im Stakkato legt er Zeugnis darüber ab, wie er und seine Mitarbeiter sich auf die schlagartig neue Situation einzustellen versuchen. Sein Blick – auch das ist typisch für die Interviews der ersten Wochen – fokussiert sich stark auf technische Tools, die Waffen im Kampf gegen drohenden Produktivitätsverlust. Was sich aus heutiger Sicht als wenig aufsehenerregende Alltagsbeschreibung liest, ist zu diesem Zeitpunkt exzeptionell.

„Wir verwenden MS Teams als interne Plattform für alles, wir kommunizieren, wir chatten, wir teilen Bildschirminhalte, wir machen Videokonferenzen damit … So ein bisschen ist für uns MS Teams das Schweizer Taschenmesser im Moment …"

Eigene Agilität ist gefragt

David Hillmer, ebenfalls Unternehmer und Kopf der Beratungsagentur „HelloAgile", ist an ähnlicher Stelle, wenngleich von einer völlig anderen Dynamik, gepackt. Sein Geschäftsmodell beruhte vor der Coronazeit zu annähernd 100 Prozent auf Präsenzbegegnungen. In Form von Workshops und Trainings begleitet er Unternehmen und Individuen auf dem Weg hin zu mehr Agilität. Jetzt ist seine persönliche Agilität, seine eigene Anpassungsfähigkeit gefragt. Denn um das Wörtchen Agilität, dem Buzzword im Jahr 2019 schlechthin, ist es in den Organisationen mit Einsetzen der Pandemie plötzlich verdammt ruhig geworden, ironischerweise im Moment größtmöglicher Komplexität. Die Unternehmen sind in Gedanken und Taten nach eigenen Aussagen mit vermeintlich anderen Fragestellungen beschäftigt als mit Agilität. Davids Hauptgeschäft ist nahezu zum Erliegen gekommen, sein unternehmerischer Geist jedoch ist hellwach. Mit wachsendem Unbehagen beobachtet er den Trend in der Beraterszene, sich über Nacht lautstark als „Online-Experte" zu positionieren. Auf diesen Zug möchte er nicht auch noch aufspringen. David entwickelt alternative Konzepte und Formate. Er wird kreativ.

„Jeder, jeder, jeder behauptet gerade, wir machen alles auch online. Da haben wir uns überlegt: Wie können wir etwas wertigeren Inhalt anbieten? … Wir lösen mit Teams und Unternehmen Probleme mit Lego Serious Play®, das funktioniert sehr gut. Wir haben uns gefragt: Wie können wir dabei aktuell auch die Teilnehmer in Workshops schützen? … Da haben wir ein kleines Video gedreht, wie wir unsere 6.000 Legosteine desinfizieren. Wir stecken die Legosteine in einen Kopfkissenbezug und schicken das Ganze in die Waschmaschine mit einem Hygienespüler."[4]

Link zur Folge mit David und Edina Hillmer

Davids initiale Maßnahme entpuppt sich bei näherer Betrachtung eher als aktionistischer Blindgänger, da die Tage der Präsenzworkshops bereits längst gezählt sind. Gleichzeitig verleiht ihm das positive Echo aus den sozialen Medien auf diesen Geistesblitz kreative Energie, die er wertschöpfend für die Weiterentwicklung seines Unternehmens einsetzt. Er entsinnt gänzlich neue Geschäftsmodelle, bietet fortan seinen Mitbewerbern die technische Plattform und Unterstützung, die ihnen den Aufbau ihres Online-Experten-Status überhaupt erst ermöglicht. Tief taucht er in die Vielfalt digitaler Kommunikations- und Kollaborationsmöglichkeiten ein. Er ist mit seinen Gedanken in vielen Richtungen gleichzeitig unterwegs und spürt, wie ihn die Motivation dann doch manches Mal im Stich lässt. Es braucht offenbar schon Münchhausensche Qualitäten, um sich am eigenen Schopf aus der Misere ziehen zu können. Im Rückspiegel seiner heutigen Situation ist ihm offenbar genau das gelungen. HelloAgile verzeichnet Rekordzuwächse.

Wirkungsbeitrag in Zeiten von Stillstand

Maren Spiller, Organisationsentwicklerin der Deutschen Lufthansa AG, befindet sich Ende März 2020 im Auge des Taifuns. Und da ist es bekanntermaßen windstill. Als Vertreterin eines Unternehmens, das die Auswirkungen der Pandemie in besonderem Ausmaß zu spüren bekommt, ist sie zum Abwarten verdammt. Auf die Frage, wie ihr „neues Normal" aussieht, antwortet sie:

„Rein inhaltlich betrachtet war das für mich persönlich wie so eine Art Implosion. Ich arbeite ansonsten grundsätzlich sehr strategisch, konzeptionell und mit zukunftsgerichteten Themen. Es war dann so, dass mit einem Schlag diese Relevanz gegen Null strebt. Und dementsprechend frage ich mich jetzt schon: Wie kann ich mich einbringen in betriebsnotwendige Themen, mit welchen Skills kann ich meinen Beitrag leisten?"[5]

Link zur Folge mit Maren Spiller

Wie reagieren Menschen darauf, wenn der liebgewonnene Job, der den Tag zu einem erklecklichen Teil mit Sinn gefüllt hat, sich unversehens auflöst? Marens Stimme ist ruhig, beherrscht und gleichzeitig schonungslos nüchtern bei der Einschätzung der aktuellen Situation und der näheren Zukunft. Der Flugbetrieb ist auf fünf Prozent des Vor-Corona-Niveaus zusammengedampft, das Szenario der Kurzarbeit ist für sie und ihre Kollegen greifbar. Sie fühlt sich aufgefordert innezuhalten, auf ihre Kompetenzen zu schauen und zu überprüfen, ob und wie sie mit ihrem Erfahrungsschatz an den Stellen im Unternehmen, an denen es handfestes Organisieren und Planen bedarf, wirksam werden kann. Maren nutzt die unfreiwillige Pause auch, ihre eigenen, lange nicht reflektierten Rituale zu überdenken und neue Abläufe in ihrem Alltag zu etablieren. Das gibt ihr Halt und Orientierung in der Phase der akut erlebten Krise. Neue Routinen und Tagesstrukturen werden für Maren zur Copingstrategie.

„Ich habe in den letzten Tagen gemerkt, dass ich mir neue Routinen aufgebaut habe, was ich sehr spannend finde. Normalerweise werden in unserem Berufsalltag Routinen immer so als selbstverständlich dargestellt und finden Nicht-Beachtung. Gerade in jetzigen Zeiten sind Routinen aber schon wertvoll"

Link zur Folge mit Maren Spiller

Krisenmanagement und Systemrelevanz

Auch Boris Steinharts Arbeitsalltag ist mehr denn je geprägt von Unvorhersehbarkeit und ständigen Änderungen. Die von außen hereinbrechende Arbeitsbelastung liegt – im Vergleich zu den vorgenannten Beispielen – jedoch am anderen Ende der Skala. Dr. Boris Steinhart ist praktischer Arzt, Internist, seine Praxis eine der Hauptanlaufstellen für Corona-Patienten und Verdachtsfälle in Wiesbaden.

„Meine Frau Eyla und ich sind beide Ärzte, wir haben beide große Praxen zu führen. Und wir haben drei Kinder, die in der Schule sind, was alles zu organisieren ist. Morgens in der Praxis trommele ich erst einmal unsere Angestellten zusammen für ein Morning Briefing. … Während früher im Fokus stand, dass wir unseren Alltag gut managen, dass wir die Patientenströme lenken und wir alle unseren Job einfach gut machen, beginnt heute der Tag damit, dass ich erst einmal die Neuigkeiten vom Robert-Koch-Institut aus den Medien vorlese und dass wir im Wesentlichen über unsere Gefühle sprechen, über unsere Ängste und Sorgen. Und ich versuche, quasi als Vorbild voranzugehen und zu sagen:

Link zur Folge mit Dr. Boris Steinhart

„Wir kriegen das schon hin". Ich versuche Zusammenhalt zu fördern und ihnen zu sagen, dass ich versuche, so gut es geht, sie zu schützen."[6]

Inmitten der tosenden Hektik in seiner Praxis bahnt sich etwas in sein Bewusstsein, was ihn stabilisiert. Er erlebt die veränderte Situation zunehmend als eine neue Selbstverständlichkeit.

„Es ist alles anders geworden. Wir haben Woche 4 in Corona, seit 2 Wochen ist es extrem. Es ist alles anders als früher. Es beginnt langsam eine neue Normalität. Es ist nicht mehr so entspannt wie es mal war, aber ich fange langsam an, mich daran zu gewöhnen … Ich fühle mich im Moment wie ein Krisenmanager. Ich hänge den ganzen Tag von morgens bis abends am Telefon. Wir haben rund 1.500 telefonische Anfragen am Tag."[7]

Link zur Folge mit Dr. Boris Steinhart

1.500 Anrufe heißt 1.500 Mal beraten, beruhigen, beschwichtigen, aufklären. Das ist selbst für eine große Praxis wie die von Boris Steinhart außergewöhnlich. Rackern, retten, helfen ist das Mantra der Stunde für Menschen wie ihn, die schon früh ein adelndes Etikett für die gesellschaftliche Relevanz ihres beruflichen Handelns erhalten. Sie sind systemrelevant. Kaum ein Begriff hat mit besten Absichten so viel spalterisches Potenzial in den öffentlichen Diskurs eingebracht. Was ist mit den Menschen, die qua ihres Berufs nicht zur Gruppe der Systemrelevanten gehören? Ist ihr berufliches Wirken plötzlich obsolet? Die verbindende Vokabel zwischen den Kräften lautet Solidarität. In den ersten Wochen der Pandemie ist sie ungebrochen spürbar, nicht nur auf gesamtgesellschaftlicher Ebene, sondern auch gegenüber Unternehmen und Marktteilnehmern, die ansonsten als Mitbewerber auftreten. Was hilfreich wäre, ist die Einsicht, dass es in einer akuten Krise alle Beteiligten und ihren Einsatz braucht, sei es durch einen aktiven Beitrag oder das Mit-Tragen der Last.

Solidarität unter Mitbewerbern

Besonders hart getroffen von den Maßnahmen der Pandemiebekämpfung ist die Kulturszene, sämtliche Formen der darstellenden und musikalischen Künste. Jeder Versuch, einen Vertreter oder Vertreterin für ein Interview im Podcast GOOD WORK zu gewinnen, schlägt im Frühjahr 2020 fehl. Die Branche hat sich auf solidarische Zurückhaltung verständigt und überlässt den öffentlichen Raum den „systemrelevanten Themen". So lautet verschiedentlich die abschlägige Rückmeldung auf Interviewanfragen.

Ähnlich massiv beeinträchtigt ist die Reisebranche. Ihr Auftritt ist zu Beginn der Krise vergleichbar mit der bekundeten Zurückhaltung der Veranstaltungsbranche: solidarisch, bescheiden, kämpferisch. Markus Orth, Geschäftsführer der Reisebürokette Lufthansa City Center, bringt das Momentum auf den Punkt:

„Die Zeit für Partikularinteresse ist einfach nicht da. Dafür ist das Problem zu groß. Der Hotelier ist genauso wie der Airliner, wie das Reisebüro letztlich Teil eines Regelkreises. Alle haben ein Interesse daran, dass dieser Regelkreis so gut wie möglich erhalten bleibt. Es ist auch wichtig, dass die Vorstellungskraft erhalten bleibt, dass es weitergeht. Dieses Credo, was Lufthansa ausgesprochen hat ‚We are in this together', ist dabei sehr wichtig, gerade für alle Mitarbeiter."[8]

Link zur Folge mit Markus Orth

Die wechselseitigen Abhängigkeiten zwischen den unterschiedlichen Marktteilnehmern sind den Unternehmen zwar längst bewusst. Richtig spürbar werden sie in diesen Wochen jedoch in einer völlig anderen Dimension als bei vergangenen Krisen. Der Quasi-Zusammenbruch der Nachfrage befördert die Akteure hin zu einem Perspektivwechsel. Statt zäher Vertragsverhandlungen bekunden sie ihre Branchensolidarität.

Hier zeigt sich im Übrigen ein branchenunabhängiges Muster über all jene Unternehmen und Anbieter hinweg, die von der Krise in ihrer Existenz unmittelbar bedroht sind. Und dieses Muster lässt sich aus dem aktuellen Kontext herauslösen und als kontextunabhängiger Deutungsansatz für Aktivierung des Gemeinsinns heranziehen. Unter dem Eindruck einer akuten, elementaren Krise entsteht offenbar rasch Solidarität mit dem eigenen Umfeld und darüber hinaus. Eigene Belange zu formulieren, erscheint in dieser Situation nicht opportun. Doch dieser Edelmut ist eine Haltung, die sich nicht sehr lange strapazieren lässt, auch nicht im Namen der Solidarität. An sie zu appellieren erfährt seine Grenzen spätestens, wenn es um das eigene Überleben geht.

So weicht auch die Zurückhaltung von beispielsweise Gastronomie, Einzelhandel, Reise- und Veranstaltungsbranche mit Forderungen und Beschwerden an die Politik nach wenigen Wochen dem entschlossenen Kampf um essentielle Interessen zum Fortbestand des eigenen Unternehmens, der eigenen Branche. Zahlreiche Bündnisse, Koalitionen, Initiativen werden gegründet, kreative Aktionen medienwirksam gestartet. „Rettet die Reisebranche"[9] ist nur ein Beispiel für den kreativen Kampfgeist, der sich nach wenigen Wochen seinen Weg bahnt. Aktionen wie jene mit leeren Stühlen, leeren Koffern auf deutschen Marktplätzen sind Exempel und Ausdruck der prekären Situation der Unternehmen und bringt den Dialog mit der Politik häufig erst in Gang.[10]

Erzählung der Entschleunigung

Es sind diese Blitzlichter aus der frühen Phase der Pandemie, die repräsentieren, was Menschen in ihrem beruflichen Wirkungsfeld bewegt, als sie zu teilweise radikalen Kurskorrekturen gezwungen werden. Die kurzen Anekdoten zeigen, was sich wie ein roter Faden durch sämtliche Gespräche der ersten Wochen zeigt. Die in den Medien vielbeschworene Entschleunigung hat in der Arbeitswelt offenbar nicht stattgefunden, erweist sich bei näherer Betrachtung lediglich als eine Erzählung unter vielen.

Wenn wir allein die ersten 40 Interviews im Podcast GOOD WORK im Zeitraum Mitte März bis Mitte April 2020 betrachten, ist in keinem einzigen Gespräch ein Anzeichen von echter Entspannung, von innerer Entschleunigung zu erkennen. Das vielfach bemühte externale Re-Framing, das Positive in dem Herunterfahren unseres öffentlichen Lebens zu sehen, grenzt mitunter an eine zynische Verkennung der Dramatik der individuell erlebten Arbeitssituation. Die Tatsache, dass Menschen aus logischen Gründen zum Teil gezwungen sind, die beruflichen Füße still unter der Schreibtischplatte zu halten, ist nicht mit einer selbstgewählten, rekreativen Pause, einem kontemplativen Innehalten zu verwechseln.

Der insgesamt weniger bewegte, im-mobilere Alltag mag die Illusion einer Reihe von Sonntagen im alltäglichen Erleben kreieren und durchaus als Zugewinn gesehen werden. Das sollte jedoch nicht über die inneren Anspannungen hinwegtäuschen, die Menschen in den Anfängen der Pandemie in ihrer Arbeitsrealität täglich auszuhalten haben. Niemand beklagt sich in den Interviews offen über seine persönliche Lage, im Gegenteil. Die meisten Gesprächsteilnehmer beteuern, dass es ihnen in Anbetracht der Situation und des Leids anderer Menschen an nichts mangele. Doch die Anstrengungen sind zwischen den Zeilen hör- und spürbar. Während manche schier kollabieren unter ihrer Einsatzbereitschaft und dem täglichen Arbeitspensum, fühlen andere sich aus dem Spiel genommen und akzeptieren dies in großen Teilen tapfer und einsichtig. An dieser Grenze zwischen Zentrifugal- und Zentripedalkräften entsteht früh ein feiner, kaum wahrnehmbarer Haarriss in der Arbeitswelt, der sich in den folgenden Monaten als immer anspruchsvoller zu moderieren erweist, sogar häufig komplett übersehen wird.

Jede Krise führt ihre eigene Regie, hat ihre spezifischen Belastungsmomente. Die Ambivalenz zwischen Leere, Langeweile, Lethargie auf der einen und Aktionismus, Alarmbereitschaft und permanenter Anpassung andererseits ist die Symptomatik, mit der die Coronapandemie gerade in den Anfängen ihren Tribut in unserer Arbeitsrealität einfordert. Sie trennt Menschen entlang ihrer unterschiedlichen Erlebniswirklichkeiten und wird zum Teil sogar intraindividuell erfahren. Die Menschen fühlen sich auf eine eigentümliche Weise unfreiwillig gehetzt und ausgebremst zugleich.

> Jede Krise führt ihre eigene Regie, hat ihre spezifischen Belastungsmomente.

GOOD WORK durch Selbstwirksamkeit

Und hier offenbart sich zugleich, was Menschen in der ersten Phase radikaler Veränderung hilft und sie zu GOOD WORK beflügeln kann. Es ist zum einen das Erleben der eigenen Wirksamkeit, der Möglichkeit, tatsächlich handlungsfähig zu sein und zu bleiben. Die Frage der Effektivität ist dabei – für die initiale Handlung zumindest – nachgelagert. Die subjektiv empfundene Wirkmacht vermittelt uns ein Stück weit Stabilität und Souveränität, wenn wir in Anbetracht der Bedrohung irgendetwas unternehmen können, sei dies auch noch so klein und vermeintlich unbedeutend. Diesen Zusammenhang belegen sämtliche Forschungen rund um das Konzept der Selbstwirksamkeit, das erstmals in den 1970er-Jahren vom kanadischen Psychologen Albert Bandura[11] formuliert und seitdem permanent weiterentwickelt wurde. Danach beschreibt der Begriff der Selbstwirksamkeit die subjektive Gewissheit einer Person, neue oder schwierige Herausforderungen aufgrund eigener Kompetenzen meistern zu können, auf die Umwelt Einfluss nehmen und damit einen Wirkbeitrag leisten zu können. Diese Gewissheit ist in hohem Maß davon abhängig, welche Selbstwirksamkeitserwartungen er oder sie an sich selbst stellt. Es sind also in erster Linie die Erwartungen, die die Person an sich selbst stellt, die darüber entscheiden, welche Ziele sie verfolgt, welche Vorhaben sie angeht und wie wirksam sie sich dabei erlebt. Hohe Selbstwirksamkeitserwartungen haben wesentlichen Einfluss auf die Lernerfolge und das Sozialverhalten von Menschen und ihre Lebenszufriedenheit.

Diese Erwartung hat wiederum einen direkten Bezug dazu, welche Erfahrungen Menschen hinsichtlich ihrer eigenen Wirksamkeit bislang gemacht haben. Der Soziologe Hartmut Rosa schreibt in seinem 2016 erschienenen Buch „Resonanz“: „Nicht die bewirkten Ergebnisse sind das Entscheidende, sondern die Erfahrung der sich im Prozess ergebenden Wechselwirkung.“[12] Er sagt auch an anderer Stelle: „Wer über hohe Selbstwirksamkeitserwartungen verfügt, zeigt – wenig überraschend – weniger Angst- und Stresssymptome, vor allem aber verfügt er über mehr und stärkere intrinsische Interessen.“[13]

An dieser Stelle eröffnet sich aus dem individualpsychologischen Konzept der Selbstwirksamkeit eine Perspektive auf mögliche Anforderungen an das System. Wenn Selbstwirksamkeitserfahrungen positiv prägenden Charakter dafür haben, ist der logische Schritt, dass gerade in Zeiten akuter Krisen Räume für Handlungen und auch für Ausprobieren, für Lernerfahrungen großzügig gewährt werden sollten. Die Befähigung und Erlaubnis, eigene Handlungen über das übliche Maß hinaus ausführen zu können oder zu dürfen, ist ein mentaler Ausstiegsweg aus der Opferhaltung und Schockstarre.

Bodo Janssen, Hotelier und Besitzer der Unternehmensgruppe „Upstalsboom“, schildert seine Reaktionen auf hereinbrechende Krisen und legt damit in eindrucksvoller Weise Zeugnis ab über den Zusammenhang zwischen Selbstwirksamkeit, Ohnmacht und dem Empowerment zur Handlung als Führungsaufgabe. Bodo Janssen ist vielgefragter Vordenker und Impulsgeber zu Fragen der Führung und Selbstführung. Aus gutem Grund. Seine Biographie gibt Material für mehrere Leben her, er kennt sich aus mit existentiellen Krisen. Er hat nach seinen eigenen Aussagen mindestens drei heftige Einschnitte in seinem Leben wegstecken und verarbeiten müssen. Zu dieser Reihe zählt die Erfahrung seiner Entführung als junger Mann und der plötzliche Tod seines Vaters bei einem Flugzeugabsturz, damit verbunden die unvermittelte und frühe Verantwortungslast als Lenker eines Unternehmens unter drohender Insolvenz.

Diese Aufzählung ergänzt er um einen weiteren Rückschlag, der sich in dieser Reihung im Vergleich alltäglich darstellt: Es herrscht starke Fluktuation im Hause „Upstalsboom“, Mitarbeiter sind demotiviert und verlassen in Scharen das Unternehmen. Bodo Janssen initiiert eine Mitarbeiterbefragung, in deren Ergebnis ihm ein verheerendes Zeugnis ausgestellt wird. Das Feedback trifft ihn im Mark, erschüttert ihn in seinen Grundfesten als Führungskraft. Er nimmt die Rückmeldung und seine Lebenserfahrung zum Anlass, sich selbst, sein Unternehmen und sein Führungsverhalten komplett auf den Prüfstand zu stellen. Fortan richtet er die Hotelkette, mehr noch: sein gesamtes Leben auf gänzlich neuen Prinzipien aus. Das Gefühl der Ohnmacht ist ihm vertraut. Die ersten Tage der Pandemie wecken in ihm Erinnerungen an erlebte Bedrohungen und erzeugen ähnliche Gefühle.

„Ich war mit dem Hund raus und meine Frau öffnete mir die Tür und sagte: „Bodo, die machen die Inseln zu". Es ging um die Insel Föhr und ich dachte: Oh, das ist jetzt nicht gut. Dann, kurze Zeit später, wurden auch die anderen Inseln zugemacht. Und mir war sehr schnell klar, dass das nicht gut ist und dass das bedeutet, wir müssen die Hotels schließen, weil die Gäste abreisen. Es war ein Gefühl der Ohnmacht. Ein Gefühl, was ich im Nachhinein betrachtet schon öfters erlebt habe, nämlich sowohl bei meiner Entführung als auch bei dem Tod meines Vaters und bei der negativen Mitarbeiterbefragung im Jahr 2010. Es war immer dieses Gefühl von Ohnmacht, was da mitschwang. Und dieses Gefühl jetzt war identisch. Das war faszinierend. Ich war dann erstmal ohnmächtig. Ich habe mich hingesetzt und musste das erstmal wirken lassen. Mir sind viele Gedanken durch den Kopf gegangen. Und dann gab es aber einen Ping, der mich aus dieser Stille herausgeholt hat. Und das war die Nachricht eines Mitarbeiters, der mir per WhatsApp schon mitgeteilt hat: „Wir haben uns schon organisiert, wir treffen uns am Montagmorgen um 6 Uhr im Büro. Wir sind darauf vorbereitet, dass wir uns zusammensetzen." Das war dann wie so ein Weckruf aus dieser Ohnmacht. Ich habe mir gesagt: Okay, jetzt geht's los. Da ist sie wieder, die Krise. Ich habe bzw. wir haben einige Krisen erlebt und jetzt meistern die nächste … Das hat bei mir den Schalter umgelegt"[14]

Link zur Folge mit Bodo Janssen

GOOD WORK durch gelungene Kommunikation

Das zweite deutliche Muster an Bewältigungsstrategien, das sich aus den ersten Aufzeichnungen erkennen lässt, ist der Wert einer klaren und aufrichtigen Kommunikation. Und zwar von Personen und Institutionen, die mutmaßlich näher an der Quelle der Informationen sitzen als man selbst. Auch die Aussage, dass es keine Gewissheit über die nächsten Schritte und deren Konsequenzen gäbe, vermag – wenn sie authentisch, kompetenzbasiert und glaubwürdig vorgebracht wird – ein Gefühl von Sicherheit zu vermitteln. Einer verlässlichen, kurzen Taktung ist dabei höhere Bedeutsamkeit beizumessen als dem substanziellen Neuigkeitsgehalt der kommunikativen Botschaft.

Vor diesem Hintergrund erscheinen die astronomischen Zuwachsraten an wissenszentrierten und unternehmensinternen Podcasts, Webcasts, audio- und videobasierten Morning Briefings als zwingend logische Konsequenz der Krisenbewältigung, die diese selbst möglicherweise überleben werden. Während 2019 nur etwa jeder Vierte zumindest gelegentlich Podcasts hört, erreicht das Format 2020 bereits jeden Dritten und 2021 knapp 40 Prozent der Deutschen. 73 Prozent der Befragten geben an, sich über Podcasts über das Coronavirus zu informieren. 65 Prozent der Befragten hören sich im Jahr 2021 Nachrichtenbeiträge über Podcasts an.[15]

Pablo Picasso rühmte einst in seinem Gedicht „Vom Suchen und Finden" die Verheißungen der offenen Wege. „Alle Wege sind offen, und was gefunden wird, ist unbekannt. Es ist ein Wagnis, ein heiliges Abenteuer. Die Ungewissheit solcher Wagnisse können nur jene auf sich nehmen, die im Ungeborgenen sich geborgen wissen ..." Nun berücksichtigt eine Krise jedoch nicht, wen sie auf ihre Reise ins Ungewisse mitnimmt. Sie trifft blindlings Menschen, unabhängig von deren persönlicher Eignung. Gelungene Krisenkommunikation – und damit bestätigt sich im Lichte einer echten Krise wieder einmal längst geteiltes Wissen – ist eine Art geistiger Airbag in Zeiten großer Ungewissheit, auch oder gerade für Menschen, die sich in jener nicht wirklich geborgen fühlen.

Der Wert klarer und vor allem aufrichtiger Kommunikation in Zeiten großer Herausforderungen bezieht sich jedoch nicht allein auf diese Top-Down-Perspektive. Als mindestens ebenso hilfreich und unterstützend hat sich erwiesen, eine Perspektive in die tägliche Kommunikation einzubeziehen, der üblicherweise nur wenig Platz im Arbeitsalltag eingeräumt wird: den eigenen Emotionen. Die Interviewgäste von GOOD WORK erleben dieses neue Kommunikationsverhalten unter Kollegen und auch zwischen Mitarbeitern und Vorgesetzten als signifikante Veränderung und gleichzeitig als besonders wertschätzend und wohltuend. Die simple Frage: „Wie geht es Euch?" wird nicht länger als rhetorische Floskel, sondern vielmehr als Aufforderung gesehen, das aktuelle, persönliche Empfinden zu teilen. Vielfach wird auch der Wunsch geäußert: „Hoffentlich behalten wir diese ernstgemeinte Frage bei."

Persönliche Stressreaktionsmuster und kollektives Aktivitätslevel

Wenn wir auf individualpsychologische und physische Reaktionsmuster von Menschen in Notsituationen schauen, gibt es altbekannte Modelle, die auch heute noch zur Erklärung herangezogen werden. So hat beispielsweise der US-amerikanische Psychologe Walter Cannon bereits in den 1920er-Jahren, ausgelöst durch seine empirischen Beobachtungen unter traumatisierten Kriegsveteranen aus dem Ersten Weltkrieg und gestützt durch Erforschungen in der Tierwelt, das sogenannte Fight-or-Flight-Syndrom[16] formuliert. Danach reagieren Menschen auf Bedrohung von außen entweder mit Flucht oder mit Kampf. Dieses Reaktionsmuster wird vom zentralen Nervensystem gesteuert und vollzieht sich physiologisch in Sekundenschnelle im menschlichen Körper.

In den späten 1980er-Jahren erweiterte der britische Psychologe Jeffrey Alan Gray dies um die sogenannte Freeze-Phase, eine Art Schockstarre, die durch erhöhte Aufmerksamkeit und gleichzeitige Regungslosigkeit charakterisiert ist. Seinen Ausführungen zufolge ist dieses Muster wiederum eine Reminiszenz an unsere Stammesgeschichte, ein Überbleibsel unseres Stammhirns, des sogenannten Reptiliengehirns, wie es auch aufgrund seiner Ähnlichkeit zum Gehirn heutiger Reptilien genannt wird.

Alle drei Muster sind kurzfristige Stressreaktionen, die wir als Menschen nicht wochenlang aufrechterhalten können, ohne Gefahr zu laufen, an Seele und Körper zu erkranken. Die sich anschließende Phase der Anpassung ist die logische und gesunde Reaktion des Einzelnen auf die Gefahren- oder Bedrohungssituation. Die Analogien zur Change Kurve sind augenfällig, die Phase „Schockstarre" entspricht dem urzeitlichen Reaktionsmuster sogar buchstäblich. Und das, was als Reaktion auf eine externe Bedrohung im zentralen Nervensystem eines Individuums abläuft, lässt sich als kollektives Reaktionsschemata im Kontext der Arbeitsrealität in der ersten Phase, der Zeit der Helden dort beobachten. Nicht jedes Individuum zeigt alle Facetten dieses Dreiklangs, selbst wenn, dann nicht in gleicher Intensität und Dauer.

Und diese Phase, jene Mischung aus Aktionismus, solidarischer Schockstarre und entschlossenem Retten, währt nicht lange. Wenn wir unter diesem Gesichtspunkt noch einmal auf die Change Kurve referenzieren, dann zeigt sich, dass das Rackern, Retten und Runterfahren zwar äußerlich für viele Monate das Gebot bleiben. Was auf der Strecke bleibt, ist das hohe Maß an Energie, an Enthusiasmus und Optimismus, den Kampf zu gewinnen und wieder zum gewohnten Normal zurückzukehren. Ein neues Gefühl betritt in der Arbeitswelt die Bühne: Es ist die Zeit der Ernüchterung.

2.2 Phase 2: Zeit der Ernüchterung – Durchhalten, Durchhängen, Durchblicken

Nüchternheit beschreibt einen Zustand der Klarheit, der geistigen oder auch körperlichen Frische und Reinheit und auch der Abwesenheit von verhüllendem Beiwerk. Der Nüchternheit geht nicht selten ein Rauscherleben voran, ein Zustand, in dem Geist oder auch Körper gefüllt, überfüllt, vernebelt sind. Im Übertritt von jenem zum anderen Zustand tritt der Prozess der Ernüchterung ein, mit all seinen begleitenden Unannehmlichkeiten und seinen Abstinenzen. Und so beschreibt die Zeit der Ernüchterung im Frühjahr 2020 die Wandlung, die Menschen in ihren Arbeitskontexten realisieren, als eine Periode, die an ihrem Ende mehr Klarheit zu Tage bringt. Der Preis für den neuen Durchblick ist das Gefühl des unaufhörlichen Durchhaltens, des Verlusts an Energie. Die Arbeitswelt hat einen Kater.

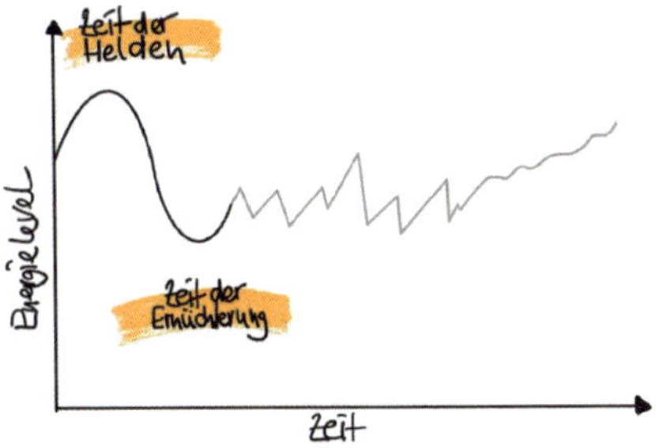

Mit Blick auf die Change Kurve entspricht die Zeit der Ernüchterung in unserem Quasi-Modell der Phase zwischen Einsicht und Akzeptanz, das berühmte Tal der Tränen, der energetische Tiefpunkt der Kurve. Nach rauschhaften, aufgeladenen und kräftezehrenden ersten Wochen der Neu-Einrichtung der Arbeitswelt sind viele Menschen genau dort angekommen. Die geistigen Glykogenspeicher der Motivation, alles plötzlich neu und anders machen zu müssen, sind leergeputzt. Die Ernüchterung fußt vor allem auf vier Erkenntnissen:

1. Das Alte kommt nicht zurück
2. Homeoffice ist nicht gleich New Work
3. Das neue Normal ist noch nicht richtig begreifbar
4. Die Krise trifft nicht alle gleichermaßen

Das Alte kommt nicht zurück

Eine Frage im Leitfaden zu den GOOD WORK Interviews hat sich drei bis vier Wochen nach dem Start der Aufzeichnungen erübrigt, und das ist die Frage: „Wie wird Ihr Arbeitsalltag in vier Wochen vermutlich aussehen?". Während Mitte März 2020 die meisten Gesprächspartner von einer eher kurzen, vorübergehenden Anpassung ihrer Arbeitsrealität ausgehen, verdichtet sich im April das Bild in eine andere, eine neue Richtung. Es verfestigt sich die Überzeugung, dass die „alte Bürowelt" nicht mehr auf Knopfdruck in der gewohnten Form zurückkehren wird.

„Das eine ist ja, dass wir in unserem Grundauftrag den Betrieb sicherstellen und unseren geregelten Arbeitsabläufen nachkommen müssen. Auf der anderen Seite muss man sich klar sein, dass wir gerade einen extremen Change durchmachen. Einen Change in Bezug auf unsere Arbeitsweisen und unsere Zusammenarbeitsformen und einen Chance auch für uns persönlich. Das macht ja etwas mit den Menschen. Meine Fantasie ist: Wir werden nicht zu einem Zeitpunkt X in die Hände klatschen und alle wieder im Betrieb sein. Das wird eher ein stufiger Prozess sein. Und dann ist es wichtig zu sehen, wo liegen – unabhängig von Corona – Chancen, aber wo liegen auch Grenzen von zum Beispiel Arbeiten im Homeoffice."[17]

Link zur Folge mit Christine Radtke

Christine Radtke ist Betriebsstättenleiterin eines mittelständischen Inkassobetriebes, in dem Remote-Arbeit vor Corona eher die Ausnahme als die Regel darstellt. Ein Großteil ihrer Mannschaft bearbeitet routinemäßig Vorgänge nach standardisierten Vorgaben. Sie ahnt sehr früh, die Umstellung durch Corona wird für sie und ihre Mitarbeiter zu einer Zäsur in Bezug auf die Art und Weise ihrer Zusammenarbeit.

Homeoffice ist nicht gleich New Work

Die Verlockungen des Homeoffice, in den Vor-Pandemie-Zeiten noch von vielen als Privileg, als seltene Ausnahme vom Präsenz-Paradigma betrachtet, werden in vielen Organisationen unfreiwilligerweise einem Realitätscheck unterzogen. Nach wenigen Wochen fällt das Urteil differenziert bis ernüchternd aus. Mareike Lüken ist Marketing-Managerin bei einem digitalen Serviceanbieter der Mobilitätsbranche und erzählt im April 2020 von ihrem Sinneswandel in Bezug auf die reine Remote-Arbeit.

„Am Anfang war da sehr viel Dankbarkeit, Austausch, Zuspruch bei den Kollegen, auch in unserem Intranet. Aber dann kam … ich würde sagen: Ermüdung. Also dass man nach einer Zeit doch gemerkt hat: Dieses nur alleine zu Hause, immer nur die gleichen Leute sehen, wenig Impulse von außen, wenig Impulse von anderen Menschen zu haben, dass das doch anstrengend ist. Und vielleicht auch, dass dieser kleine Traum, den viele, ich vielleicht auch, hatten, die immer dachten, viel von zu Hause aus zu arbeiten, ist ganz toll, ist ganz schön. Und zu Hause war es ja auch wirklich sehr, sehr schön. Für die ist es jetzt ein bisschen eine Überraschung: So ein Traum ist es ja dann doch nicht, das Homeoffice. Das Büro ist doch auch ein Ort für gute Zusammenarbeit, für Wertschätzung. Dieser Wandel (in der Wahrnehmung) hat bei uns auch stattgefunden."[18]

Link zur Folge mit Mareike Lüken

Lockdown und heruntergefahrenes gesellschaftliches Treiben beschert den Menschen eine ablenkungs- und zerstreuungsfreie Zeit. Zwischen Arbeitsende und erneutem Arbeitsbeginn liegt nicht viel Abwechslung, häufig nicht mal mehr ein räumlicher Wechsel. Menschen bemerken, wie sich das Thema Arbeit zum gedanklichen und räumlichen Mittelpunkt in ihrem Leben aufbläht.

Wer zuvor noch dachte, dass New Work gleichbedeutend sei mit Homeoffice und digitaler Vernetzung, wird spätestens in diesen Wochen eines Besseren belehrt. Die Menschen sind der digitalen Dauerschalte überdrüssig. Erste Mahner sprechen bereits von einer ZOOM-Fatigue, dem Ermüdungssyndrom aufgrund permanenter Videokonferenzen. Die implizite New Work Aufforderung, sich beruflich dem zu widmen, was man wirklich, wirklich will, erscheint gerade in dieser Phase drängender und zugleich unlösbarer denn je. Viele Erwerbstätige geraten ins Grübeln, stellen sich die Sinnfrage: Ist dieser Job wirklich das, was ich schon immer wollte? Was ist überhaupt mein Beitrag zum großen Ganzen? Hinterlassen wir mit unserem Unternehmen, mit dem, was wir tun, einen Impact, einen wertvollen Einfluss auf das Weltgeschehen und hinterlassen die Erde in einem besseren Zustand? Es sind die großen Fragen, die im Raum stehen. Besonders in diesen Tagen werden sie in den Interviews immer wieder aufgegriffen, ohne direkte Antworten geben zu wollen oder einzufordern. Die Sinnsuche wird zum Ausdruck dieser Episode. Peter Martin, Geschäftsführer der Markenberatung Martin et Kaczinski, navigiert sein Unternehmen erstmalig in der Firmengeschichte durch massive Kurzarbeit. Die nicht selbst gewählte Auszeit und das permanente Krisenmanagement machen ihn nachdenklich. Er sieht in der Krise und dem Umgang damit einen dystopischen Vorboten auf die wirklich großen Herausforderungen unserer Zeit: den Klimawandel und die soziale Gerechtigkeit. Er möchte sich jetzt diesen essenziellen Fragen stellen.[19]

Manchen gelingt es, die Monotonie des Alltags für eine Besinnung auf die Zeit mit der Familie, für eine innere Einkehr, für neue, kreative Hobbys und Ausflüge in die Natur zu nutzen. Diese Fortbewegungsform wird ohnehin zur Symbolhandlung der Krise, selbst für stubenhockende Teenager. Deutschland geht spazieren. So sehr, dass Einladungen zum Spazierengehen im späteren Verlauf der Pandemie nicht selten mit der Gegenfrage abgelehnt werden: „Ja haben wir denn wieder Lockdown?“[20]

Das neue Normal ist noch nicht normal

Denken, Sprechen, Lernen im Gehen ist beileibe keine Erfindung der Neuzeit und keine neue Erkenntnis. Schon Aristoteles wusste um die Wirkung der Bewegung und hielt seine Vorlesungen stets im Gehen ab, was ihm den Beinamen „der Peripatetiker", der Umherwandelnde einbrachte. Das Kommunizieren beim Durch-die-Natur-Schreiten hält im Frühjahr 2020 endlich auch im Businessleben Einzug. Telefonkonferenzen per Handy aus dem Wald, „Walk-the-talk", „Geh-Spräche", Walk-Shops, Meetings im Schlendermodus – alle diese Formate gab es hier und da als Randerscheinungen bereits vor der Pandemie. In Zeiten verordneter Büroabstinenz mausern sie sich jedoch mehr und mehr zu selbstverständlichen Austauschformaten unter Kollegen.

Es hat den Anschein, die Menschen wollten der Pandemie davonlaufen, wenn auch in moderatem Flaniertempo. Der US-amerikanische Datengigant Google zeichnet fleißig Bewegungsdaten in aggregierter und anonymisierter Form auf, getrennt nach Orten, was spannende Rückschlüsse zulässt. Die Graphiken zeigen: Parks und Grünanlagen werden offenbar gegen Arbeitsorte ausgetauscht. Die Kurven zeigen die prozentualen Abweichungen des Mobilitätsverhalten in Deutschland in Bezug auf eine Referenzwoche im Januar/Februar 2020.[21] Während die Flucht nach draußen, in Parks, Wälder, Grünanlagen nahezu synchron mit dem Herunterfahren des öffentlichen Lebens weit oberhalb des gewohnten Niveaus osziliert, wird das Büro stark gemieden.

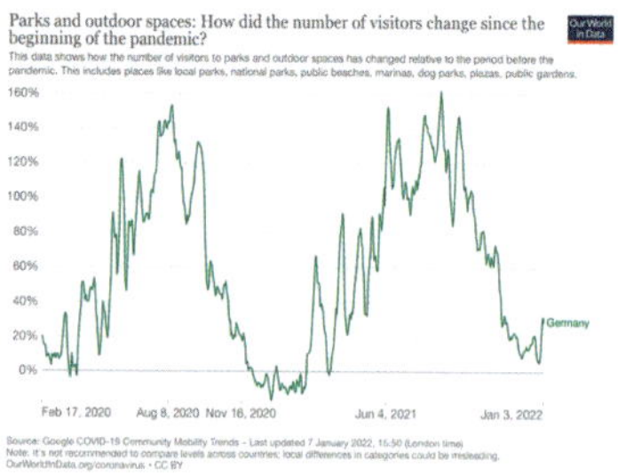

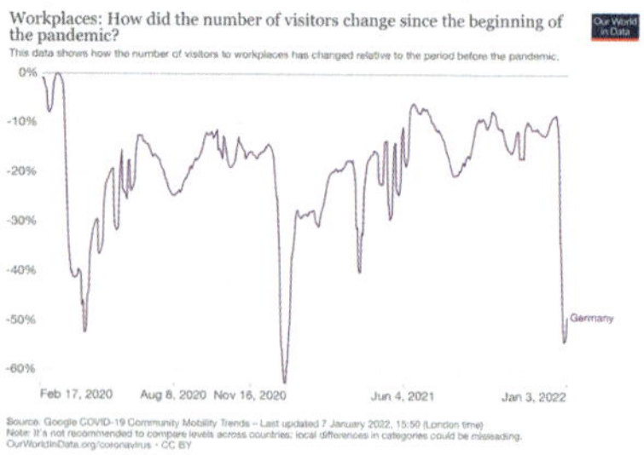

Über die Pandemie hinweg bis in die Anfänge des Jahres 2022 beträgt der Zuwachs an Bewegungen in die Natur 36 %, während sich die Mobilität hin zur Arbeitsstätte mit 42 % Rückgang nahezu halbiert hat.[22]

Stefan Grünewald, bekannter deutscher Gesellschafts-Psychologe, der in seinen zahlreichen Büchern und Veröffentlichungen gerne das gesamte Land auf die Couch legt, spricht im Zusammenhang der neu entdeckten Lust am Spaziergang gar vom Corona-Biedermeiertum, der sich nach seinen Ausführungen besonders stark bei jenen Menschen etabliert hat, die von den Maßnahmen in ihren beruflichen Existenzen eher wenig bedroht sind.[23]

Menschen entwickeln Strategien, um die massiven Veränderungen in ihrem beruflichen und privaten Alltag bewältigen zu können. Psychologen sprechen dabei von Copingstrategien. Der Rückzug in die Natur, ins Heimelige, auf Inseln der Harmonie ist beobachtbares Verhalten, das die Frage nach dem inneren Erleben nicht unmittelbar beantworten kann.

Die Kölner Diplom-Psychologin Ines Imdahl geht diesen Zusammenhängen von Berufs wegen gerne auf den Grund. Sie ist Geschäftsführerin des renommierten Marktforschungsinstituts Rheingold Salon, das mithilfe von tiefenpsychologischer Forschung Menschen zu ihrer seelischen Verfassung befragt. In unserem Gespräch sortiert sie die Lage für uns und bringt mit einer Vokabel den Zustand der Menschen, gerade in deren Arbeitswirklichkeit, auf einen begreifbaren Nenner: Die Menschen sind fassungs-los. Sie haben in ihren Alltagsbezügen die Fassung verloren, bemühen sich inständig, sich einen neuen Rahmen zu verschaffen. Die gewohnten Strukturen, Abläufe und Rituale haben sich aufgelöst. Das, was sich als das neue Normal ankündigt, woran man anfängt sich zu gewöhnen, ist noch längst nicht emotional verankert.

„Wir haben unsere Formen des Arbeitens verloren, unsere Alltagsstrukturen. Und nun ringen wir darum, wieder neue Formen und Fassungen zu bekommen. … Wir versuchen, mit dem Aktionismus und der Digitalisierung, einen neuen Rahmen herzustellen. … Und dazu gibt es mehrere Copingstrategien. Eine davon ist das Beschwören des New Normal. Wir merken jedoch, das ist etwas, was sich bei den Menschen seelisch noch gar nicht findet. Sie erleben die Welt als weit weg vom New Normal, aber es ist natürlich die Hoffnung, dass wir ganz schnell in einem neuen Normal ankommen. Das ist im Ursprung ein Wunderglaube."[24]

Link zur Folge mit Ines Imdahl

Die Krise trifft nicht alle gleichermaßen

Die von vielen erlebte Eintönigkeit und Gleichförmigkeit des heimischen Arbeitsumfelds und die Abwesenheit des kollegialen Austausches werden vor allem für Familien durch einen besonderen Umstand erschwert. Er bringt eine völlig neue Qualität in das berufliche Belastungsquartett ein. Der Spielverderber heißt

Homeschooling. Es avanciert vom absoluten Randphänomen zur Schreckensvokabel für alle Eltern, vor allem für diejenigen mit jüngeren Kindern. Die eigenen vier Wände werden zum Austragungsort für sämtliche Belange des täglichen Lebens. „Home“ muss als Präfix für die unterschiedlichsten Aktivitäten herhalten, die neuerdings alle auf wenigen Quadratmetern, häufig sogar synchron stattfinden: Home-schooling, Home-office, Home-shopping, Home-fitness. Selbst gemeinschaftliches Kochen, Tanzen, Singen, Spielen, Weinprobieren findet zu Hause statt, digital vernetzt mit Freunden, Kollegen, Bekannten. Die Grenzen des Machbaren werden schnell ausgelotet und tragen erheblich zum Katergefühl bei.

Diane Siegloch ist Mutter von drei Kindergarten- bzw. Schulkindern und arbeitet als Vertriebsexpertin für ein Start-up. Selbst unter regulären Bedingungen lässt ihr Tagesablauf wenig Raum zum Luftholen. Die Situation im April ist für sie kaum mehr erträglich.

Link zur Folge mit Diane Siegloch

„Wir stehen morgens ganz normal auf, schaffen es tatsächlich noch, gemeinsam zu frühstücken. Relativ kurze Zeit danach verabschiedet sich mein Mann ins Kinderzimmer, Arbeitszimmer haben wir nicht. Er sitzt dann am Kinderschreibtisch und arbeitet, meistens 10–12 Stunden am Tag, von einer Telko in die nächste. Ich versuche dann so ab 9 Uhr, die eine Tochter (1. Klasse) zu beschulen, während der Vierjährige sich selbst bespaßen muss und die Einjährige auch alle paar Minuten etwas will … Zwischendrin versuche ich, häufig erst abends spät, selbst zu arbeiten … Man denkt jeden Tag auf's Neue: Oh Gott, morgen fängt der Wahnsinn wieder von vorne an.“[25]

Auf Erschöpfung folgen Kreativität und Entschlossenheit. Diane möchte diese Situation nicht länger hinnehmen. Gemeinsam mit anderen Eltern in ähnlichen Situationen gründet sie die Initiative „Eltern in der Krise“ und verschafft sich bei der Landespolitik Gehör. Ihr gelingt es, zumindest etwas Bewusstsein zu schaffen für die Bedürfnisse einer großen Bevölkerungsgruppe, die man offenbar glattweg vergessen hatte: die der Familien und der Kinder. Dianes Geschichte steht exemplarisch für die vielen Menschen, die sich mit enormem Einsatz den Herausforderungen des neuen Alltags stellen und nicht nur für ihre eigenen Interessen kämpfen, sondern sich für die Gemeinschaft einsetzen.

Die Zeit der Ernüchterung ist – wie auch die Zeit der Helden – kein kollektiv synchron erlebtes Syndrom. Manche Branchen, manche Unternehmen sind sehr früh im Strudel der Ereignisse gefangen, durchlaufen die Phasen schneller, früher als andere. Zudem packt die Krise Menschen an unterschiedlichen Stellen mit unterschiedlicher Wucht. Die vielfach bemühte Metapher „Wir sitzen alle in einem Boot" ist schief. Wenn man das Bild von der hohen See schon aufgreifen mag, wäre es wohl treffender zu sagen: „Wir sind alle im gleichen Sturm, aber jeder sitzt in seinem eigenen Boot." Gerade in der Industrie, im produzierenden Gewerbe, überall dort, wo Wertschöpfung physische Begegnung bedingt, erleben Mitarbeiter und Mitarbeiterinnen ein und desselben Unternehmens massive Unterschiede in den Auswirkungen. Während Angestellte in der Produktion weiterhin ihren gewohnten Dienst mit verschärften Hygiene- und Abstandsregeln verrichten, begeben sich die Kollegen der Verwaltung ins Homeoffice. Beide Seiten sehen die jeweiligen Vorteile in der Situation des Gegenübers und wünschen sich wahlweise mehr Begegnung mit Kollegen oder mehr Schutz der persönlichen Unversehrtheit.

Der Premium E-Bike Hersteller Riese & Müller ist ein mittelständisches, produzierendes Unternehmen, das genau diese Lagerbildung beobachtet. Im kürzlich bezogenen Firmenneubau haben sie bewusst die Produktionseinheiten in der Mitte des Gebäudes platziert. Die Herstellung der Fahrräder ist nun einmal das Herzstück des Unternehmens. In guten Zeiten visionär geplant wird ihnen sehr früh bewusst, wie wichtig es für ihre Firmenkultur ist, ihre Mitarbeitenden nicht in zwei Welten abspalten zu lassen. Dr. Sandra Wolf, Geschäftsführerin von Riese & Müller, sagt dazu:

„Was ich teilweise schon schwierig finde, ist, die Solidarität aufrecht zu halten zwischen Verwaltung und Produktion. Und allen das Gefühl zu geben, dass jeder an seinem Platz wichtig ist und wir das auch nur gemeinsam schaffen können. Wir müssen versuchen, Regelungen zu finden, die ein Gesamtbild abgeben, damit es nicht so einen harten Cut gibt zwischen den Einheiten."[26]

Link zur Folge mit Sandra Wolf

GOOD WORK ist eine Frage des Fokus

In den ersten Wochen bewähren sich entschlossene Handlungsorientierung und klare Kommunikation als wirksame Strategien der Bewältigung. Der Stier wird förmlich bei den Hörnern gepackt. In der Phase der Ernüchterung hingegen versuchen Menschen eher, der Krise zu entschwinden, wenn auch nur gedanklich. Das Hinwenden zu heimischer Glückseligkeit und Aufenthalt in der Natur ist bei näherer Betrachtung ebenso ein Versuch, der Omnipräsenz der Krise zu entkommen, wie das Abschweifen auf größere, ganzheitliche Fragestellungen. Je mehr Raum die Krise und ihre Auswirkungen auf die eigene Arbeitsrealität einnehmen, umso größer gestaltet sich der Drang, von den belastenden Niederungen des Berufsalltags zu abstrahieren und sich entweder den kleinen, besonders schönen oder den großen, besonders bedeutsamen Seiten der Lebens- und Arbeitsgestaltung hinzuwenden.

Der Übertritt von der Zeit der Helden zur Zeit der Ernüchterung gleicht dem Perspektivenwechseln von Zoom-in – starke Fokussierung der eigenen Ressourcen auf die beruflich-motivierte Handlung – hin zu einem Zoom-out, einer Art Weitwinkel-Flucht in alles, was möglichst weit entfernt liegt von dem, was die Menschen tagtäglich in ihrem Job erleben und verrichten müssen. Das öffentliche Leben geizt mit Ablenkungen, die Menschen kreieren sich ihre eigenen Pfade des Abschaltens.

Die Liste der geteilten Corona-Hacks, der persönlichen kleinen Kniffe, die sich Menschen als hilfreiche Unterstützer zurechtlegen, unterstreicht diese Beobachtung: Die Interviewgäste berichten – neben der ausgeprägten Spazierleidenschaft – von Puzzle-Schlachten und Spieleabenden, von Tanzen und Yoga per Zoom, von sportlichen Exzessen, von bewusstem Nachrichtenverzicht und Social-Media-Fasten, von Meditation und intensiven Gesprächen mit engen Freunden – kurz: von allerlei Zoom-out Aktivitäten, die den Fokus weit weg von Krise und Berufsalltag lenken.

Dort, wo mit Empathie auf diese Entkopplungstendenzen und Ansätze eskapistischen Verhaltens reagiert wird, wo sie möglicherweise sogar thematisiert und zugestanden werden, sind gute Voraussetzungen für GOOD WORK geschaffen. Es wirkt paradox: Gerade in Zeiten größten Handlungsdrucks ist es mitunter besonders effektiv, den rein fachlichen Fokus auf aktuelle Themen gezielt, aber auch dosiert aufzuweichen und dem Raum zu geben, was jenseits der Arbeitsrealität die Menschen bewegt, was ihrer Zerstreuung und Transzendenz dient und sie damit stützt.

GOOD WORK durch Partizipation

Ein weiterer Ansatz für GOOD WORK versteckt sich in dieser Phase ebenfalls ein wenig abseits des Offensichtlichen. Es ist das Prinzip der holistischen Betrachtung des Systems, der Berücksichtigung möglichst aller Kräfte in einem Unternehmen und der Moderation zwischen ihren unterschiedlichen Sichtweisen. Eine ganzheitliche Perspektive einzunehmen, gestaltet sich während Phasen akuten Handlungsdrucks besonders herausfordernd und gleicht damit für viele Entscheider einer kontra-intuitiven Empfehlung, folgen sie doch eher dem Gebot der drängendsten Aufgabe und wichtigsten Entscheidung. Hier liegen jedoch Fehlannahme und Chance nebeneinander begraben. Berücksichtigung und Beteiligung sind nicht gleichbedeutend. Es geht in diesem Kontext nicht um Partizipation im Sinne einer aktiven Einbindung aller Betroffenen zu jeder Entscheidung.

Konsensorientierte und partizipative Entscheidungsverfahren können Prozesse erheblich verzögern, gar lähmen. Es geht vielmehr um eine gesteigerte Sensibilität für sich formierende divergierende Interessensgruppen und Meinungslager. Das setzt voraus, dorthin zu schauen, wohin der Blick nicht automatisch fällt. In Zeiten schockartiger Veränderungen, so wie hier mit der Zeit der Helden beschrieben, wird der Grundstock dafür gelegt, wer oder was als zentrale Kraft, als Retter, als Leitfigur und als systemrelevant betrachtet wird. Das spalterische Potenzial, das in dieser Entwicklung liegt, gilt es frühzeitig zu entkräften und dafür einen Dialog zu initiieren. Dafür braucht es Instanzen und eine geschärfte Wahrnehmung, welche Strömungen sich abseits des Fokus des Geschehens herausbilden und Gefahr laufen, überhört und übersehen zu werden. Die Basis für Streit und Entzweiung liegt häufig in Missverständnis und Unkenntnis der anderen Seite, was meist auf mangelndem Austausch der Perspektiven beruht.

GOOD WORK ist in dieser Phase so betrachtet vor allem eine Frage des Fokus.

2.3 Phase 3 und 4: Zeit der Schwebe und der Neu-Gestaltung – anpassen, abwarten und ausprobieren

Das Stimmungsbild in der Arbeitswelt unterscheidet sich zwischen den ersten beiden Phasen prägnant voneinander. Der Übertritt in die dritte und – noch mehr – der Übergang hin zu einer vierten Phase der Veränderung findet deutlich leiser und unauffälliger statt. Nach Wochen des Aktionismus, der andauernden Alarmbereitschaft und einer anschließenden Periode des Durchhängens folgt die schrittweise, echte Anpassung der Menschen an eine neue Arbeitsnormalität. Und genau jenes Geräuschlose gehört offenbar zum Wesen dieser Anpassung, die sich unbemerkt vollzieht und in der Neugestaltung mündet. Bis heute –

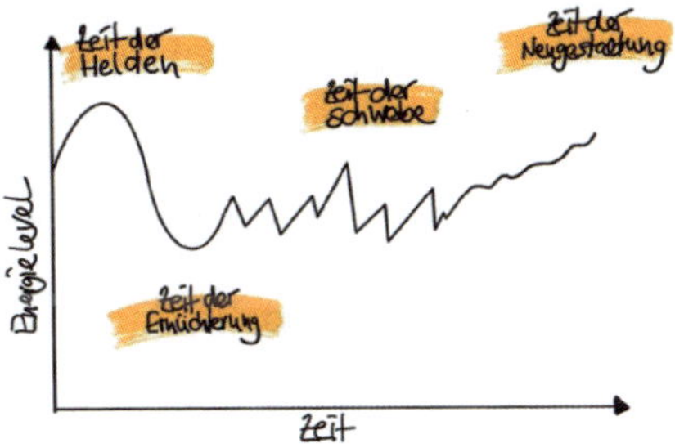

Anfang des Jahres 2022 – mäandern Menschen in ihren beruflichen Kontexten zwischen Schwebezustand und Neugestaltung noch immer hin und her. Egal ob selbständig, angestellt, als Kopf eines Unternehmens oder mit Beamtenstatus, kurz: die gesamte Arbeitswelt tanzt im Wechselschritt durch die Transformation.

Schauen wir also genau hin, inwiefern die Arbeitswelt in dieser Periode der Veränderung schwebt. Menschen, die schon einmal in Genuss der Erfahrung von Schwerelosigkeit gekommen sind, berichten mit glänzenden Augen vom Zustand des kontrollierten Kontrollverlustes über ihren Körper. Unfreiwilliges Schweben hingegen hat eher die Qualität von „in der Luft hängen", „den Boden nicht mehr zu spüren" und ist damit ziemlich das exakte Gegenteil von wünschenswert.

Über die ersten „Schwebe-Erfahrungen" im Arbeitsalltag berichtet Ines Imdahl aus den Interviews, die sie wiederum mit Probanden zu ihrem aktuellen Alltag führt.

„Die meisten Menschen haben sich sehr flexibel gezeigt. Viele sind in Kurzarbeit. Am Anfang haben die Menschen gesagt: Wir halten das durch, wir sind flexibel. Jetzt merken sie, dass diese Flexibilität auch eine hohe Belastung ist. Manche sind zwar in Kurzarbeit, müssen aber projektweise doch immer wieder zur Verfügung stehen. Dann weiß man nicht: Geht es weiter oder nicht? Gibt es einen zweiten Lockdown? Kommen neue Aufträge oder nicht? Haben wir genügend Arbeit? Einfach abzuwarten, mal ein bisschen was zu tun, das auszuhalten, dieses On/Off, geht es weiter oder nicht, in diese Richtung oder eine andere, das ist ein extrem hoher Stressfaktor. Ich glaube, dass dies psychologisch gesehen sogar noch ein höherer Stressfaktor ist als 60 Stunden die Woche zu arbeiten … Das ist schon ein Stresstest für das Arbeitsleben."[27]

Link zur Folge mit Ines Imdahl

Es sind die Unwägbarkeiten, die Nicht-Planbarkeit bei gleichzeitig maximalen Auswirkungen, die Menschen dann in die Zermürbung treiben, wenn das Abwarten aus ihrer Sicht ihre einzige Option bleibt. Und es ist zugleich die Vorahnung, dass sich dieser Zustand wohl noch lange halten wird. Daran knüpft sich der insgeheime Wunsch nach Auflösung der Situation oder zumindest nach einer richtungsweisenden Entscheidung an. Die lässt allerdings auf sich warten. Im Geiste vollziehen sich permanente Wenn-Dann-Szenarien. Egal ob im öffentlichen Raum, in der Politik, im Arbeitsleben – selten war die Sehnsucht nach einer richtungsweisenden Entscheidung, nach Klarheit und Orientierung in den letzten Jahren ausgeprägter als in dieser Zeit. Und selten war diese Forderung so wenig einlösbar.

Die Zeit der Schwebe ist demnach gekennzeichnet von einem vorsichtigen Zurückzittern in beständigere Routinen und von dem Wunsch, das Provisorium aus Übergangsabläufen wieder zu verlassen. Die Dynamik der Anpassungen von Unternehmen und Menschen in ihrer Arbeitsrealität orientiert sich sehr stark an dem, was die politische Großwetterlage diskutiert, zulässt und in Aussicht stellt. Das Ergebnis ist ein Oszillieren der allgemeinen Stimmungs- und Energiekurve mit kleinen Ausschlägen nach oben und unten. Und dieser Zustand legt sich wie Mehltau auf die Gemüter der Menschen. Man erkennt es unter anderem daran, dass nahezu all diejenigen, die sich zum Zeitpunkt des Interviews in dem skizzierten Schwebezustand befinden, die Frage nach dem eigenen Befinden so oder ähnlich beantworten: „Es geht mir eigentlich ganz gut. Ich habe ja im Prinzip nichts zu beklagen."

Eigentlich ist ein Signalwort. Denn das Wort eigentlich versucht zu kaschieren, worum es eigentlich geht. Die tatsächliche Botschaft hinter dieser eigenen Befindlichkeitszurückhaltung lautet: Wann können wir endlich loslegen? Die Menschen unterteilen gedanklich ihren durch die Pandemie veränderten (Arbeits-)Alltag in ein Davor, ein Danach und in ein Dazwischen. Und dieses Dazwischen dehnt sich für manche unerträglich. Nur wenige denken und handeln in einem Davor und Seitdem und empfinden ihre aktuelle Situation nicht mehr länger als ein Provisorium.

In der Schwebephase klafft demnach das Erleben auseinander zwischen einerseits dem zögerlichen Abwarten und andererseits dem Drang, die Zukunftsgestaltung aktiv anzugehen, der oft genug wieder gestoppt wird. Wir stehen gleichzeitig mit einem Fuß auf der Bremse und dem anderen auf dem Gaspedal. Und das führt, wenn wir vom Autofahren sprechen, bekanntermaßen zu Abwürgen und Materialverschleiß. Nur wenigen Koryphäen des Rallyesports gelingt das gefühlvolle Spiel mit beiden Modi zugleich. Die sogenannte Spitze-Hacken-Technik vollführte weiland der berühmte Motorsportler Walter Röhrl virtuos und zeigt damit die Grenzen des Machbaren für dieses Sondermanöver auf.[28] Es taugt schlicht nicht für das sozialverträgliche Autofahren.

Inhaltlich betrachtet sind es vor allem folgende Fragen, die die Mitarbeiter und Führungskräfte unaufhörlich in ihren jeweiligen Arbeitsrealitäten umtreiben:

Wo wollen wir in Zukunft arbeiten?
Wie werden die Büros der Zukunft aussehen?
Wie wollen wir in Zukunft zusammenarbeiten?

Folgende Phänomene lassen sich in diesem zeitlichen Abschnitt der Veränderung besonders deutlich beobachten und bestimmen den Diskurs in der Arbeitswelt bis in das Jahr 2022 hinein:

1. Viel Taktik, wenig Strategie
2. Alles ist plötzlich hybrid
3. Vom Schweben zum Gestalten
4. Mutiges Ausprobieren

Viel Taktik, wenig Strategie

Aus unternehmerischer Sicht besteht eine der vornehmen Aufgaben für Leadership darin, Zusammenhänge zu erkennen und zu begreifen und erst hernach Maßnahmen kontextgerecht einzuleiten und umzusetzen. Der Transformationsexperte Wolf Lotter nennt die Fähigkeit, in Zusammenhängen zu denken und zu handeln, Kontextkompetenz und sieht darin eine der wegweisenden Anforderungen für einen gelungenen Wandel hin zur Wissensgesellschaft. „Kontextkompetenz bedeutet, im Detail zu denken und dabei den Überblick nicht zu verlieren. Wissen zu wollen, was man wissen kann. Und manchmal auch zu entdecken, was man eigentlich schon alles weiß."[29]

Zusammenhänge erschließen sich mit zunehmender Komplexität nicht auf den ersten Blick. Ursache und Wirkung stehen in Zuständen von hoher Komplexität nicht selten wie verstrittene Verwandte in unterschiedlichen Ecken ein und derselben Party. Es braucht also die Bereitschaft, sich dem Sachverhalt, der Welt der Informationen und Fakten ebenso wie den Meinungen und Bewertungen hinzuwenden und eine Bestandsaufnahme zu machen. Das ist die notwendige Grundlage, um weitreichende Entscheidungen zu fällen.

Das Maß an Kontextkompetenz zeigt sich unter anderem auch in der Fähigkeit zur Differenzierung zwischen erforderlichen taktischen Aktionen und strategischen Prozessen als Ergebnis dieser seriösen Analyse. In Zeiten großer Turbulenzen ist diese Unterscheidung mindestens so herausfordernd wie unumgänglich und gelingt nicht in jedem System gleichermaßen gut.

Es trennt sich sozusagen taktische Spreu von strategischem Weizen. Das souveräne Jonglieren mit diesen beiden Bällen ist zugleich symptomatisch und entscheidender Erfolgsfaktor für Unternehmen, Teams und Individuen in Bezug auf ihre Zukunftsfähigkeit. Wo braucht es eine Maßnahme der Stunde und wo dürfen wir unsere Vision nicht aus dem Blick verlieren? Beide

Herausforderungen liegen in der Zeit der Schwebe nahezu täglich auf dem Schreibtisch der Unternehmenslenker, beide mit gleicher unbeugsamer Vehemenz.

Mark Gevers arbeitet für den mittelständischen Ingenieurdienstleister Tecosim und beschäftigt sich dort mit der Entwicklung des Neugeschäfts. Das Unternehmen berät vorranging Anbieter in der Automobilbranche, die nicht erst seit Corona über heftige Transformationsbeschwerden klagt. Die Pandemie hat mit ihren spezifischen Auswirkungen deutliche Spuren im Mobilitätsverhalten der Menschen hinterlassen und fordert auf Seiten der Hersteller strategische Kraftanstrengungen. Die fallen jedoch sehr unterschiedlich aus.

„Oh, das ist von Kunde zu Kunde verschieden. Es gab am Anfang natürlich Kunden, die gesagt haben: Wir stoppen jetzt alle externen Projekte. Wir wissen noch nicht, wo die Reise hingeht und deswegen halten wir jetzt einfach mal die Budgets zusammen. Es wurde sehr viel gestrichen. Bei diesen Kunden war es dann auch so, wenn man versuchte, bereits anstehende Termine in die virtuelle Welt zu verlagern, sprich: Telefon oder Videokonferenzen zu machen, dann wurde es sehr zäh. Es gab aber auch genauso Kunden, die strategisch einfach weiter gemacht, sich weiterentwickelt haben. Mit diesen Kunden wurde es eher einfacher, denn Termine zu finden war sonst schon schwierig. Jetzt zu Corona Zeiten, mit Videokonferenzen, kriegt man mit diesen Kunden sehr viel schneller Termine.“[30]

Link zur Folge mit Mark Gevers

Die Antwort auf die Frage, ob man sich den strategisch bedeutsamen Aufgaben stellen muss, kann nicht allein vor dem Hintergrund krisenbedingter Kalamitäten erörtert oder gar durch mangelnde digitale Kompetenz verzögert werden. Umwälzungen in einer Industrie machen keine Ferien, auch nicht während einer Pandemie.

Ob Geschäftsmodell oder Zusammenarbeitsformen, gerade in dieser Phase gilt es, die richtigen Fragen in den Fokus zu rücken. Die Frage: „Wie bekommen wir die Mitarbeiter zurück ins Büro?" plustert sich in diesem thematischen Reigen als die zukunftsweisende Herausforderung schlechthin auf. Dabei zielt sie in ihrer Formulierung haarscharf am eigentlichen Kern des Problems vorbei und belegt, wie sehr die Organisationswelt auf

> **Abwarten ist keine Strategie, allenfalls eine Taktik.**

verändertes Verhalten taktisch re-agiert anstatt den größeren strategischen Rahmen zu spannen. Manche Unternehmen versuchen gerade in dieser Phase, das Problem durch Abwarten auszusitzen. In den Gesprächen wird immer wieder auf die pandemische Lage verwiesen und sich in der Frage der Zusammenarbeit daran justiert. Doch auch hier zeigt sich: Abwarten ist keine Langfriststrategie, allenfalls eine Taktik.

Mit dieser zögerlichen Haltung stellen sich die Unternehmen zum Teil selbst ein Bein, über das sie nach der Krise zu stolpern fürchten. Die Frage der künftigen Zusammenarbeit ist nicht nur eine Frage der Organisation aktueller Arbeitsabläufe und Prozesse. Im Zentrum sollten diejenigen stehen, die diese gestalten und anwenden: die Menschen in einer Organisation. Und das umfasst nicht nur gegenwärtige Mitarbeiter und Mitarbeiterinnen, sondern auch alle künftig Mitarbeitenden.

Der anhaltende Krisenmodus und der Übertritt in die Schwebephase haben dafür gesorgt, dass strategische Personalarbeit inklusive Rekrutierung neuer Arbeitskräfte häufig sträflich vernachlässigt wird. Das Institut Opinium hat im März 2021 im Auftrag des Personaldienstleisters Personio 2.000 Mitarbeiter sowie 500 Personalentscheider aus unterschiedlichen Branchen in der DACH-Region um ihre persönliche Einschätzung zur aktuellen Personalarbeit in ihrem Unternehmen gebeten.[31] Das repräsentative Bild ist ernüchternd. 39 Prozent der Personalverantwortlichen gehen davon aus, dass eine Kündigungswelle folgen wird, sobald sich die Krise beruhigt hat. Vor diesem Hintergrund ist es um so erstaunlicher, dass die HR-Verantwortlichen selbst zu 49 Prozent angeben, Personalstrategie spiele in ihrem Unternehmen derzeit keine hohe Priorität. Die Einschätzung der Personalentscheider bestätigt sich durch die Aussagen der Mitarbeitenden. 45 Prozent beabsichtigen, in den nächsten 6 bis 12 Monaten ihren Job zu wechseln. Hier erweist sich ein Erhebungsergebnis aus dem Herbst 2020 von Statista erhellend.[32]

Mehr als die Hälfte derjenigen, die vor der Coronapandemie einen Jobwechsel planten, schieben dieses Vorhaben auf oder haben es sogar gänzlich aufgegeben. Es wird geschwebt, auf allen Ebenen. Das bedeutet zugleich: Es baut sich – wie von den Personalentscheidern vermutet und beobachtet – ein enormes Wechselpotenzial auf, das sich seinen Weg bahnen wird, sobald der Gestaltungsdrang größer ist als das persönliche Sicherheitsbedürfnis. Zwischen den Zeilen schwingt eine Befürchtung der Personalentscheider missstimmig durch: Mit dem Aufschieben und Abwarten wird ein gutes Stück Zukunft verspielt.

Es gibt Professionen, deren Horizont naturgemäß weiter gesteckt ist. Trendscouts gehören sicherlich zur Gattung der Berufsvisionäre. Raphael Gielgen ist einer von ihnen. Er lotet relevante Trends im Kontext Zukunft der Arbeit aus. Sein Arbeitgeber, die Firma Vitra, genießt internationales Renommee für ihre architektonischen Konzepte zur Ausgestaltung von Büro-, Arbeits- und Wohnräumen. Raphael Gielgen, so lässt vermuten, ist demnach ziemlich nah dran an der Zukunft unserer physischen Arbeitsrealitäten. Die Frage „Homeoffice oder Büro?“ nervt ihn. Aus gutem Grund.

Link zur Folge mit Raphael Gielgen

> „Also ich finde ja, dass die Diskussion gerade, ob wir ins Homeoffice oder ins Büro gehen, sehr eindimensional ist. Wieso stellen wir uns nicht die Frage: Wie müssten wir unsere Arbeit organisieren, wie müsste Arbeit ausgestattet sein, damit der Einzelne größtmöglich sein Potential entfalten kann, dazulernt oder das Team gemeinsam Leistungen erbringt, die vorher nie möglich gewesen wären? Und das nicht nur aus der Perspektive des Ortes. Dann ist die Frage nicht mehr eindimensional, sondern mehrdimensional. Und wenn man das mehrdimensional betrachtet, dann versteht man die Zusammenhänge, die ineinanderwirken: die Art und Weise der Zusammenarbeit, die Art und Weise, wie Leadership organisiert ist.“[33]

Das Büro oder das Homeoffice als Austragungsorte für Wertschöpfung sind lediglich Artefakte für unser Verständnis von Wissensarbeit und ihrer Organisation. Der fromme Wunsch nach einer schnellen, simplen und one-fits-all Entscheidung in diesem Aspekt ist Symptom der Vermischung von Taktik und Strategie. Es bereitet die Bühne für ein Phänomen, das über Monate die Diskussion zur Zukunft der Arbeit dominiert. Es breitet sich eine Art hybrider Hysterie aus.

Alles ist plötzlich hybrid

Dort, wo sich die Gegenwart abrupt von der Vergangenheit verabschiedet, sind schnell eifrige Menschen zur Stelle, die Zukunft zu deuten und zu beschreiben. Da müssen bisweilen auch mal Plattitüden als Visionen herhalten, um ein Stückchen Zuversicht und Sicherheit zu vermitteln. Und genau danach wird in der Zeit der Schwebe so sehnlichst verlangt. So macht gerade in dieser Phase ein Ausruf die Runde, der bei näherer Betrachtung allerhöchstens als Binse taugt: „Die Zukunft ist hybrid!“. Christian Friedrich, Geschäftsführer der Haufe Akademie hält der Pseudo-Weissagung lakonisch entgegen:

„Ja klar, was soll es auch sonst sein. Das eine geht nicht weg und das andere auch nicht mehr, also ist es hybrid.“[34]

Spätestens im Sommer 2020 hat sich allenthalben die Erkenntnis durchgesetzt, dass wir – Pandemie hin oder her – künftig weder auf digitale Zusammenarbeitsformen noch auf analoge Begegnungen komplett verzichten werden.

Hybrid wird zur verbalen Allzweckwaffe für die Beschreibung sämtlicher Arbeitskontexte: den Ort, an dem wir arbeiten, die Art und Weise, wie wir Meetings gestalten, unsere Business Events. Je nach persönlichem Fokus drückt das Wörtchen „hybrid“ in unserer Wahrnehmung auf eigene Knöpfe. Und damit nimmt es den Karriereweg vieler anderer Schlagwörter, die eigentlich etwas Konkretes im Blick haben, in ihrer Verwendung jedoch immer schwammiger werden. Hybrid ist zum Nebelwort geworden. Eine höchst eigentümliche Fertigkeit von Nebelwörtern besteht darin, durch ihre schiere Verwendung komplette Vorstellungswelten zu kreieren. Was macht also die Faszination der Vokabel „hybrid“ aus? Welche Sehnsüchte werden damit adressiert?

Zunächst einmal beschreibt es recht nüchtern die Kopplung von zwei unterschiedlichen Zuständen, in unserem Fall von analog und digital und damit keine neue Arbeitspraxis. Die Pandemie hat den Regler zwischen digital und analog sicherlich deutlich weiter in Richtung Digitalität und Flexibilisierung verschoben. Das Phänomen der Kopplung an sich ist jedoch weder neu noch visionär.

Julia Merkel ist Personalvorständin der R+V Versicherung und rückt den Neuheitsgehalt von digitalen Arbeitsmodellen ins rechte Licht.

„Was das Thema Flexibilisierung von Arbeitszeit und Arbeitsort angeht: Das hatten wir vorher schon in größerem Umfang. Wir haben viele Standorte mit einem hohen Anteil an Telearbeit, weil wir natürlich auch viele Arbeitsplätze haben, wo das wirklich gut geht. Das, was sicherlich neu daran ist, ist die Konstanz und Selbstbestimmtheit, in der wir das machen können, ohne es vorher lange absprechen zu müssen.“[35]

Link zur Folge mit Julia Merkel

Es ist also nicht die Arbeitsform an sich, die besonders innovativ ist. Es ist die Selbstverständlichkeit, mit der man ihr begegnet. Die veränderten Rahmenbedingungen unserer Arbeit haben dafür gesorgt, dass Mischformen zwischen digital und analog noch stärker zur gelebten Praxis für viele Erwerbstätige geworden und damit in der Mitte unserer Arbeitsrealität angekommen sind. Wir leben also mehr und mehr im Zeitalter der digitalen Selbstverständlichkeit.

Hybrid scheint die gegenwärtige bestmögliche Antwort zu sein auf den Versuch, die Arbeitsfähigkeit zu erhalten und gleichzeitig veränderten Gewohnheiten und Bedürfnissen zu entsprechen. Und dabei suggeriert das Wörtchen hybrid zweierlei: Zum einen unterstellt es, dass wir mit dieser Zuschreibung bereits ein konkretes, verbindliches Arbeitsmodell beschrieben hätten. Endlich ist vermeintlich ein Deckel auf dem Topf „Wie werden wir (nach Corona) wieder zusammenarbeiten?" Hybrid löst implizit zudem das Versprechen aus, dass wir uns künftig nicht zwischen den Welten entscheiden müssen. Wir können alles haben: die Effizienz und den Innovationsschub des Digitalen, das Heimelige, Vertraute und Zwischenmenschliche des Analogen. Und da sind wir beim eigentlichen Problem: Wir drücken uns darum, genau hinzuschauen, was es an welcher Stelle bedarf. Wir schweben hin und her, zwischen alter Arbeitswelt und neuem Normal.

Vom Schweben zum Gestalten

Wenn wir noch einmal die eingangs beschriebenen individuellen Stressreaktionen aufgreifen, so zeigt sich zwischen diesem Modell und den GOOD WORK Phasen eine spannende Analogie. Das eben beschriebene Aussitzen der Herausforderungen und Abwarten gleicht dem „Totstellen", der sehnsuchtsvolle Blick in alte Arbeitswirklichkeiten hat etwas von einer Flucht und der Wunsch, die Zukunft gestalten zu wollen, entspricht tatsächlich am ehesten dem Kampfmodus. Für alle drei Zustände lassen sich Beispiele und Anekdoten in den Gesprächen finden.

Mit Blick auf die Veränderungskurve fällt auf, dass diese das Momentum des Zögerns und Abwartens nach dem emotionalen Tiefpunkt nur ansatzweise abbildet. Sie unterstellt, dass Menschen – wenn auch vorsichtig – sich gleich an das Ausprobieren heranwagen, sobald sie das Ausmaß ihrer Veränderung akzeptiert und verinnerlicht haben. Ein zentrales Symptom des eben beschriebenen Schwebezustands ist jedoch genau jenes Abwarten auf einen Impuls von außen. Entlarvt sich hier etwa ein blinder Fleck in der Veränderungskurve? Zumindest verführt diese aufgedeckte Diskrepanz zu einer Hypothese.

Die Phase des Schwebens ist im Unternehmenskontrast und beim Vergleich zwischen Individuen unterschiedlich stark ausgeprägt. Anhand der Gespräche im Podcast GOOD WORK und auf Basis meiner Beobachtungen in der Rolle als systemische Organisationsberaterin drängt sich hier ein Muster auf. Das Abwarten, das Schweben ist insbesondere in jenen Kontexten deutlich wahrnehmbar, in denen die Wechselbezüge zwischen eigenem Handeln und den Entscheidungen im System komplex verstrickt sind. In solchen Systemen hat jede eigene Aktion unzählige Interdependenzen, die mehr oder weniger rigide moderiert werden und Rückabsicherung notwendig erscheinen lassen. In solchen Organisationen braucht es ein gerütteltes Maß an innerer Unabhängigkeit oder alternativ persönlich erlebtem Handlungsdruck, sich dem Abwarten nicht völlig hinzugeben und über die Unternehmensräson hinweg zu agieren. In hierarchisch geführten Organisationen tritt dies überdeutlich zutage. Überspitzt formuliert ließe sich festhalten: Schweben ist in besonderem Maße ein Konzernphänomen. Dort, wo Menschen ihre Geschicke jedoch selbst in die Hand nehmen können, dürfen, müssen und wollen, ist das rasche Umschalten zwischen Ernüchterung und Neugestaltung gelebtes Verhalten.

Diese Hypothese wird von folgender Beobachtung gestützt. Die Zeit der Schwebe wird von der Zeit der Neugestaltung abgelöst. Und dieser Wechsel vollzieht sich auf zweierlei Weise: bei den einen sehr rasch mit lautem Getöse, bei den anderen etwas später auf leisen Sohlen, im stillen Kämmerlein. Auch hier ist – ähnlich wie in der Phase „Zeit der Helden" und „Zeit der Ernüchterung" – kein synchron getakteter Verlauf, kein universelles Muster über Branchen, Unternehmen, Individuen hinweg erkennbar. Vielmehr sind es diese beiden fast konträren Strategien, die sich in der Arbeitswelt an unterschiedlichen Stellen beobachten lassen.

Die kreativen Feuerwerke starten bereits sehr früh im ersten Pandemiejahr. Der Fokus auf die Entwicklung von komplexeren Gestaltungsmöglichkeiten ist hingegen eher typisch für das Jahr 2021. Kreative Opulenz ist das Phänomen, das vor allem bei denjenigen zutage tritt, die besonders von der Krise geschüttelt sind. Allen voran, aber nicht allein fallen hier die Kultur- und Veranstaltungsbranche sowie die Gastronomie erneut ins Auge. Nach dem ersten Lockdown in 2020 überbieten sie sich regelrecht mit innovativen Vorstößen.

So entwickeln sich aus zunächst kleinen, einfach umsetzbaren Ideen wie beispielsweise den trennenden Plexiglasscheiben zwischen Restauranttischen in Windeseile futuristische Konzepte, die noch wenige Monate zuvor sicherlich unsere Vorstellungskraft gesprengt hätten. Seilbahnkabinen und gewächshausähnliche Glaskuben werden zu aerosolsicheren Gastrobehausungen auf Zeit. Künstler treten vor bemannten Kraftfahrzeugen in Autokinos auf. Die Strandkorbhersteller legen in ihrer Produktion eine extra Schippe Kohlen auf und beliefern neben urlaubssehnsüchtigen Gartenbesitzern[36] nun auch Fußballstadien und Konzertveranstalter mit ihren Flecht-Sitzgelegenheiten in großer Stückzahl. So können dort Rockkonzerte in halbwegs rentablen und gleichzeitig verantwortbaren Größenordnungen stattfinden.

Die Lebensklugheit im Sinnspruch „Not macht erfinderisch" wird während der Pandemie gerade in dieser Phase offenkundig. Es hat den Anschein, dass jene Unternehmen und Individuen, die derartig erfindungsreich nach vorne preschen, sich den Schwebezustand schlicht nicht leisten wollen oder wohl eher nicht leisten können. Sie schalten aus der Phase der Ernüchterung vermeintlich ohne Zwischenschritt gleich um in den Gestaltungsmodus.

Mutiges Ausprobieren

Es sind zugleich jene aufmerksamkeitsstarken Ideen, die unseren Blick dafür verstellen, wie sich bahnbrechende Kreativität und Innovationen für komplexe Fragestellungen üblicherweise ihren Weg in die Umsetzung bahnen: Erschreckend unspektakulär als Folge von Annahmen, Beobachtungen, systematischem Ausprobieren, Analysen und Ableiten von Erkenntnissen wandeln sich diese Bemühungen dann in neue Lösungen. Der Begriff Analyse stammt aus dem Griechischen und bedeutet Auf-lösung.

Und das Wörtchen Lösung deutet die Richtung: Im Laufe eines jeden Kreativprozesses ent-wickeln sich die Zusammenhänge, die Wirkbezüge und an seinem Ende steht im Idealfall ein gutes Ergebnis. Diese Lösung bedingt im buchstäblichen Sinne, dass wir bereit sind, uns von etwas zu lösen, sprich: zu verabschieden. Und für diese echte Entwicklung braucht es beides: Raum für Reflexion – den Blick zurück – und gleichzeitig den Mut, Neues zu wagen. Es sind mentale Vorgänge, die sich nur schwerlich in einen streng sequenziellen Prozess fassen lassen. Das eine kommt aber ohne das andere nicht aus. Je nach Dringlichkeit geht der eine Fuß den ersten Schritt, der andere folgt.

Wenn wir auf die zentralen Fragen der Zeit, die Fragen nach der Gestaltung der künftigen Zusammenarbeit schauen, ist es mit einem Ideen-Feuerwerk allein nicht getan. Die Wechselbeziehungen zwischen persönlichen Erfahrungen, Lebensrealitäten, Ansprüchen einerseits und den betrieblichen Belangen und der Notwendigkeit nach echtem Austausch auf der anderen Seite sind vielschichtig. Bei aller nachvollziehbarer Dringlichkeit entscheiden sich kluge Unternehmen in dieser Phase für den experimentellen Weg der Zukunftsgestaltung.

Der Trend- und Arbeitsexperte Raphael Gielgen, der nicht nur für seinen Arbeitgeber Vitra der Zukunft permanent auf der Spur ist, erinnert uns daran, was gerade ansteht. Bei den Metafragen der künftigen Zusammenarbeit fällt seine Empfehlung eindeutig aus:

„Wir sind nicht in der Phase, Entscheidungen zu treffen. Wir sollten uns dazu aufgefordert sehen, Experimente zu machen und herauszufinden, was nun geht und was nicht geht. Aber wir sollten bitte jetzt keine Entscheidung treffen und sagen „Alle zurück ins Büro oder alle dies oder jenes". Das wäre ziemlich dumm. Ich verstehe, warum Unternehmen jetzt diese Entscheidung treffen wollen, weil sie eben die Frage einer zukünftigen Arbeit und damit der Innovationskraft und dem Fortschritt einer Organisation darauf reduzieren, wo der Arbeitsort ist. Nur, das ist zu eng gedacht."[37]

Link zur Folge mit Raphael Gielgen

Entscheiden, ohne vernünftige Annahmen zu treffen und ohne diese mit Beobachtungen und Schlussfolgerungen daraus abzusichern, läuft Gefahr, in eratische Stümperei zu münden. Es braucht dann schon einen Kollegen, der nur ungern über sich verfügen lässt: den Zufall. Die Geschichte ist voll von überraschenden Entdeckungen, unter dem Namen Serendipität sogar als wissenschaftliches Prinzip zusammengefasst. Aber nicht jede kleine oder auch größere zufällige Idee hat das Potenzial von Penicillin, das als berühmtestes Beispiel für Serendipität herangezogen wird. All die ausgezeichneten Erfindungen sind überraschende Wendungen in einem mehr oder weniger wissenschaftlichen oder zumindest hypothesengeleiteten Vorgehen.[38] Die Kehrseite des Zufalls ist das Über-Denken, ein Zuviel des Guten. Ein übertriebenes Maß an Reflexion verriegelt die Labortüre von innen und verhindert, dass gute Gedanken Wirklichkeit werden. Die Handlungsorientierung tut demzufolge genauso Not wie das kluge Sinnieren.

Moderne oder gar agile Innovationsansätze wie beispielsweise Design Thinking, Creative Thinking, TRIZ et al rücken die Abhängigkeit der beiden Welten von Problemexploration einerseits und Lösungsfindung andererseits in ihren Blick.[39]

Schon in den 1990er-Jahren wurde der Begriff Design Thinking an der Stanford University in Kalifornien von David Kelley und seinen Kollegen geprägt und in die Welt getragen. Die von ihm gegründete Design Agentur IDEO wurde fortan zum Inbegriff für Design Thinking und inspirierte auch deutsche Unternehmer, wie beispielsweise den SAP Gründer Hasso Plattner. Das nach ihm benannte HPI – Hasso Plattner Institut – in Potsdam schafft seitdem den akademischen Überbau für die Ausbildung in Sachen Design Thinking. Der private Anbietermarkt zu ähnlichen Formaten wächst seit Jahren exorbitant.

Es ist ein regelrechter Flächenbrand entfacht zu dieser Methode, die am liebsten gar nicht Methode genannt werden möchte. Es gehört zum guten Innovationston für Unternehmen mittlerer oder größerer Ordnung, diesen Ansatz, zumindest einmal im Rahmen eines Workshops anzuwenden. Das Vorgehen polarisiert: von den Anhängern glühend verteidigt, von seinen Kritikern als Business-Esoterik oder okkulte Management-Praxis abgetan.[40] Die Erfahrung zeigt: Nach Hypes folgt die Abkühlung und so wenden sich heute die Menschen mit differenzierter Haltung dem Phänomen Design Thinking zu, häufig, ohne es so zu nennen. Was ist also übrig geblieben von Methoden Tam-Tam und Begeisterungsstürmen ob des „neuen" Vorgehens? Es sind jene drei Ingredienzen, die sich aus solchen Kreativitätsansätzen destillieren lassen und die gerade in der Zeit der Neugestaltung der Arbeitswelt im Idealfall ihre praktische Anwendung finden: Ein tiefes Verständnis für die Nutzerbedürfnisse als Ergebnis von Beobachtung, die Balance zwischen Problemexploration und Lösungsgestaltung und das hypothesenbasierte Vorgehen.

Viele Unternehmen haben die Notwendigkeit und Komplexität der Aufgabe verstanden und richten eigene Projektgruppen ein, die das im Titel führen, was sie zu gestalten suchen: New Normal, Future of Work, Next Normal etc. Ein Lehrstück in Sachen strukturierterem Vorgehen präsentiert Thomas Gutberlet, Geschäftsführer der Supermarktkette TEGUT, deren Firmenphilosophie für ein stringent nachhaltiges Sortiment und eine entsprechende Organisationskultur steht.

Link zur Folge mit Thomas Gutberlet

„Wir haben eine kleine Gruppe initiiert, die jetzt mit verschiedenen Leuten im Unternehmen spricht und fragt: Wie waren denn eure Erfahrungen in der Corona Zeit mit dem Thema Von-zu-Hause-arbeiten? Was war gut, was war nicht gelungen? Wie war die technische Ausstattung? Was wünscht ihr euch für die Zukunft? Wie müsste denn eigentlich das Büro hier anders organisiert sein, wenn ihr öfter im Homeoffice arbeitet? Wo liegen eure Probleme? Wie muss Führung anders stattfinden? … Wir versuchen, das alles aufzunehmen, um dann zu schauen: Wie soll denn unser neues Normal aussehen? Ich habe ein bisschen Angst, dass, wenn man nicht aufpasst, einfach irgendetwas entsteht. Das würde bedeuten, es fällt entweder alles wieder völlig zurück in den früheren Zustand oder wir haben irgend so ein lustiges Durcheinander. Und „irgendwie gewachsen" hat mit Kultur wenig zu tun. Ein Kulturgarten zeichnet gerade dadurch aus, dass die Hecke beschnitten wird. Das ist unsere Form von Kultur. Man muss jetzt aufpassen , dass man diese ganzen Lernmomente nicht verstreichen lässt."[41]

GOOD WORK durch Aufräumen und Sortieren

Die gute Nachricht lautet: Es ist reichlich Potenzial für GOOD WORK versteckt in der Zeit des Schwebens und der Neugestaltung. Die Schattenseite der Aussage wirkt vermutlich eher dämpfend: Es gibt viel zu tun.

Halten wir fest, wir befinden uns in dieser Phase in einem Zustand des kollektiven Austarierens und Abwartens, mit wenig Bewegung nach vorne. Unser Bewegungsschema gleicht eher dem des Krebsganges: ein Schritt vor und bei drohender Gefahr gleich zwei Schritte zurück. Was hilft in Zeiten, in denen das Vorwärtskommen so mühsam und unwägbar erscheint? Eine fast magische Kraft liegt gerade in solchen Situationen im Prozess des Aufräumens. Aussagen wie „Hier müssen wir mal richtig aufräumen" bringen allerdings im organisationalen Kontext unheilvolle Saiten zum Schwingen und zeigen offenkundige Fehlleitungen in der Interpretation auf. Aufräumen ist nicht automatisch gleichbedeutend mit Wegwerfen.

Der erste Schritt in diesem Prozess ist das, was wir als Bestandsaufnahme bereits diskutiert haben. Es geht um den Vorgang des Sortierens und damit um die erforderliche und sorgsame Trennung zwischen Dringlichkeit und Wichtigkeit, zwischen strategischer Weiterentwicklung und taktischer Notwendigkeit. Es ist ein klärender, fast befreiender Prozess, der uns besonders in Schwebephasen zu GOOD WORK verhelfen kann.

Besonders anschaulich schildert die Personalvorständin der R+V Versicherung Julia Merkel diesen Vorgang. Sie hat es zu ihrer eigenen hilfreichen Routine, zu ihrem persönlichen Corona-Hack gemacht, sich Raum für die differenzierte Betrachtung zu nehmen.

Link zur Folge mit Julia Merkel

„Was ich mir angewöhnt habe, ist mich morgens bewusst zu sammeln und Prioritäten zu setzen. Das bedeutet, den Fokus darauf zu setzen: Was muss als erstes getan werden, was steht für den Rest der Woche an? Worauf liegt der Fokus? Das ist zu einem noch wichtigeren Thema geworden als vorher. Und sich auch bewusst die Zeit zu nehmen für die Themen, die zu gestalten sind. Es kommt so viel auf uns. Es sind so viele

Entscheidungen zu treffen, Fragen zu klären und Themen zu besprechen. Es war schon immer wichtig, aber es hat nochmal an Bedeutung gewonnen, die Fragen zu klären: Wie wollen wir Zukunft gestalten? Wie wollen wir bestimmte Themen miteinander entwickeln und gestalten? Dafür muss man sich zwischendurch Zeit nehmen und sie bewusst durchdenken. Das hat an Intensität und Relevanz zugenommen."[42]

Diese Form des Sortierens und gleichzeitig Priorisierens findet idealerweise nicht allein aus persönlicher, individueller Perspektive, sondern auf den unterschiedlichen Systemebenen statt, also auch auf der Organisationsebene und auf Teamebene. Eine Bewusstheit zu schaffen für die Notwendigkeit des Sortierens, gerade dort, wo die Spielräume für Entwicklung beengt sind, ist ein echter GOOD WORK Hebel. Es ist die optimale Vorbereitung auf den nächsten Schritt: die Neugestaltung.

Lenken wir unseren Blick einmal auf die inhaltlichen Aspekte von GOOD WORK, also die Frage der Zusammenarbeit. Hier gibt es Indizien dafür, dass genau jener Sortierungsvorgang nicht oder noch nicht ausreichend stattgefunden hat. So machen viele Unternehmen aktuell in ihren strategischen Bemühungen die Taktik zum Metronom ihrer Visionen. Häufig werden Projekte wie „New Normal" oder „Next Normal" schon wieder ausgemustert oder umbenannt, bevor sie überhaupt jemals richtig normal werden konnten. Das lässt Zweifel an der Ernsthaftigkeit dieser Projekte aufkommen, deren Inhalte die Menschen elementar umtreiben.

> Wir mustern New Normal aus, bevor es richtig normal geworden ist.

Nicht selten geht solchen Anstrengungen schon allein deswegen die Puste aus, weil die Beteiligten erkennen, dass ihre Wirksamkeit begrenzt ist. Das schafft Verdruss. Eine Einladung zur Mitgestaltung macht nur dann Sinn, wenn das implizite Versprechen auf Realisierung auch eingelöst werden kann. Dringlichkeit allein kann eben nie das alleinige Maß bei einer Priorisierung sein. Teams verkämpfen sich mitunter in strategischen Vorhaben, weil sie zu spät realisieren, dass ihr Wirkungseinfluss auf die Ausgestaltung und Umsetzung und damit auf den Erfolg des Projektes sehr gering ist. Liegen die Handlungsoptionen klar auf dem Tisch, ist es demzufolge die vornehme Aufgabe der Verantwortlichen, das Spielfeld mit der nötigen Governance auszustatten. Das bedeutet, dass neben Regeln und Prinzipien das angestrebte Ziel und Zielbild nicht nur definiert, sondern auch dessen Erreichbarkeit kritisch diskutiert werden muss. „Pick your fights" lautet ein amerikanisches Sprichwort. Bevor wir also hastig zum Taktstock der allgemeinen Agenda von einem zum nächsten Projekt hüpfen, sind diese Sortierungs- und Priorisierungsaspekte unbedingt seriös zu erörtern und zu klären.

Die Reihenfolge sollte lauten: 1. Bestände aufnehmen, 2. Sortieren, 3. Priorisieren, 4. Aufbewahren oder Aussortieren 5. Neugestalten

Gutes Aufräumen, im Sinne eines Sortierens und Priorisierens, bedeutet auch, dass man sich in diesem Prozess nicht verliert. Wie häufig endet das Aufräumen schließlich damit, dass man sich mit Dingen beschäftigt, die man schon längst vergessen hatte und einem beim Aufräumen wieder in Hände fallen. Gutes Aufräumen hat ein angemessenes Tempo. Es ist eben genau nicht die Einladung, sich in Endlosschleifen mit der Vergangenheit zu beschäftigen. Es ist der Fokus auf die zentrale Frage am Ende zu richten: aussortieren oder aufbewahren? Doch zur Erinnerung: So wenig wie NEW WORK bedeuten kann, dass wir das Neue zum Selbstzweck erheben, so wenig bedeutet GOOD WORK, alles beim Alten zu lassen. Die Brücke zwischen ALT und NEU heißt gut.

GOOD WORK durch Feedback und Lernen

In der Beschreibung systematischer Experimente als Basis für Entwicklung ist ein Thema elementar: Es ist der Kosmos des Lernens. Lernen als Begriff gibt ein hervorragendes Beispiel dafür ab, wie eine positive Bedeutungsentwicklung, wenn nicht sogar Bedeutungsumkehr gelingen kann. Noch vor einigen Jahren lag reichlich Staub auf dem Wort Lernen. Allein Anhängsel und Wortkopplungen wie Lern-material, Lern-umgebung, Lern-aufgabe oder Lern-plan sind verbale Zeitzeugen eines antiquierten Lernverständnisses, das vor allem eine Heimat zu kennen schien: die Schule. Lernen – das Wort aktivierte bis dato Vorstellungswelten von Schulbänken, Klausurstress, den Geruch von muffigen Tafelschwämmen und quietschender Tafelkreide. Im beruflichen Kontext war das Bild nicht wesentlich bunter und wurde durch Vokabeln wie Fortbildung, Lehrgang, EDV-Raum, Seminar und Zertifikat umrissen.

Es lässt sich retrospektiv schwer ausmachen, was GENAU dem Bedeutungswandel den entscheidenden Anschub geliefert hat. Die Einsicht, dass lebenslanges Lernen keine Floskel, sondern echte Anforderung an eine digital vernetzte Wissensgesellschaft ist, war zwar längst vorhanden, aber nicht von Herzen praktiziert. Spätestens jedoch seit das Giga-Phänomen der Agilität die Bühne der Arbeitswelt betreten hat, kommt Lernen in einem neuen Gewand daher. Man könnte es salopp formulieren: Lernen ist sexy (geworden). Aus Personalentwicklungsabteilungen in Großunternehmen werden plötzlich Learning & Development Units. Die berufliche Weiterbildung kommt in die Mottenkiste, man spricht heute lieber von Corporate Learning und meint damit – so die Absender – etwas komplett Anderes.

Vielfach ist die Rede von Lernkultur und davon, dass Lernangebote den Menschen in den Fokus rücken müssen. Das ist vollumfänglich richtig. Und doch wird das Lernen häufig in eine Schublade gezwängt, aus der es dringend befreit werden sollte: Lernen ist institutionalisiert, es ist gebunden an Ereignisse und an Rahmungen. Lernen im Kontext der Arbeitswelt findet nach wie vor für viele Menschen nur dann statt, wenn es auf dem „Stundenplan" steht. Da mögen Projektmeetings, Retrospektiven, Seminare, Workshops oder auch Communities of Practice noch so modern, kreativ oder auch agil konzipiert sein. Es sind dennoch allesamt Formate und Events. Echtes Lernen vollzieht sich hingegen nicht nur in, sondern gerade auch zwischen diesen Ereignissen. Wir brauchen beides: dezidierte Lernangebote und Raum für informelles, praxisbezogenes Lernen.[43]

„Wir können nicht nicht kommunizieren", postuliert Paul Watzlawick im ersten seiner fünf Axiome.[44] Ebenso wenig können wir nicht nicht lernen. Lernen ist ein Erkenntnisprozess, der sich – wie bereits ausgeführt – entlang von Impulsen, Erleben und Reflexion entfaltet. Die Frage: „Was räsoniert in mir, in uns, wenn wir das Erlebte, Gehörte, Gesprochene, Erledigte reflektieren?" mag für effizienzorientierte Ohren eher nach esoterischen Stuhlkreisen klingen. Der Kern der Übung ist hart und zielfokussiert und damit ein Effektivitätstreiber. Für die Reflexion braucht es keine Institution, nicht einmal zwingend einen organisatorischen Rahmen. Was es wirklich braucht, ist die Einsicht, dass Reflexion nicht nur hilfreich im Sinne einer Selbsthilfe ist, sondern die Voraussetzung schafft für Weiterentwicklung jedweder Art. Radikal gesprochen betrifft dies jedes neue Geschäftsmodell, jede neu ersonnene Form der Zusammenarbeit, jedes neue Produkt – kurz: jede Form von Strukturveränderung. In der Schlussfolgerung sollten Unternehmen dafür Sorge tragen, dass dieser Reflexionsprozess so selbstverständlich, so alltäglich wie möglich und eben nicht pädagogisierender Bestandteil der gängigen Arbeitspraktiken wird. Als Konsequenz werden manche Projekte initial Retardierungsmomente erfahren. Die Mühen lohnen allemal. Thomas Gutberlet bringt es mit der Gartenmetapher auf den Punkt: Eine gelungene Kultur braucht Pflege und Hingabe, ansonsten wächst einfach irgendetwas.

Soziale Medien wie die Twitter- und LinkedIn-Gemeinde taugen recht ordentlich als Seismograf für aktuelle Themenlandschaften und den laufenden Diskurs in der Organisationswelt. Das Thema Lernen ist in 2021 und in 2022 absolut heiß. Ob als persönlicher Reflexionsprozess, im Teamkontext oder auf Gesamtunternehmensebene – es wird offenbar gelernt, was das Zeug hält. Es sind diese von außen beobachtbaren Phänomene, die die These untermauern: Die Zeit der Neugestaltung ist in vielen Unternehmen angekommen.

Der Steigbügelhalter schlechthin für Lernen und Erkenntnis ist das Feedback. Ohne hinreichende Rückkopplung wird Entwicklung im Keim erstickt. Agile Arbeitsweisen wie SCRUM, Design Thinking, Lean Start-up[45] bauen ihre Prozessschleifen auf Feedback auf. Die iterative, schrittweise Entwicklung von Produkten, Services, Prozessen und Abläufen im agilen Sinne ist ohne Feedback schlicht nicht vorstellbar. Vielmehr war und ist das einer der Hauptanlässe, agile Verfahren zu entwickeln: die Erkenntnis, dass losgelöste Entwicklung, ohne Rückkopplung zum Nutzer oder Auftraggeber, häufig haarscharf am Ziel vorbeigeht und damit ungeheure Kosten, Ineffizienzen und Frust generiert. Agile Entwicklung ohne Feedback ist so betrachtet wie das beliebte Kindergeburtstagsspiel „Topfschlagen ohne „Heiß- und Kalt-Rufe" durch die Mitspielenden. Das Kind wird den Topf vermutlich nie oder sehr spät finden. Noch wahrscheinlicher wird es sich vorher die Binde von den Augen reißen und beleidigt das Spiel verlassen. Weiterentwicklung ist ohne Feedback schlicht nicht möglich und stellt die Verbindung zwischen Entwicklung und Lernen in einem Regelkreis her.

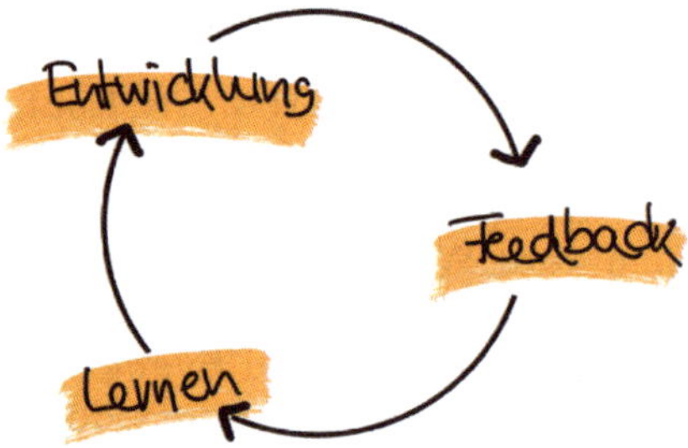

Mit diesem Zusammenhang löst sich der Begriff Feedback zunehmend aus seinem bedeutungsverengenden Kontext: die persönliche Rückmeldung zwischen Kollegen bzw. Vorgesetzten und Mitarbeitern. Feedback an dieser Stelle meint schlicht die Rückmeldung auf Sachebene, bezogen auf das, was entwickelt werden soll. Im Sinne einer zukunftsfähigen Arbeitskultur ist die differenzierte Betrachtung von Feedback essenziell. Das Eine funktioniert nicht ohne das Andere. Wir brauchen in Unternehmen – auch hier wieder – eine Kultur der Selbstverständlichkeit, was Feedback betrifft. Sei es als Rückmeldung zu (Weiter-)Entwicklungen auf sachlicher Ebene, sei es eine Reflexion zum Prozess oder eine persönliche Rückmeldung.

GOOD WORK – ob agil gestaltet oder nicht – nimmt Feedback als zentrales Instrument in seinen Werkzeugkasten auf. Insbesondere in Phasen der Neuentwicklung ist es unerlässlich, auf die soeben beschrieben differenzierte Feedbackkompetenz von allen Beteiligten, ob mit oder ohne formale Führungsverantwortung, zurückgreifen zu können.

Sieben GOOD WORK Impulse für jede Phase

Prozessanalyse allein führt noch nicht zu GOOD WORK. Es ist die Übersetzung in grundlegende und generalisierbare Perspektiven, Haltungen und Prinzipien, die Unterstützung in Veränderungen bieten können.

Die folgenden Impulse sind dieser Logik folgend keine kleinen Alltags-Kniffe, keine neudeutsch: Workhacks. Sie nehmen vielmehr Bezug zu den symptomatischen Belastungsphänomen und zeigen Wege aus der jeweiligen Phase auf.

ZEIT DER HELDEN

Symptome: Enormer Handlungsdruck, Chaos, Vielzahl von neuartigen und komplexen Herausforderungen, Heroisierung und Idealisierung von individuellen Leistungen, Entschlossenheit

GOOD WORK Impuls: Entscheidungskraft entfalten
In frühen Phasen einer Krise gilt das „First things first", in extremen Fällen sogar das „Alles-oder-nichts-Prinzip". Es braucht Entscheidungsstärke und einen klaren Blick für die Prioritäten. Entscheidungen überhaupt zu treffen, wiegt dabei im Zweifelsfall höher als die Gewissheit, die richtige Entscheidung getroffen zu haben. Krisen- und Taskforce-Einheiten leisten – vorausgesetzt, sie repräsentieren einen Querschnitt des Unternehmens – hervorragende Dienste und vermitteln Orientierung und Rahmung.

GOOD WORK Impuls: Selbstwirksamkeit fördern
Menschen brauchen – unabhängig ihrer Eingebundenheit im System – das Gefühl, einen wirksamen Beitrag zur Gesamtheit leisten zu können und zu dürfen. Das erhöht ihre Selbstwirksamkeitswahrnehmung und leistet damit einen starken Beitrag für ihre Motivation. Es setzt einen Rahmen der Befähigung und der Erlaubnis voraus. Hier ist zwischen Selbststeuerung der Mitarbeiter einerseits und der Krisengovernance angemessen zu vermitteln.

GOOD WORK Impuls: Aufrichtige Kommunikation
Klare Kommunikation, aufrichtige Informationspolitik, selbst bei Ungewissheit, und Raum, seiner persönlichen Stimmung Ausdruck verleihen zu dürfen, sind besonders wirksame Hebel, dem

Gefühl der Angst, Ohnmacht und Orientierungslosigkeit entgegenzuwirken.

ZEIT DER ERNÜCHTERUNG

Symptome: Ermüdung und Erschöpfung, nachlassende Motivation, Eskapismus, grundlegende Zweifel, Zerrüttungstendenzen und Harmoniesehnsucht, Sinnfragen

GOOD WORK Impuls: Partizipation aller Kräfte
Die Moderation zwischen den verschiedenen Kräften im System und ihren unterschiedlichen Wertbeiträgen zum System sind in dieser ersten, spätestens zweiten Phase der Krise entscheidend und können helfen, eventuellen Spaltungen von Anfang an entgegenzuwirken. Hierbei gilt: Perspektivwechsel ist höher zu bewerten als die aktive Einbindung aller Beteiligten.

GOOD WORK Impuls: Empathie und Raum für Fokuswechsel
Ermüdungserscheinungen nach hochintensiven Krisenphasen sind gleichermaßen erwartbar wie zusätzlich belastend. Verständnis für den Wunsch der Menschen, sich den lähmenden Themen durch entweder Zerstreuung oder auch Transzendenz ein wenig zu entrücken, kann eine empathische Brücke sein, gut durch diesen Tiefpunkt der Transformation zu kommen. In Zeiten großer Erschöpfung kann bewusst in Kauf genommene Ineffizienz besondere Effektivität entfalten.

ZEIT DER SCHWEBE UND NEUGESTALTUNG

Symptome: Abwarten und Ausprobieren, synchrone Vorwärts- und Rückwärtsbewegungen, Vermischung von Taktik und Strategie, Agendahopping statt echter Weiterentwicklung

GOOD WORK Impuls: Reflexion durch Aufräumen und Sortieren
Auf dem Weg zur Neugestaltung ist Reflexion unerlässlich. Wenn vermeintlich nichts richtig vorangeht und das Zurück keine Option ist, dann ist die Zeit für eine Inventur und für einen anschließenden Aufräumprozess. Das schafft Klarheit und gibt Richtungsorientierung. Priorisierungen sollten nicht allein der politischen Unternehmensräson und der Dringlichkeit folgen, sondern die Wirkmacht der Beteiligten in den Blick nehmen. Und last but not least: Eine gute Balance schaffen zwischen „Alles beim Alten lassen" und „Alles muss raus, neu, anders."

GOOD WORK Impuls: Entwicklung durch Lernen und Ausprobieren
Lernen und Feedback sind gleichermaßen Ergebnis wie auch Voraussetzung von Weiterentwicklung. Nur durch ein rückgekoppeltes, hypothesenbasiertes Ausprobieren lässt sich gewährleisten, dass sich die Lösungen eng am Bedarf der Nutzer, des Marktes

orientieren. Mutiges Ausprobieren braucht einen geschützten Raum – vor allem in mentaler und zeitlicher Dimension – sowie die Erlaubnis, Irrtümer wagen zu dürfen. Und dabei gilt: Nicht jeder Irrtum ist ein Fehler und vice versa. Lernen und Feedback müssen gerade in Phasen der Neuentwicklung auch jenseits von Formaten zur gelebten Selbstverständlichkeit werden.

2.4 (AUD)E SAPERE: Mit Wissen und Erkenntnis durch die Krise

ESAPERE – so lautet das Akronym aus den sieben GOOD WORK Strategien in den verschiedenen Phasen und ist zunächst einmal nicht mehr als das: eine Aneinanderreihung von Anfangsbuchstaben, die in ihrer Zusammensetzung einen mehr oder weniger gefälligen Begriff formen. Es ist jedoch mindestens einen extra Blick wert, sich „E SAPERE" und seine augenfällige Verwandtschaft anzuschauen. AUDE SAPERE – häufig auch als SAPERE AUDE zu finden – ist ein lateinisches Sprichwort, das so viel bedeutet wie: „Habe den Mut, dich deines eigenen Verstandes zu bedienen!". Dieser Ausruf erlangte durch den Philosophen Immanuel Kant Berühmtheit, der die Wortfolge zum Leitspruch der Aufklärung adelte.

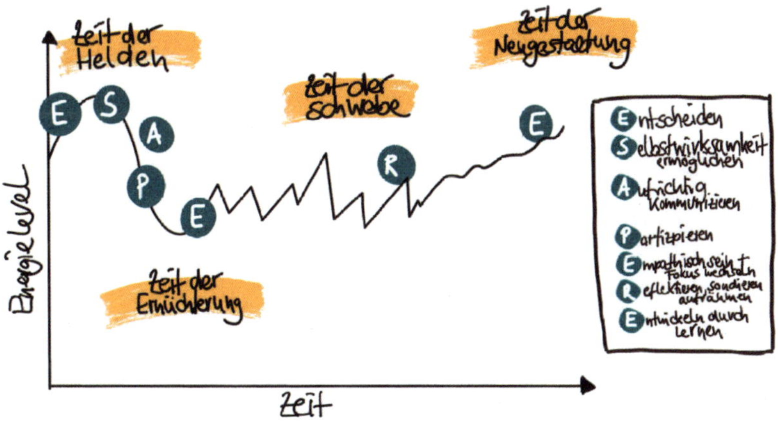

Forscht man noch ein Stückchen weiter nach den Wurzeln von aude sapere, stößt man auf den Dichter Horaz. Er lebte 65 v. Chr. bis 8 v. Chr. und gehörte neben Vergil zu den bedeutendsten Dichtern zu Zeiten des Kaisers Augustus. Einem von ihm verfassten Epistel-Brief entstammt die Zeile „Dimidium facti, qui coepit, habet; sapere aude incipe. […]", was soviel bedeutet wie: Die Hälfte der Tat hat geleistet, wer begonnen hat; wage es, weise zu sein, fang an![46]

Es gibt vermutlich kaum ein stimmigeres Zitat als jenes, das die impliziten Möglichkeiten aus solch umwälzenden Krisen wie die Corona Pandemie – für unsere Arbeitswelt – als Botschaft in sich trägt:

Komme ins Tun, fange an und – vor allem – nutze Deinen Verstand. Denn: Zwischen ALT und NEU liegt GUT. Und dieses GUT dürfen wir wagen zu entdecken, wir müssen es nicht zwingend NEU erfinden.

Die GOOD WORK Prinzipien

3

3.1 Regeln und Prinzipien

Von Prinzipienreitern und Regelgefängnissen

Es ist nicht von der Hand zu weisen: Um die Reputation von Prinzipien ist es wahrlich nicht zum Besten bestellt. Gerade im deutschen Sprachraum verläuft in der Verwendung und Interpretation des Begriffs eine haarfeine Linie zwischen Halsstarrigkeit und Konsequenz. Formulierungen wie „aus Prinzip nicht" offenbaren die ungelenke Geisteshaltung, die wir unter dem Mantel der Prinzipientreue gemeinhin vermuten. Dabei übersehen wir mithin die verborgene Kraft, die sich aus Prinzipien entfalten kann.

Schon sehr früh in meiner Kindheit und Jugend hatte ich hinreichend Gelegenheit, Prinzipienreiterei aus nächster Nähe studieren zu dürfen. Als Beamter mit sozialdemokratischer und gleichzeitig wertekonservativer Prägung erwies sich mein Vater als passionierter Galopper auf diesem Gebiet, was ihm so manches Mal im Leben ein Bein stellte. Eine Anekdote aus meiner Jugend bringt für mich das Spannungsverhältnis von Regeln, Prinzipien und der normativen Kraft des Faktischen sehr eindrücklich auf den Punkt.

Irgendwann zu Beginn der 1990er-Jahre fuhren meine Eltern – so wie jedes Jahr – in den Sommerurlaub nach Oberbayern, nahe der Grenze zu Österreich. Es war der immer gleiche Ort, die immer gleiche Pension, die Abfolge immer gleicher Rituale, die die Magie des Ortes speziell für meinen Vater verströmten. Zu den geliebten Formaten gehörten auch die regelmäßigen Ausflüge nach Salzburg. Die europäische Staatengemeinschaft hatte sich zu dieser Zeit zwar noch nicht in Schengen zur vollständigen Abschaffung der Kontrollen an der Ländergrenze verabredet, doch in der Praxis wurde längst der kleine Grenzverkehr gelebt. Üblicherweise konnte man die „Grenze" mit leicht gedrosseltem Tempo unbehelligt, begleitet von einem freundlichen Winken der Grenzbeamten passieren. Üblicherweise. An jenem Sommertag im Juli wurde die Urlaubsroutine meiner Eltern durchbrochen: Mein Bruder samt Ehefrau reiste aus dem Ausland per Flugzeug an und wollte von meinen Eltern vom Flughafen Salzburg abgeholt werden, um mit ihnen ein paar gemeinsame Tage in Bayern zu verbringen. Schon am Morgen wachte mein Vater beim Gedanken an den bevorstehenden Shuttle-Service etwas nervös auf. Die Strecke nach Salzburg war ihm zwar vertraut, doch die Fahrt zum Flughafen fühlte sich für ihn ungewohnt, irgendwie kosmopolitisch und ein bisschen nach großer, weiter Welt an. Vermutlich ist genau dieser leichten inneren Anspannung der weitere Verlauf des Ausflugs zuzuschreiben.

Bei strahlendem Sonnenschein machten sich meine Eltern auf den Weg zum Flughafen. Die Anfahrt funktionierte tadellos. Keine halbe Stunde nach Aufbruch saßen mein Bruder und seine Frau wohlbehalten im Auto meiner Eltern. Der Verkehrsfunk – zu Zeiten vor Navi und Handy zentrales Informations- und Steuerungselement für viele Autofahrer – meldete ein erhöhtes Verkehrsaufkommen auf der Landstraße an eben jenem Grenzübergang von Salzburg zum bayerischen Freilassing. Mein Bruder schlug vor, stattdessen die weniger frequentierte Autobahn zu wählen. Die Nervosität meines Vaters, die sich zwischenzeitlich etwas gelegt hatte, kam prompt zurück. Grenzübergang an der Autobahn war für ihn ein wenig geübter Prozess, dort war zackiges Manöver gefordert. Mein Vater rief den Mitreisenden zu: „Pässe, holt schon mal die Pässe raus. Da muss man schnell sein auf der Autobahn." Meine Mutter kramte in ihrer Handtasche, auch die beiden auf der Rückbank zückten ihre Personalausweise. Einer der Pässe jedoch ließ sich – auch nach längerem Suchen – nicht auffinden: der meines Vaters. Er hatte ihn in seiner Hektik am Morgen in der Pension liegen lassen.

Nun bahnte sich für meinen Vater ein echtes Dilemma an: Auf der einen Seite befand er sich im „Ausland", er wollte unbedingt ohne Scherereien zurück in seine geliebte Pension. Auf der anderen Seite gab es ein für ihn ehernes Prinzip, bei Lichte betrachtet eine Regel: Verhalte Dich stets korrekt, insbesondere gegenüber behördlichen Instanzen. Und diese beiden Kräfte zwischen Nach-Hause-Wollen und Regelbefolgung kämpften nun ordentlich miteinander. Mit jedem Meter, den das Auto sich der Grenze näherte, wurde mein Vater verzagter, besann sich dann aber auf eine Taktik, die ihm in diesem Moment als wahnsinnig clever und als einzige Möglichkeit erschien: Wenige Meter vor der Grenze kurbelte er das Fenster herunter, streckte seinen linken Arm heftig winkend zur Scheibe heraus und rief gespielt lässig und lautstark dem Grenzbeamten zu: „Bei uns ist alles in Ordnung."

Was dann passierte sorgt bis heute für schallendes Gelächter in jeder Runde, in der diese Geschichte zum Besten gegeben wird. Aus dem üblicherweise kleinen Grenzverkehr wurde subito eine harte Grenzkontrolle. Mit humorloser Geste stoppte der Grenzbeamte meinen Vater und verlangte selbstredend sämtliche Ausweispapiere der Fahrzeuginsassen. Mein Vater war aufgeflogen. Es folgte die Schmach, sich durch die Schlange des ansonsten zügig fließenden Grenzverkehrs nach rechts auf den Standstreifen zu lavieren, um sich dort im Kabuff eine ordentliche Standpauke von den Behörden abzuholen. Da stand nun also der kreuzbrave Lehrersmann vor dem Grenzer und musste sich für eine „Tat" entschuldigen, die so ganz und gar nicht seinen Prinzipien entsprach. Die Schadenfreude der Familie erhielt er gratis als Zuschlag.

Es hätte einige alternative Möglichkeiten gegeben, sich aus der misslichen Situation des fehlenden Ausweises zu befreien. Warum also hatte er sich, wie er selbst nach einigem zeitlichen Abstand lachend gestehen musste, für die denkbar dämlichste Variante entschieden? Bis heute lautet der familiäre Erklärungsansatz wie folgt: Mein Vater hat den Unterschied zwischen einem Prinzip und einer Regel übersehen und ist in seinem eigenen Regelgefängnis gelandet. Das, was er für sich selbst als Prinzip begriffen hatte, entpuppt sich als eine humorlose Regel.

Regeln versus Prinzip – eine Annäherung

Packen wir das Konstrukt von Prinzipien und Regeln im Kontext von gesellschaftlichem Zusammenleben und Zusammenarbeit einmal auf den Seziertisch und untersuchen die beiden auf ihre Gemeinsamkeiten und Unterschiede. Regeln – wie auch Prinzipien – sind Übereinkünfte, Abmachungen, Vorgaben, die das (Zusammen)Leben, das (Zusammen)Arbeiten in sozialen Gruppierungen strukturierend gestalten und damit erleichtern. Weder eine Regel noch ein Prinzip genügt sich selbst. Regeln und Prinzipien um ihrer selbst willen ergeben keinen Sinn. Sie sind Instrumente oder Erklärungshilfen und nicht Ziel der Zusammenarbeit, des Zusammenlebens. Sie stehen demnach im Dienst der sozialen Einheit, deren Handeln sie Struktur und Orientierung zu geben suchen. Diese Einheit kann – wir kommen wieder auf die Systemebenen bzw. die unterschiedlichen Subsysteme zurück – eine gesamte Gesellschaft, ein Unternehmen, ein Team oder auch ein Individuum darstellen.

Beide – Prinzipien wie auch Regeln – stehen in direktem Wechselbezug zum faktischen Handeln. Regeln wirken auf das Handeln der Individuen ein und erzeugen im Idealfall erwünschtes Verhalten. Kommt es vermehrt zu abweichendem Verhalten, wird das in Konsequenz zu einer verstärkten Regelkontrolle oder alternativ zu einer Anpassung der Regeln führen. Ebenso ist die Auslegung von Prinzipien ein dynamischer Prozess, der dem faktischen Handeln eine gestaltende Rahmung verleiht. Wir können demnach getrost von einem Handlungs-Regel-Prinzip-Kreislauf sprechen.

Erkenntnistheoretiker, Rechtswissenschaftler oder auch Philosophen ordnen Regeln den Prinzipien unter, stellen eine Art hierarchische Beziehung zwischen beiden her. Prinzipien werden dabei häufig als axiomatische Setzung, als eine Art Naturgesetz verstanden, die keiner weiteren Begründung bedarf und aus der sich Regeln ableiten lassen. Im (arbeits-)gesellschaftlichen Kontext ist die Interpretation von Prinzipien als Naturgesetz sicherlich eher von nachgelagerter Bedeutung. Die Hierarchie zwischen Regeln und Prinzipien entspricht jedoch der gängigen Verwendung der beiden Begriffe.[47]

Wenn Prinzipien mit Fragen der Zusammenarbeit in Berührung kommen, steht zumeist ihr systematischer Aspekt im Vordergrund. Systematische Prinzipien zeichnen sich dadurch aus, dass sie beobachtbare oder wünschenswerte, wiederholbare Wirkweisen einzelner Faktoren innerhalb eines Systems beschreiben. Ein prominentes Beispiel hierfür aus der gegenwärtigen Arbeitswelt sind die zwölf agilen Prinzipien, die auf Basis des agilen Manifests als konkrete Handlungsperspektiven entwickelt wurden.[48]

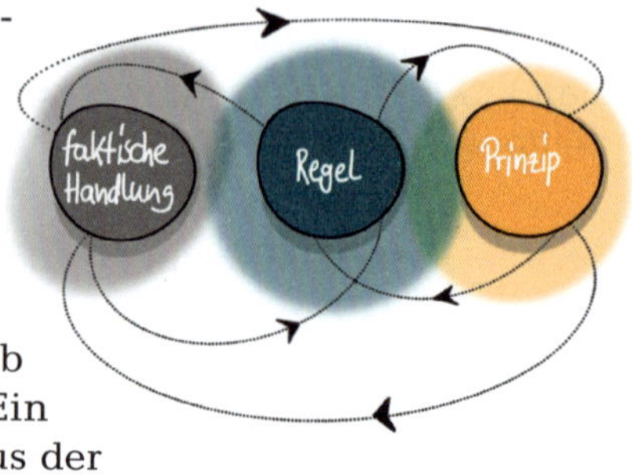

Bei der Frage der Entstehung von Regeln und Prinzipien lassen sich – ganz grob unterteilt – zwei unterschiedliche Richtungen beobachten: die induktive und deduktive Regelbildung. Zum einen können wir beobachten, dass sich innerhalb sozialer Gruppierungen Regeln und Prinzipien iterativ als Reaktion auf Verhalten herausbilden. Man könnte in diesem Zusammenhang von einem induktiven Regelentstehungsprozess sprechen. Die gegenläufige Entwicklung, eine deduktive Regelentstehung, bedeutet, dass in sozialen Gruppen initial bei ihrer Bildung normative Regeln und Prinzipien verabschiedet und bei Bedarf angepasst werden. Mit Blick auf die Arbeitswelt ist hier in erster Linie an Konstrukte wie „code of conduct" oder Teamchartas zu denken, Prinzipien und Regeln, die einige Unternehmen oder auch Teams für sich zur Gestaltung einer gelungenen Zusammenarbeit formulieren.

An dieser Stelle offenbart sich, was wir im Kontext von Regeln und Prinzipien häufig übersehen: Sie existieren und wirken auch dann, wenn sie nicht explizit formuliert, niedergeschrieben oder geteilt werden. Implizite Regelwerke durchziehen soziale Systeme wie ein schier unsichtbares Spinnennetz, das in vielen Fällen hilft, man sich aber auch dort verfangen kann. Es braucht ein großes Maß an Systemkompetenz, jene unausgesprochenen, nicht reflektierten Regeln und Prinzipien überhaupt zu erkennen und zu deuten. Dort, wo Regeln und gelebte Prinzipien nicht besprochen und explizit benannt werden, sind Systemmitglieder auf ihre Intuition zurückgeworfen. Es klafft eine riesige Interpretationslücke auf, die das konterkariert, was Regeln und Prinzipien als Funktion einbringen: Orientierung und Sicherheit.

Kontext und Interpretationsspielraum machen den Unterschied

Das Maß an notwendiger Interpretation ist zugleich der womöglich augenfälligste Unterschied zwischen einer Regel und einem Prinzip. Eine Regel ist in seiner Reinform eine Art eineindeutige Handlungsanweisung, die universell anwendbar ist und kaum Raum für Spekulationen und Entscheidungen zwischen Handlungsoptionen lässt. Sie schafft Klarheit in der Handlung um den Preis eines eingeschränkten Gestaltungsspielraums und der Erfordernis, ihre Einhaltung zu überprüfen. Prinzipien hingegen verstehen sich eher als richtungsweisender Grundsatz, der der Übersetzung in ihrem konkreten Anwendungsfall bedarf. Auf eine einfache Formel gebracht bedeutet dies: Regeln werden angewendet, Prinzipien werden ausgelegt.

Auf den Arbeitskontext bezogen ist das Thema Arbeitszeit sicherlich eines der plakativsten Beispiele, um den Unterschied zwischen Regeln und Prinzipien zu verdeutlichen. In einem sehr regelbasierten Umfeld gibt es klare Arbeitszeitvorgaben, Schichtpläne mit exakten Uhrzeiten, mehr oder weniger fixe Festlegungen zu Arbeitsbeginn und Ende. Es herrscht Eindeutigkeit.

In Unternehmen, die sich ein Stück weit von Regeln emanzipieren und ihren Mitgliedern mehr Flexibilität zugestehen, wird das Arbeitszeitthema hingegen auf Prinzipienebene diskutiert. Hier finden wir Konzepte wie Vertrauensarbeitszeit, umfassende Arbeitszeitautonomie bis hin zu einer komplett selbstständigen Einteilung der Arbeit, die sich von zeitlichen Vorgaben völlig entkoppelt. Das Prinzip, das der Zusammenarbeit in solchen Unternehmen zugrunde liegt, lautet: Mitarbeitende erfüllen ihre Aufgaben in Eigenverantwortung und in Abstimmung mit den betrieblichen Belangen.

Solche Prinzipien appellieren nicht nur an das eigene Verantwortungsbewusstsein der Menschen, sondern auch an ihr Urteilsvermögen, den Umfang und Beitrag ihrer eigenen Handlung, die Abhängigkeiten zu den Schnittstellen und zum Gesamtprozess richtig einschätzen zu können. Losgelöst vom Beispiel der Arbeitszeit setzen demnach Prinzipien einen reifen Umgang mit eben jenen Interpretationsspielräumen und eine Übersetzungskompetenz voraus, um die allgemeinen Grundsätze in eine Entscheidung, sprich: Handlung zu überführen.

Für diese Übersetzungsleistung ist der Kontext, in dem das jeweilige Prinzip Anwendung findet, entscheidend. Prinzipien erheben sich in ihrer Aussage über konkrete Kontexte und erfordern somit die Berücksichtigung der jeweiligen Situation und Fragestellung. So betrachtet wird ein und dasselbe Prinzip mit mannigfaltigen Kontexten konfrontiert, die immer wieder aufs Neue ausgelotet werden müssen und zu mitunter völlig unterschiedlichen Auslegungen und Handlungen führen. Eine Regel hingegen ist vom Ballast des Kontextes größtenteils befreit. Sie ist in ihrer Aussagekraft entweder so universell gültig und gleichzeitig prägnant formuliert, dass sie auf jedwede Situation übertragbar ist. Oder sie definiert den Kontext gleich mit. Dieser Zusammenhang lässt sich am Beispiel der Pünktlichkeit sehr gut veranschaulichen. So ist die Aussage „Wir achten auf Pünktlichkeit" eher der Kategorie universeller Regeln mit kontextübergreifender Gültigkeit zuzuordnen. Sie enthält keinerlei Informationen über den Anwendungsbereich, bietet aber gleichwohl eine klare Handlungsanweisung. Die Toleranzzone ist denkbar klein.

Der Grundsatz „Wir gehen gegenseitig wertschätzend mit unserer Zeit um" hat demgegenüber eher Prinzipiencharakter. Er reicht weit über den Aspekt der reinen Pünktlichkeit hinaus und bringt die eigentlich relevante Dimension ins Spiel: den Respekt gegenüber der sehr wertvollen Ressource Zeit. Und deren Gewicht relativiert sich im Spiegel des jeweiligen konkreten Zusammenhangs. Es bedarf demgemäß Reflexion und Augenmaß, um dieses Prinzip kontextgerecht auszulegen.

Vermischung von Regeln und Prinzipien

Die Grafik verdeutlicht es: Regeln und Prinzipien lassen sich nicht immer exakt voneinander unterscheiden. Dort, wo Prinzipien sehr eng formuliert und gelebt werden, ist die Überschneidung mit Regeln sehr groß und eine Verwechslung leicht möglich. Doch was passiert, wenn wir Regeln und Prinzipien miteinander vermischen?

Kommen wir zur Geschichte des missglückten, kleinen Grenzübergangs zurück und der Verwechslung von Prinzip und Regel. Das, was der Akteur als prinzipientreues Verhalten deklariert, erweist sich bei näherer Betrachtung als Prinzipienreiterei. Um im Bild zu bleiben: Prinzipienreiterei ist nichts anderes als die strikte Anwendung einer Regel, die sich – einem trojanischen Pferd gleich – als Prinzip verkleidet auf seine Erfüllung pocht, unabhängig vom jeweiligen Kontext. Wenn wir allerdings Prinzipien mit der Logik von Regeln leben, laufen wir Gefahr, in der Falle des Regelgefängnisses zu landen: Wir vermeiden die Interpretation, das Abwägen, das Ausloten und die Berücksichtigung des Kontextes. Wir wenden die Regel stumpf an mit dem Risiko, ungünstige Entscheidungen zu treffen.

> Wenn wir Prinzipien mit der Logik von Regeln leben, laufen wir Gefahr, in der Falle des Regelgefängnisses zu landen

Das mag für einfache Zusammenhänge und unkritische Situationen für eine Weile funktionieren. Dem Anspruch der Eindeutigkeit werden Regeln jedoch häufig nicht gerecht, da sie schwerlich nur alle erdenklichen Anwendungsfälle und Eventualitäten berücksichtigen können. Spätestens im Konfliktfall oder in komplexen Zuständen, wenn eine schlichte Regelanwendung nicht mehr möglich oder nicht sinnvoll erscheint, ist dann Kontextkompetenz gefragt, also das Augenmaß, die Übersetzung und das gegeneinander abwägen von Optionen. Gehört ebenjener Reflexionsprozess nicht zum geübten Repertoire, entsteht wahlweise Verunsicherung oder Beliebigkeit. Diese Melange aus Verunsicherung und Beliebigkeit bildet wiederum eine ziemlich stabile Basis für unvernünftige Entscheidungen und Handlungen.

Regeln und Prinzipien auf einen Blick:

Regeln	Prinzipien
Definieren gewünschtes Verhalten	Richten den Fokus auf Werte und Grundhaltungen
Geben eindeutig Handlungsanweisungen	Sind mehrdeutig
Sind fix formuliert	Lassen Entwicklungen zu
Lassen wenig Interpretations- und Gestaltungsspielraum	Eröffnen größeren Gestaltungsspielraum
Schaffen Klarheit und Sicherheit	Geben Orientierung und Ausrichtung
Sind kontextübergreifend gültig bzw. hinreichend spezifisch formuliert	Sind für jeden Kontext (neu) zu diskutieren
Erfordern strikte Einhaltung	Müssen interpretiert und ausgelegt werden
Bedürfen der Kontrollen hinsichtlich ihrer Einhaltung	Fördern eigenverantwortliches Handeln
Sind Prinzipien unterstellt	Können in Regeln überführt werden
Sind hilfreich in einfachen, eindeutigen Zusammenhängen	Sind hilfreich in komplexen Zusammenhängen
Fördern Anpassung und vermindern Reflexion	Laden zum Diskurs und zur Reflexion ein
Bewahren den Status quo	Unterstützen den Transformationsprozess

GOOD WORK braucht mehr Prinzipien als Regeln

Bringen wir an dieser Stelle GOOD WORK ins Spiel, das die Gestaltung einer zukunftsfähigen Arbeitskultur und der guten Zusammenarbeit zum Ziel hat.

Prinzipien unterstützen den Transformationsprozess, regen durch die Notwendigkeit ihrer Auslegung den Diskurs an. Sie fördern somit die Eigenverantwortung der Systemmitglieder. All diese Eigenschaften benötigen wir im komplexen Umfeld, die letzten Endes in einer Fähigkeit mündet: die Kompetenz, mit Mehrdeutigkeit umzugehen, anstatt den Status quo mit Regeln zu zementieren oder erratisch nach irgendwelchen Lösungen zu suchen. Regeln schaffen Klarheit und Sicherheit durch Eindeutigkeit für einfache Fragestellungen. Sie entlasten dadurch das System und schaffen Verbindlichkeit. Somit sind Regeln auch unter der GOOD WORK Perspektive keinesfalls obsolet.

Die Herausforderung besteht nunmehr darin, das richtige Maß und den richtigen Anwendungsbereich für Regeln zu finden und die Organisation verstärkt an den Umgang mit Prinzipien heranzuführen. Es geht demnach nicht darum, alle bestehenden Regeln über Bord zu werfen und an deren Stelle blindlings Prinzipien zu formulieren, die im Zweifelsfall von den Mitarbeitenden weder verstanden noch gelebt werden. Es ist eine Güteabwägung zwischen Verbindlichkeit durch Regeln und Eigenverantwortung durch Prinzipien.

Folgende Fragen können den bewussten Umgang mit Regeln und Prinzipien unterstützen:

GOOD WORK Fragen zum gelungenen Umgang mit Regeln und Prinzipien

- Wie viele Regeln existieren aktuell in unserem System zu Fragen der Zusammenarbeit?
- Sind allen Mitarbeitenden unsere Regeln und Prinzipien zugänglich und verständlich?
- Haben wir implizite Regeln und Prinzipien, die nicht erörtert werden?
- Haben wir Regeln, die sich gegenseitig widersprechen?
- Brauchen wir tatsächlich alle unsere Regeln? Wie könnte ein Regel-Minimalismus in unserem Unternehmen aussehen?
- Vermischen wir manches Mal Regeln und Prinzipien? Wo braucht es Schärfung und Klärung?
- Leiden wir bereits unter Regelstress? Das heißt, wenden wir mehr Energie auf, Regeln zu definieren und deren Einhaltung zu kontrollieren, als es unsere Zusammenarbeit gestaltend unterstützt?
- Welche unserer Regeln können wir auf die Ebene eines Prinzips heben und dadurch mehr Eigenverantwortung anregen?
- Wie können wir unsere Prinzipien so formulieren, dass sie den Dialog positiv befördern und Orientierung bieten?
- Gibt es einen Konsens oder Konsent hinsichtlich unserer Prinzipien?
- Wie können wir dafür sorgen, dass unsere Prinzipien gelebt und regelmäßig kritisch diskutiert werden?

Wenn wir auf die Veränderungen in unseren Arbeitsrealitäten im Zuge der Corona Pandemie und unseren Umgang damit schauen, werden wir einige implizite, hilfreiche Vorgehensweisen erkennen, die als Basis für ein systematisches Prinzip taugen. Die Geschichte erfolgreich bestandener Transformationen ist nicht selten auch die Erfolgsgeschichte hilfreicher Prinzipien, die durch die Krise hinweg navigieren.

Die GOOD WORK Prinzipien sind analog zu diesen theoretischen Ausführungen praktische Handlungsperspektiven, die sich aus den gesammelten Erfahrungen und Schilderungen der Menschen im Rahmen der GOOD WORK Interviews extrahieren lassen. Sie verbergen sich häufig zwischen den Zeilen der Aussagen, sind implizite Erfolgshebel, die in den folgenden Kapiteln ans Tageslicht befördert werden. Für die künftige und weitere Anwendung der GOOD WORK Prinzipien bedürfen sie der konkreten Übersetzung und Ausgestaltung. Denn sie sind keine programmatische Setzung, kein Regelwerk, sondern vielmehr die Einladung zu einem Dialog über fünf grundlegende Aspekte der Zusammenarbeit.

Diese fünf Aspekte stehen in einem Wirkbezug zueinander, sind also keine voneinander unabhängigen Dimensionen. Veränderungen in einer dieser fünf Dimensionen werden unweigerlich Veränderungen in den anderen Aspekten nach sich ziehen. Sie spannen inhaltlich den Kosmos der zentralen Fragen der Zusammenarbeit auf, wie sie vor dem Hintergrund des aktuellen Transformationsprozesses zu einer digitalen Wissensgesellschaft diskutiert werden. Es sind die Herausforderungen unserer gegenwärtigen Arbeitsrealitäten, die die GOOD WORK Prinzipien adressieren. Und gleichwohl haben Sie das Potenzial, weit über die Gegenwart hinauszuragen.

In der systemischen Organisationstheorie wird häufig das sogenannte magische Dreieck der Veränderung zitiert. An dessen Ecken stehen Strukturen und Prozesse, Strategie und Kultur. Die Magie des Dreiecks besteht darin, dass ein Veränderungsimpuls an einen der drei Ecken unweigerlich zu einer Verschiebung in den anderen beiden Aspekten führt. Dieser Logik folgend erzeugen beispielsweise Anpassungen in Strukturen und Prozessen die Notwendigkeit, die strategische Ausrichtung zu reflektieren, was wiederum einen Einfluss auf die Kultur in einer Organisation haben wird. Und diese Wirkbezüge lassen sich aus allen drei Winkeln startend deklinieren. Das Dreieck besticht durch seine Einfachheit und plakative Aussagekraft. Es lässt sich trefflich darüber streiten, ob

es tatsächlich den gesamten Zusammenhang von Organisationen abbildet. Die GOOD WORK Prinzipien greifen vor allem die Botschaft der Interdependenz zwischen den Dimensionen im magischen Dreieck auf. Die inhaltliche Kongruenz zwischen den drei Dimensionen des Dreiecks und den fünf GOOD WORK Prinzipien lässt sich gut überprüfen und reflektieren, sobald das innere Gefüge und die Mechaniken der Prinzipien durchdrungen sind. Zur besseren Orientierung sind sie hier noch einmal aufgelistet:

1. Gelungene Beziehungsgestaltung
2. Flexible Strukturen
3. Digitale Balance
4. Gelebte Agilität
5. Denken in Möglichkeiten

In den folgenden Kapiteln tauchen wir daher ein in die inhaltliche Betrachtung der fünf GOOD WORK Prinzipien und ihrer Wirkungsweisen. Entgegen der Betrachtung im Phasenverlauf lösen wir uns nunmehr von einer chronologischen Abfolge unserer aktuellen Veränderungsdynamik und beleuchten, inwieweit diese fünf Dimensionen uns auf dem Weg zu GOOD WORK hilfreich zur Seite stehen können, unabhängig davon, in welcher Veränderungsphase wir uns gerade befinden.

Jedes einzelne GOOD WORK Prinzip birgt in sich eine ganz eigene Erklärungskraft und steht wiederum für eine Reihe von Dimensionen. Es ist ein bisschen wie bei der russischen Babuschkapuppe: Mit jeder Holzfigur, die man öffnet, findet man eine weitere Version im Innenleben. Wir entfalten jedes der fünf Prinzipien Stück für Stück. Ein paar ausgewählte Original-Zitate aus dem GOOD WORK Podcast werden dabei helfen, die Zusammenhänge noch anschaulicher zu beschreiben.

3.2 Erstes GOOD WORK Prinzip: Gelungene Beziehungsgestaltung

Die 5 Vs der gelungenen Beziehungsgestaltung

Auf der einen Seite besteht keine wirkliche Hierarchie im Sinne einer kaskadischen Regelordnung zwischen den fünf GOOD WORK Prinzipien. Es gibt auch keine eindeutige Abgrenzung dahingehend, welchen exakten Beitrag die einzelnen Prinzipien leisten zur Gestaltung einer zukunftsfähigen Arbeitskultur. Alle fünf Prinzipien haben ihren Platz. Alle fünf stehen miteinander in Beziehung. Und dennoch sind einige der fünf Prinzipien von elementarer Bedeutung. Ohne sie ist GOOD WORK schlicht nicht vorstellbar. Das Prinzip der gelungenen Beziehungsgestaltung hat in dieser Fünferfamilie den klaren Vorsitz. Beziehungsgestaltung ist Trumpf und so werden die folgenden Prinzipien aus dem Verständnis der Beziehungsgestaltung heraus sukzessive erörtert und auf dieses Kardinalsprinzip bezogen. Die Beziehungsgestaltung kommt demnach ganz schön gewichtig daher in diesem Reigen an Wirkprinzipien. Beziehungsgestaltung – und das ist das Credo von GOOD WORK – ist die Königsdisziplin, wenn es darum geht, eine zukunftsbeständige und robuste Arbeitskultur zu etablieren. Diese Konstellation ist unabhängig davon, in welchem organisationalen Umfeld wir uns bewegen. Wir leben aktuell in einer Zeit, die von radikalen Veränderungen geprägt ist, und jetzt wird die immanente Bedeutsamkeit von Beziehungen überdeutlich spürbar. Das haben wir während der vergangenen Monate, in denen Begegnungen sich unter neuen und erschwerten Vorzeichen haben realisieren lassen, alle gemeinschaftlich, jeder und jede für sich am eigenen Leib erfahren.

„Alles wirkliche Leben ist Begegnung" sagte einst der jüdische Philosoph Martin Buber (1878–1965) und wird mit diesem klugen Sinnspruch immer und immer wieder zitiert. Doch das Zitat ist verführerisch, schickt es einen leichthin auf eine falsche Fährte. Begegnung im Buberschen Sinne ist nicht etwa gleichbedeutend mit unserem alltäglichen Verständnis von Begegnung: der Begegnung von Freunden, der flüchtigen Begegnung von Kollegen, von Passanten, von Nachbarn oder Bekannten. Begegnung nach seiner Lesart ist geprägt von Wesentlichkeit, von aufrichtiger, zugewandter Verbindung und von echter Beziehung, die sich nach Buber erst dann einstellt, wenn Menschen zueinander in Wechselbeziehung treten.[49] „Der Mensch wird am Du zum Ich." Es braucht demnach den Beziehungspart, um sich selbst zu begreifen und um Teil der Welt zu werden, die wir jenseits des Dinglichen uns erschließen wollen und der wir angehören möchten. Und Beziehungen, so Buber, ereignen sich im Gespräch, in der Kommunikation.

Greifen wir an dieser Stelle einen weiteren großen Denker der Neuzeit auf, den Soziologen Niklas Luhmann, so wird das Schwergewicht der Beziehungsgestaltung nochmals untermauert. Nach Luhmann bestehen soziale Systeme nicht aus Menschen. Vielmehr beschreibt er soziale Systeme als die Summe aller in ihr stattfindenden Kommunikation.[50]

Wir nähern uns der Beziehungsgestaltung in kleinen Schritten und versuchen zu ergründen, wie sie sich vollzieht.

Auch hier werden wir eine Fünferlogik wiederfinden, die sogenannten fünf Vs der Beziehungsgestaltung.

Allgemein gesprochen lassen sich Aspekte der Beziehungsgestaltung, die von außen als Prozess wahrnehmbar sind, von jenen unterscheiden, die unter der Oberfläche stattfinden.

Das erste V: Die Verbindung

Beziehungsgestaltung fängt banal gesprochen mit der Frage des Verbindungsaufbaus, der Begegnung an. Was sind Anlässe, Kontexte und Rahmenbedingungen für die Begegnung? Wie trete ich zu meinem Gegenüber in Kontakt? Mit welcher Emotion, welcher Haltung? Abgesehen von diesen grundsätzlichen Fragen bieten sich – bezogen auf unsere Arbeitsrealitäten – einige Kategorisierungen als Schlaglichter an. Wir greifen die folgenden Gegensatzpaare auf, die womöglich Erkenntnisse jenseits des Erwartbaren enthalten.

Mittelbar versus unmittelbar

Wenn wir die aktuellen Diskussionen in Medien, insbesondere in den sozialen Medien, über Beziehungsgestaltung verfolgen, stolpern wir sogleich über eine Dichotomisierung. Eine binäre Unterteilung muss oftmals als richtungsweisende Weggabelung für alle weiteren Aspekte der Beziehungsgestaltung herhalten.

Die Rede ist von der Unterscheidung zwischen analog versus digital. Es erscheint auf den ersten Blick plausibel, dass zwischen diesen beiden Polen über die Qualität einer Begegnung entschieden wird. Häufig unterstellen wir der analogen Begegnung eine höhere Wertigkeit, weil wir sie intensiver erleben.

Doch ist das die entscheidende Trennlinie? Ein Beispiel: Dieser Logik folgend müssten die Unterschiede zwischen einer E-Mail und einem geschriebenen Briefen grundlegend über den Qualitätsunterschied zwischen beiden Begegnungsformen entscheiden, repräsentieren sie doch die analoge und digitale Welt par excellence. Bringen wir eine weitere Komponente der Begegnung ein, nämlich die Frage der Synchronität, also der Gleichzeitigkeit, spannt sich eine kleine Vier-Felder-Matrix aus digital/analog und synchron/asynchron auf.

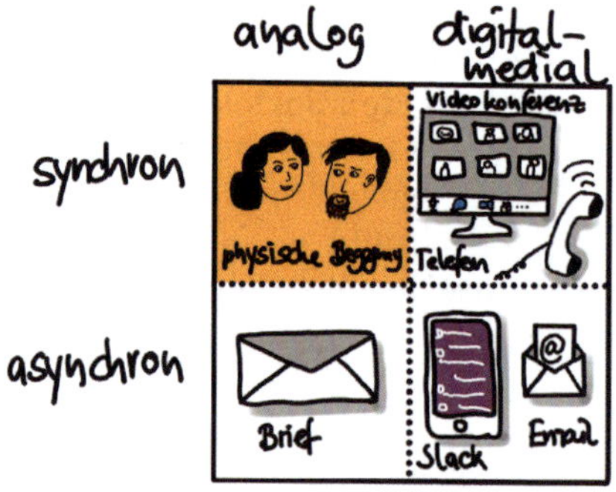

Bei der Darstellung dieser vier Aggregatzustände entdecken wir, dass nur in einem dieser Felder der Aspekt verwirklicht ist, in dem wir das höchste Maß an Authentizität in der Kommunikation vermuten. Es ist der Aspekt der Unmittelbarkeit, der Begegnung ohne einen trennenden medialen Layer. Und echte Authentizität und Unmittelbarkeit existiert in unserer Vorstellungswelt einzig in der direkten Begegnung. Wenn wir also von digitaler versus analoger Kommunikation sprechen, denken wir insgeheim und möglicherweise weniger bewusst an den Unterschied von mittelbarer und unmittelbarer Begegnung. Und dabei übersehen wir, dass wir in unseren vielfältigen Kommunikationsformen schon längst mit den unterschiedlichen Varianten von Mittelbarkeit leben und umzugehen gelernt haben.

Wir sind zudem davon überzeugt, dass Unmittelbarkeit eng gekoppelt ist an Authentizität. Der spannende Punkt ist, inwieweit die physische Begegnung der digitalen diesbezüglich wirklich überlegen ist. Denn wir unterliegen einer Illusion, dem sogenannten Authentizitätsphantasma, wie es der Medienwissenschaftler Dr. Martin Andrée in einer Folge des GOOD WORK Podcasts schonungslos ausführt:

„Sprachtheoretisch, zeichentheoretisch oder medientheoretisch würde das heute in den Medienwissenschaften niemand mehr bestreiten: Es gibt keine echte Unmittelbarkeit. Es ist alles inszeniert, aus diesem Dilemma kommen wir nicht mehr heraus … Aber es gibt innerhalb der Kommunikation sogenannte Authentizitäts-phantasmen und die sind extrem wirkungsvoll. Denn wir wünschen uns Authentizität und wir wünschen uns Unmittelbarkeit. Daher wollen wir so stark daran glauben. Deswegen besteht einer der größten Künste in der Beeinflussung anderer Menschen darin, Inhalte zu finden, die für authentisch gehalten werden. Es ist natürlich so, dass wir auch alle eine unmittelbare Unterhaltung für authentischer halten als eine, die nur am Bildschirm stattfindet. Technik empfinden wir als indirekte Kommunikation und deswegen spüren wir ein vermeintliches Authentizitätsgefälle und wir wünschen uns die unmittelbare Kommunikation wieder zurück, auch wenn das rein medientheoretisch total egal ist.“[51]

Link zur Folge mit Dr. Martin Andrée

Wir vertrauen unserem Urteilsvermögen offenbar mehr, wenn alle Sinne zum Einsatz kommen. Und diese nehmen wir zu Hilfe, wenn wir eine Sphäre ergründen. Es ist der Aspekt des Zwischenmenschlichen.

Allein der Begriff zwischen-menschlich impliziert, dass es einen Raum in der Begegnung zwischen Menschen gibt, den wir mit etwas füllen. Auch in der unmittelbaren Begegnung bespielen wir diesen Raum. Wir füllen ihn unweigerlich mit Emotionen und Botschaften, ob beabsichtigt oder nicht. Und diese Fülle an Informationen übersetzen wir unter Einsatz all unserer Sensoren und Sinne. Im mittelbaren Kontakt steht das Medium zwischen den Menschen, was dazu verleiten könnte, allein persönliche, direkte Begegnungen als authentisch zu bezeichnen. Doch auch hier finden wir Emotionen, Botschaften und Sinneswahrnehmungen auf allen Seiten, wenngleich in Abhängigkeit des gewählten Mediums in eingeschränkter Vielfalt. In jeder Begegnung steckt somit ein trennendes Etwas in seiner Mitte, das es zu „überwinden“ oder vielmehr zu gestalten gilt.

Die unmittelbare Begegnung ist die einzige Form des Kontaktes, in der körperliche Berührung im herkömmlichen Sinne – zumindest – theoretisch möglich wäre. Jetzt könnten wir unterstellen, dass dieser Aspekt für Begegnungen im Kontext unserer Arbeitsrealität zu vernachlässigen sei. Und dennoch: Wir erfahren, dass die Ergründung der zwischenmenschlichen Sphäre schneller und intensiver gelingt, wenn wir uns unmittelbar begegnen. So betrachtet gibt es zwischen den verschiedenen Begegnungsformen nicht wirklich ein Nähe-Distanz-Kontinuum, sondern die zutiefst grundsätzliche

Betrachtung der Unmittelbarkeit. Sie ist auch dann von Bedeutung, wenn vordergründig körperlicher Kontakt weder notwendig noch intendiert ist. Wir sind eben soziale, physische und geistige Wesen. Bislang haben weder künstliche Intelligenz noch digitale Tools eine adäquate Abbildung für diese Qualität hervorgebracht.

Es geht demnach weniger darum, jeder Begegnung fortan skeptisch gegenüberzutreten und hinter jeder Geste die bewusste, große Inszenierung zu mutmaßen. Vielmehr sollten wir uns ein Stück weit von unserer Authentizitätshörigkeit verabschieden und begreifen, was eine direkte Begegnung so viel wertvoller gestaltet als eine medial übermittelte. Wir lernen gerade, noch besser zu verstehen, in welchen Situationen und Kontexten wir auf die intensive und rasche Erfassung der zwischenmenschlichen Sphäre besonders angewiesen sind. Aktuell werden dabei immer wieder zwei Zusammenhänge benannt: Erstens die gemeinsame Erarbeitung kreativer Lösungen und zweitens die Auseinandersetzung sehr persönlicher oder konfliktbeladener Zusammenhänge.

Zwischen diesen beiden Punkten gibt es eine Verbindunglinie: Es ist der Aspekt der Verletzlichkeit. Wenn Menschen sich kreativen Aufgaben zuwenden, geben sie einen Teil ihres Innenlebens, ihrer Sichtweisen preis. Diese Freilegung ist das Eintrittsticket für kreative Prozesse. Wir können schlechterdings kreativ zusammenarbeiten, uns intensiv und sehr persönlich austauschen, Differenzen klären, ohne uns zu öffnen. Das eine gelingt nur um den Preis des anderen. Diese Abhängigkeit beleuchtet die Erfolgsautorin und Psychologin Brené Brown seit Jahren sehr eindrücklich. Sie hat uns für eine Erkenntnis sensibilisiert: Verletzlichkeit ist nicht gleichbedeutend mit Schwäche, es ist vielmehr ein Zeichen von Souveränität und Stärke, sich verletzbar zu zeigen und einen Blick auf das eigene Innenleben freizugeben. Im Beziehungsaufbau ist die Frage nach Verletzbarkeit, nach Unmittelbarkeit somit ein Faktor, den wir in der Beziehungsgestaltung unbedingt ins Kalkül ziehen müssen, auch oder gerade dann, wenn die Kommunikation den Umständen geschuldet nicht von Angesicht zu Angesicht stattfinden kann. Es braucht eine Sensitivität für diese Zusammenhänge, um Begegnungen kontextgerecht zu gestalten.[52]

Absicht versus Zufall

Ein Beispiel dafür, wie schnell eine echte Begegnung zwischen Menschen entstehen kann, die sich noch nie persönlich gegenüberstanden, ist das folgende Erlebnis, das ich mit Mareike Lüken während unserer Podcastaufnahme im Frühjahr 2020 hatte.

Mareike Lüken, Marketingmanagerin bei einem Anbieter für digitale Lösungen im Mobilitätssektor, hat der Anfrage für ein Interview bei GOOD WORK zugestimmt. Mareike ist sehr engagiert, auch über das normale berufliche Maß hinaus, das Thema Female Leadership und nachhaltige Mobilität voranzubringen. Es ist nicht ganz einfach, einen Termin zu finden. Das einzig verfügbare Datum fällt in Mareikes ersten Urlaub nach dem Lockdown. Sie befindet sich zum Zeitpunkt des Gesprächs auf einem Campingplatz an der Nordsee. Reichlich frische Luft gegen schwaches WLAN, das hört sich für sie nach Wochen im Homeoffice nach einem perfekten Tausch an.

Für das Interview setzt Mareike sich in ihr Auto und parkt es in der Nähe der Rezeption, um ein paar halbwegs stabile WLAN-Frequenzen für die Aufzeichnung abzugreifen. Wir begrüßen uns herzlich von Laptop Bildschirm zu Smartphone Display und beschließen, sicherheitshalber die Kamera während des Gesprächs auszuschalten, um Bandbreite für die Audioqualität zu sparen. Im Hintergrund dröhnen plötzlich laute Maschinengeräusche. Der Campingplatzbetreiber hat just in diesem Moment damit begonnen, den Rasen zu mähen. Mist. Mareike schließt das Fenster und wir starten unser Interview mit gekreuzten Fingern.

Das Gespräch verläuft störungsfrei, intensiv und enthält eine Erkenntnis für mich bereit, die sich im Nachgang als einer der Knüller der gesamten Corona Chronik herausstellen wird. Gute 30 Minuten tauschen wir uns über Mareikes Erfahrungen und Eindrücke über die Monate im ausschließlichen Homeoffice-Modus aus. Das Schlusswort ist kaum ausgesprochen, als wir die Kamera wieder freigeben für ein paar Sätze off-records. Auf meinem Bildschirm taucht in Überlebensgröße Mareikes Gesicht auf. Es ist schweißbedeckt, die Haare kleben ihr am roten Kopf. „Ich bin nassgeschwitzt. Die Sonne ist während unseres Gesprächs hinter dem Gebäude rausgekommen. Es ist eine totale Hitze hier im Auto." Wir lachen herzhaft und bei mir schwingt im Lachen eine kleine Prise schlechtes Gewissen mit. Ich stelle mir vor, wie sie im Verlauf des Gesprächs immer stärker gegen die drückende Wärme im Auto ankämpfen musste und gleichzeitig so ruhig und konzentriert wirkte. Und während wir das Interview und die sehr besonderen Umstände der Produktion mit Humor Revue passieren lassen, bemerken wir, dass sich zwischen uns – trotz digitaler Begegnung, großer Entfernung und kaum geteilter Erlebnisse – etwas aufbaut: eine echte Begegnung. Die Preisgabe dieser kleinen persönlichen „Verletzbarkeit" und ihre physischen Reaktionen war der Türöffner, sehr rasch eine direkte Verbindung zwischen uns aufzubauen.

Doch zurück zum Erkenntnisknaller. Mareike beantwortet die Frage danach, was sie denn am meisten im Homeoffice vermisse, ganz im Tenor der vorangegangen und der noch folgenden Gespräche. Auch sie vermisst den Austausch, die Begegnung mit Kollegen. Doch sie ergänzt ihre Aussage um zwei entscheidende Worte: ohne Vorsatz.

„Was ich auch noch sehr vermisse, ist die Kommunikation ohne Vorsatz. Ohne sich vorher anzurufen oder zu planen, die Begegnung auf dem Flur, in der Kaffeeküche. Daraus entsteht auch häufig etwas."

Link zur Folge mit Mareike Lüken

In unserem Austausch nach dem Interview hängen wir dem Gedanken noch etwas nach und stoßen auf einen Begriff, der eine frische Perspektive in das Thema Beziehungsgestaltung einbringt. Es ist die absichtsfreie Begegnung.

Es steckt so viel Kraft genau darin, dass wir diese eben nicht planen und anbahnen können. Die absichtsfreie Begegnung ist jedoch auf Unterstützung angewiesen. Sie braucht die Hilfe von Kollege Zufall und der ist ein seltsamer Kauz, der nicht über sich verfügen lässt. Er kommt zu Besuch, wann immer es ihm passt. Und nicht selten ist er Geburtshelfer für große Gedanken und Ideen, wie schon die Ausführungen zu Serendipität im Kapitel „Mutiges Ausprobieren" aufzeigen. Zufall ist ebenso ein wichtiger Wegbereiter für Beziehungsgestaltung, vielleicht gerade deshalb, weil er sich nicht in die Gestaltung einbauen lässt und uns gedankliche und persönliche Verknüpfungen ermöglicht, die wir so nicht erwartet haben.

Die Publizistin und Politikerin Diana Kinnert beschäftigt sich seit Jahren mit einem grassierenden Phänomen unserer Gegenwart, das am anderen Ende der Beziehungsgestaltung sein trauriges Werk verrichtet: die Einsamkeit. Unter dem Titel „Die neue Einsamkeit" widmet sie sich diesem Thema und all seinen Facetten, auch den Bezugspunkten zu unserer aktuellen Arbeitswirklichkeit. Wie Beziehungsfähigkeit und Zufall zusammenhängen, unterstreicht sie in ihren Ausführungen im Podcast GOOD WORK:

„Ich glaube, dass sozialer Austausch zwingend Unberechenbarkeit braucht, weil ich ihn sonst für mich sabotiere und inszeniere. Und ich glaube, dass unter anderem diese totale Homeoffice Situation uns dieser Zufälle beraubt. Da ist keine Person, die ich in der U-Bahn anlächeln kann auf dem Weg zur Arbeit, da ist niemand, mit dem ich mich in der Teeküche zufällig verquatsche. Ich glaube, dass genau diese Zufälle und dieses Nicht-Sabotieren wirkliche Verbindung ausmachen."[53]

Link zur Folge mit Diana Kinnert

Mit seiner Überrumpelungsstrategie trifft der Zufall uns unvorbereitet und ohne Agenda und fordert uns dadurch zur gedanklichen Improvisation und Ergebnisoffenheit heraus. Darin unterscheidet sich die absichtsfreie Begegnung fundamental von allen anderen Formen der Kommunikation im beruflichen Alltag. Denn absichtsfreie Begegnung ist kein Synonym für Small Talk. Es kann die Ouvertüre sein für große Gedanken und für tieferes, inhaltliches und persönliches Vernetzen jenseits der häufig intensiv gepflegten Verbindungen. Anders ausgedrückt: Zufälle sind das beste Anti-Blasen-Pflaster, das uns aus unseren kultivierten Beziehungsvorgärten in die freie Natur entlässt.

Zugleich ist die absichtsfreie Begegnung das, was bei zunehmend verteiltem Arbeiten besonders kurz kommt. Zum einen fehlen schlicht die Gelegenheiten für ein nicht geplantes Zusammentreffen, wenn sich immer weniger Menschen in Bürogebäuden aufhalten. Gleichzeitig ist diese Form der Begegnung kaum übertragbar ins Digitale. Alle Bemühungen, virtuelle Kaffeeküchen, Breakout-Räume und ähnliche informelle Kommunikationsanbahnungen mithilfe von Videokonferenztools zu installieren, entpuppen sich rasch als halbgare Versuche. „Besser als gar kein Austausch", lautet nicht selten das Resümee zu den bisweilen artifiziell anmutenden Plauderecken im virtuellen Raum. Der wesentliche Aspekt, dass ich mit Betreten eines solchen Raums zwar nicht weiß, auf wen ich dort treffe, ich aber sicher davon ausgehen kann, dass ich jemanden antreffe, bleibt jedoch unberücksichtigt.

Das Kuratieren des Zufalls und damit die Simulation natürlicher Begegnungsanbahnung ist sicherlich eine der anspruchsvollsten Herausforderungen und Anforderungen an digitale Kommunikationstools. Gepaart mit dem Umstand, dass dem Zufall grundsätzlich wenig Bedeutung beigemessen wird, zeigt sich an dieser Stelle einmal mehr, welche Lücken im Beziehungsaufbau entstehen, wenn wir uns auf die rein digitale, intentionale Vernetzung beschränken.

Das zweite V: Die Vernetzung und Verhältnis

Beziehungsaufbau ist der erste Schritt der Beziehungsgestaltung und berührt nahtlos die Frage, wie wir unsere Netzwerke gestalten. Die Rolle des Zufalls für die Erweiterung unserer bestehenden Netzwerke haben wir gerade diskutiert. Für die Vermutung, dass digitale Remote-Arbeit unseren Radius an Kontakten eher einschränkt, gibt es empirische Belege und datenbasierte Beweise. Der Tech Gigant Microsoft wertet kontinuierlich Nutzerdaten über das Kollaborations- und Kommunikationsverhalten seiner Kunden aus und kombiniert dies mit Umfrageergebnissen und Erkenntnissen aus Interviews.

Unter dem Namen Work Trend Index publiziert Microsoft regelmäßig die wichtigsten Entwicklungen.[54] Auf Basis dieser Daten lässt sich belegen, dass die Pandemie zu einer Fokussierung auf den engeren Kreis an Netzwerkkontakten geführt hat. Es lässt sich nicht länger leugnen: Unsere Netzwerke sind im Zuge der Pandemie geschrumpft. In der internationalen Betrachtung geben 40 Prozent der Beschäftigten an, dass ihr Netzwerk kleiner geworden ist. In Deutschland ist es annähernd die Hälfte der Menschen, die ihren Austausch auf weniger Kontaktpersonen begrenzen.

Die Aussagen gewinnen umso mehr an Brisanz, wenn wir uns anschauen, welche Kontakte in erster Linie an Bedeutung verloren haben. Auch hier sind die Befunde eindeutig: Wir haben uns im Verlauf der zunehmend verteilten, digitalen Arbeit sowohl im privaten als auch im beruflichen Kontext vermehrt auf engere Kontakte fokussiert und die losen Verbindungen aus dem Blick verloren. Microsoft beobachtet im Zeitraum von April 2020 bis Februar 2021 einen Rückgang in der Anzahl an Personen, die in einem Teams-Kanal posten, um fünf Prozent. Währenddessen haben Chats in kleinen Gruppen oder zwischen zwei Personen um 87 Prozent zugenommen. Die Kommunikation innerhalb der Teams ist stark gestiegen, während der Austausch über Teamgrenzen hinweg eindeutig zurückgegangen ist.

Die Kraft schwacher Verbindungen

Wenn man die Folgen von Netzwerkveränderungen beleuchten möchte, ist es hilfreich, die unterschiedlichen Funktionen zu verstehen, die in Verbindungen liegen. Bereits in den 1970er-Jahren hat der amerikanische Soziologe und Wirtschaftswissenschaftler Mark Granovetter mit seiner Studie zu „*Weak Ties* und *Strong Ties*" einen elementaren Impuls für die Netzwerktheorie und Netzwerkforschung geleistet. Sinnigerweise ist die Veröffentlichung zu seinen Untersuchungen mit dem Titel „The strength of *weak ties*", also die Stärke, die in schwächeren Verbindungen liegt, überschrieben. Granovetter unterscheidet – ganz grob betrachtet – zwischen stärkeren und schwächeren Beziehungen, die sich anhand von vier Kriterien kategorisieren lassen. 1. die Menge an Zeit, die zwei Personen miteinander verbringen, 2. die emotionale Intensität in der Beziehung, 3. das gegenseitige Vertrauen, die Intimität und 4. die gegenseitige Unterstützung und die Art der wechselseitigen Hilfeleistungen.[55]

Als *Strong Ties* können wir gemeinhin Verbindungen zu Menschen bezeichnen, die eine große Bedeutung für unser (berufliches) Leben haben. Hier ist in erster Linie an Familie, enge Freunde und im Arbeitskontext an direkte Kollegen, Vorgesetzte und an wichtige Geschäftspartner zu denken. Innerhalb von Zirkeln, die eine solch starke Verbindung zueinander aufgebaut haben, treffen zumeist Menschen mit ähnlichem Erfahrungshintergrund, sozialem Status, Zielen, Interessen, Werten und Moralvorstellungen aufeinander. Die Diskussion, ob die Assimilation innerhalb von Gruppen Voraussetzung oder Folge des verstärkten Austausches ist, wollen wir an dieser Stelle vernachlässigen. Was sich – und da decken sich empirische Befunde aus der Netzwerktheorie mit Beobachtungen der jüngeren Zeit – feststellen lässt, ist die Tendenz dieser *Strong Ties*, sich nach außen abzuschotten. In der Folge verfestigen sich Vorstellungen und Ansichten, Wirklichkeitskonstruktionen innerhalb dieser Gruppierungen, was gemeinhin als Blasenphänomen bezeichnet wird. Die als Konsequenz zunehmende Fragmentierung ist nicht nur auf gesellschaftlicher Ebene, sondern auch in den Bezügen der Arbeitswirklichkeit problematisch.

Weak Ties hingegen bestehen im Arbeitskontext zu jenen Kollegen und Kontakten, die nicht zwingend ständiger Bestandteil des eigenen beruflichen Alltags sind. Mit ihnen findet allenfalls ein gelegentlicher, häufig auch nur zufälliger und flüchtiger Austausch statt.

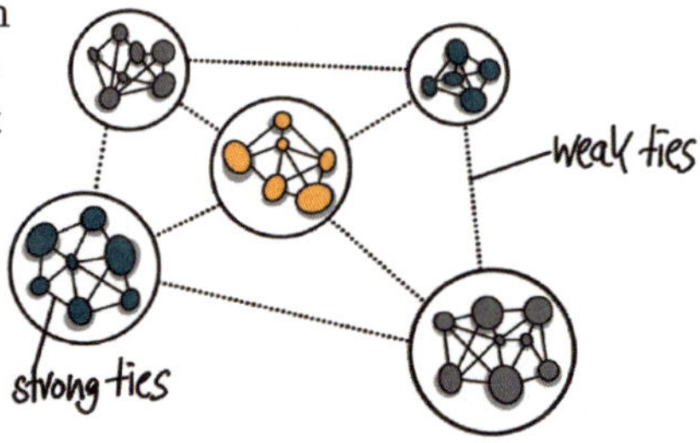

Diese schwächeren Verbindungen haben nach Granovetter eine wichtige Funktion. *Weak Ties* übernehmen zum einen die essenzielle Funktion der Brückenbildung zwischen sich nach außen abgrenzenden Gruppierungen. Sie bringen neue Perspektiven und Verbindungen ein und leisten damit einen wichtigen Impuls für Statusmobilität. Denn in dichten Netzwerken zirkulieren vorrangig Informationen, die sich auf die gruppenimmanenten, identischen Statuslagen beziehen. Kontakte und Austausch zu Menschen außerhalb der eigenen Blase helfen, diese eingeengte Sichtweise zu durchbrechen und sich anderen Gruppierungen – zumindest mental – anzunähern.

Weak Ties stehen für eine weitere wichtige Funktion ein, die gerade in unserer Arbeitswelt von wachsender Bedeutung ist. Es ist das Thema Feedback. Gerade weil die persönliche und inhaltliche Abhängigkeit zu *Weak Ties* weniger ausgeprägt ist, hat ihr Feedback eine andere Qualität und auch andere Freiheitsgrade. Feedback, das ich an Menschen außerhalb meiner eigenen Gruppierung, meines eigenen Teams richte, ist vom Ballast der unmittelbaren Rückkopplung auf das eigene System befreit. Es ist mehr als plausibel, dass diese Art von Feedback weniger Doppelbödigkeit und implizite Botschaften enthält. Zudem bringen *Weak Ties* aufgrund ihrer fachlichen Distanz mit ihrer Rückmeldung Aspekte zum Vorschein, die nicht selten blinde Flecken im eigenen System aufdecken. Gerade im Kontext von Innovation und Kreativität sind diese Qualitäten immens wichtig. Eine Vernachlässigung der eigenen *Weak Ties* Stärke führt mittel- bis langfristig zur Schwächung der Innovationskraft und dämpft Kreativität in einem Unternehmen. Denn ein System ist eben nur genauso kreativ, wie es seine Strukturen zulassen. Im Falle von ausgeprägten *Strong Ties* und sehr schwachen *Weak Ties* ist dies hinreichend beschränkt. Es bringt die immer gleichen Lösungen hervor und reproduziert sich somit bestenfalls selbst.

Die Zusammenhänge und empirischen Erkenntnisse legen den Finger in die Wunde einer zentralen Frage: Wie können wir der Abschottungstendenz entgegenwirken? Wie können wir verhindern, dass die Gravitation unserer Bequemlichkeit zuschlägt und dafür sorgt, dass wir uns in die ewig gleichen Echokammern zurückziehen und unsere vorgefertigten Sichten lediglich bestätigen lassen? Wie so häufig besteht der erste Schritt der Entwicklung darin, diese zu erkennen und transparent zu diskutieren. „Tun wir in unserer Organisation genügend dafür, dass Vernetzung jenseits berechenbarer Pfade stattfindet? Wie ist es um unsere *Weak Ties Power* bestellt?" Allein die Erörterung dieser simplen Fragen können ein Lösungsdenken zum Gegensteuern einleiten. Besondere Bedeutung hat der Zusammenhang an jenen Stellen, an denen Netzwerke gerade erst im Entstehen begriffen sind.

Netzwerkstrategien unterstützen Weak Ties

Neue Mitarbeitende einer Organisation stehen aktuell vor der kniffligen Herausforderung, sich remote ein Netzwerk aufzubauen, das jenseits der augenfälligen Verknüpfung zu Menschen aus dem unmittelbaren Kollegenkreis und Vorgesetzten besteht. Zur initialen Stärkung und breiten Ausbildung von *Weak Ties* sollte diesem Aspekt gleich zu Beginn ein besonderes Augenmerk gewidmet werden.

Viele Unternehmen stellen neuen Unternehmensmitgliedern jemanden an ihre Seite, um den inhaltlichen Einstieg in Unternehmensabläufe und Zusammenhänge im Sinne eines Mentorings oder Sparrings zu erleichtern. Hier liegt ein möglicher Anknüpfungspunkt, Netzwerkstrukturen initial breiter aufzustellen.

Ein Beispiel: Eine Mitarbeiterin nimmt im Unternehmen XY ihre Arbeit auf. Ihr Aufgabengebiet sowie ihre Funktion und Rolle bedingen, dass sie zu einer Reihe von zentralen Themen Berührungspunkte hat. Üblicherweise wird sie vermutlich recht schnell mithilfe eines Mentors bzw. einer Mentorin erfahren, wer relevante Kontakte und Menschen sind und zu ihnen eine Verbindung herstellen. Ein systematischer Netzwerkaufbau könnte entlang eines modellhaften Vorgehens effektiv und effizient unterstützt werden. In dieser Netzwerkstrategie, die ein wenig an die Projekt-Umfeldanalyse – PUMA – erinnert, listet die Mitarbeiterin zunächst die wichtigsten Themen auf, die für ihre Arbeit von Relevanz sind. In einem nächsten Schritt wendet sie sich idealerweise an die Personen, die das Thema verantworten oder besonderen Einfluss auf dessen Gestaltung haben. Die Mitarbeiterin sollte es jedoch nicht bei Gesprächen und Beziehungsaufbau zu diesen offensichtlichen Schnittstellen belassen, sondern von diesen Punkten ausgehend ihr Netzwerk strukturiert ergänzen. Jedes Gespräch könnte damit enden, sich weitere spannende Kontakte empfehlen zu lassen. Dabei können beispielsweise folgende Fragen perspektiverweiternd und zielführend die Suche beflügeln:

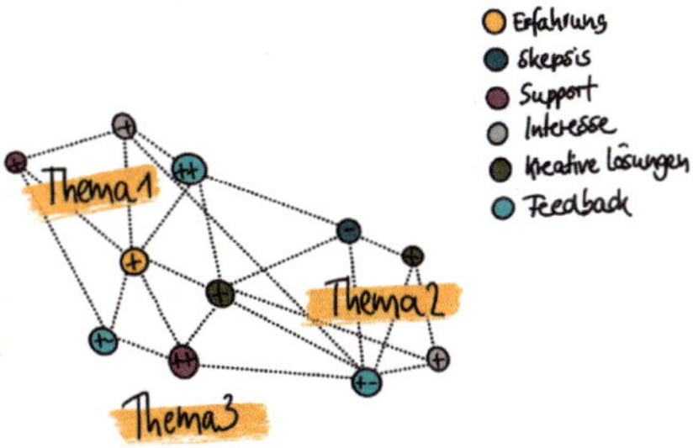

1. Mit wem müsste ich sprechen, wenn ich jemanden mit besonders viel Erfahrung zu diesem Thema suche?
2. Wer ist diesem Thema gegenüber besonders skeptisch eingestellt?
3. Gibt es innerhalb oder außerhalb der Organisation prominente Befürworter, Sponsoren für das Thema, die es wirksam voranbringen oder unterstützen können?
4. Wer möchte gerne stärker in das Thema einsteigen?
5. Wer ist – unabhängig von diesem Thema – bekannt für unkonventionelle Lösungen?
6. Wer ist geeignet, bei diesem Thema kritisch-konstruktives Feedback zu geben?

Die begleitende Visualisierung schafft Transparenz über die personellen Zusammenhänge zwischen unterschiedlichen Themen und illustriert das Beziehungsgefüge. Hierin lassen sich weitere Dimensionen plakativ einbringen, unter anderem:

a) **Nähe**: Durch Anordnung in der Darstellung lässt sich veranschaulichen, wie relevant das Thema für die jeweilige Person ist und vice versa.

b) **Haltung:** Anhand von Markierungen wie „+", „-" oder „++" und „–" wird auf einen Blick deutlich, mit welcher Haltung diese Person dem Thema gegenüber eingestellt ist.

Diese Netzwerkstrukturanalyse ist ein kleines hilfreiches Instrumentarium für neue Mitarbeitende und enthält ebenso einen wichtigen Impuls für Menschen, die schon länger der Organisation angehören. Seine Wirkung entfaltet es in besonderem Maße, wenn es mit Kollegen geteilt und nicht als Geheimdokument im „Giftschrank" verwahrt wird.

Im Sinne eines gelungenen Beziehungsaufbaus können solche Werkzeuge bei maßvollem, transparentem und wertschätzendem Einsatz einen wirksamen Beitrag zur Stärkung von *Weak Ties* und zur Ausbildung eines breiten Netzwerks leisten. Und dabei helfen sie nicht nur neuen Mitarbeitenden, sich ein differenziertes und breites Netzwerk aufzubauen, sondern setzen wertvolle Netzwerkanreize für das gesamte System.

Verhältnis im Innen und Außen

Mit solchen Visualisierungen können Landkarten des Beziehungsgefüges innerhalb eines Systems entstehen. Es damit wird zugleich sichtbar gemacht, in welchem äußeren Verhältnis die Menschen zueinanderstehen. Als Faktoren können hierbei – wie in der Netzwerkstrukturanalyse beschrieben – Kriterien von sachlicher Bezogenheit, Strukturen und Prozessen zum Tragen kommen. Kollegen und Kolleginnen treten in erklecklichem Maße auch jenseits formaler Strukturen in einem sehr engen fachlichen Austausch und bauen somit eine Beziehung auf.

In der Betriebswirtschaftslehre hat sich in der zweiten Hälfte des zwanzigsten Jahrhunderts die Differenzierung zwischen Aufbau- und Ablauforganisation durchgesetzt.[56] Letztere stellt eben verstärkt auf interne Prozesse und Abläufe ab, während die Aufbauorganisation hierarchische Strukturen in den Blick nimmt, also die Frage von Zu-, Unter- und Anordnung von Teams, Abteilungen und Individuen. Wenn wir über das äußere Verhältnis sprechen, in dem Menschen innerhalb eines Unternehmens zueinanderstehen, verweisen wir unter Zuhilfenahme des Organigramms nach wie vor eher auf die Frage der hierarchischen Beziehung. Die Frage, in welchem Verhältnis man zu Kollegin X oder Kollege Y steht, wird demnach üblicherweise mit einem Fingerzeig auf deren Position beantwortet.

In agilen Organisationen hingegen sind diese hierarchischen Positionen durch Rollen abgelöst. Ihre Beschreibung und Ausgestaltung sind jene strukturgebenden Merkmale, die auch Auskunft über das äußere Verhältnis von Personen geben können. Die Aussage, dass beispielweise eine Mitarbeiterin der IT als SCRUM Masterin in einem SCRUM Team beschäftigt ist, gibt sowohl eine Strukturinformation ihrer Funktion in der Ablauforganisation als auch eine Botschaft über ihre faktische Wirkmacht und ihr äußeres Verhältnis zu den übrigen Teammitgliedern preis.[57] Es sagt weniger etwas über das innere Verhältnis aus.

Verhältnis und Beziehungsgestaltung

Ob bewusst oder weniger bewusst, die Frage der Beziehungsgestaltung machen wir in nicht geringem Ausmaß von unserem inneren und äußeren Verhältnis abhängig, in dem wir zu jemanden stehen. Unabhängig von Fragen der persönlichen Nähe, der Sympathie und der historischen Verwurzelung mit einer Person und damit unserer inneren Verbundenheit, sind jene formalen und prozessbeschreibenden Faktoren für uns sehr wohl handlungsleitend. Das bedeutet, dass wir unser Verhalten adäquat und stimmig zu unserem Verhältnis gegenüber der Person ausrichten.

Die Passung entzieht sich dabei – wie erwähnt – häufig unserer Aufmerksamkeit und bedient sich nicht zuletzt dem Instrument der Körpersprache. Schon allein die Antwort auf die Frage, wie dicht ich mich beispielsweise zu einem Menschen geselle, sei es beim Smalltalk auf dem Flur, beim Mittagessen oder auch beim Meeting, folgt zwar nicht unbedingt einem rationalen Abwägungsprozess. Das Ergebnis ist jedoch auch ein Statement über Beziehung zwischen mir und der anderen Person.

Denken wir an ein beliebiges, aber dennoch konkretes Beispiel: Ein junger Kollege aus dem Controlling wird zu einer Managementrunde eingeladen, in der Menschen unterschiedlicher Hierarchiestufen und mit diversen fachlichen Herkünften und Erfahrungshintergründen vertreten sind. Der Kollege wird seine Entscheidung, wo er sich platziert, fein justieren und manche Optionen – je nach seiner eigenen Persönlichkeit – weniger stark oder eben besonders in Betracht ziehen. Und das größtenteils, ohne es sich selbst bewusst zu machen. Platt ausgedrückt: Er wird sehr wahrscheinlich keiner der Entscheidungsträgerinnen allzu sehr auf die Pelle rücken, dennoch dafür Sorge tragen, dass er für ihn entscheidende Interaktionen im Blickfeld behält. Sein Blick wird genau dorthin wandern, wo er die größte Relevanz für Entscheidungen und Handlungen vermutet. Er wird sein gesamtes Repertoire an non-verbalen Verhaltensparametern wie Kopf- und Körperhaltung, Blickverhalten, räumliche Nähe, feine Gestik und Mimik bis hin zu grummelnder Zustimmung oder raunendem Infrage-Stellen zum Einsatz bringen. Und damit seiner Zustimmung, seiner Sympathie, seinem Wunsch nach Statusmobilität Ausdruck verleihen und seine Beziehungen zu den anderen Teilnehmenden gestalten.

Die Steuerung des eigenen non-verbalen Verhaltens findet in einer solchen Situation über eine Vielzahl von Verhaltenskanälen statt, die sehr fein synchronisiert aufeinander abgestimmt erfolgen müssen, um die Information zu übermitteln. Wir lenken damit unsere eigene Aufmerksamkeit und ebenso die der anderen Menschen in unserem Umfeld. Dabei spielen insbesondere Aspekte wie das Blickverhalten, das körperlichen Sich-Ausrichten, die physische Nähe eine wichtige Rolle.

Welch fulminante Macht hinter dem Versuch der Aufmerksamkeitssteuerung liegt, hat der deutsche Städteplaner und Architekt Georg Franck Ende der 1990-Jahre mit seinem bahnbrechenden Werk „Die Ökonomie der Aufmerksamkeit" aufgedeckt und beschrieben.[58] Georg Franck postuliert darin, dass die Aufmerksamkeit zur neuen Währung avanciert ist und in seiner Bedeutsamkeit das Geld vom Thron der Insignien verstoßen hat. „Die Aufmerksamkeit anderer Menschen ist die unwiderstehlichste aller Drogen." Zwischen Individuen findet, so Franck, ein permanenter Austausch an Aufmerksamkeit statt und dabei ist durchaus ein Gefälle zu beobachten. So wiegt, im Sinne der Währung, die Aufmerksamkeit all jener, denen selbst wiederum viel Beachtung geschenkt wird, besonders schwer. Es ist folgerichtig anzunehmen, dass wir unsere non-verbale Kommunikation stringent in den Dienst unserer Aufmerksamkeitssteuerung legen werden.

Zurück zu unserem Fallbeispiel des jungen Kollegen in der Managementrunde. Die Regelhaftigkeit von der Wirkung der Aufmerksamkeit unterstellend wird er sein Verhalten in einer solchen Meetingsituation entsprechend steuern, um die gewünschte Wirkung zu entfalten. Welche Möglichkeiten blieben ihm im Gegensatz dazu in einer digital-medialen Begegnung? Er kann schlechterdings all diese Aspekte, die ihm zudem größtenteils nicht bewusst sind, verbalisieren. Seine Handlungsoptionen zur Gestaltung der Beziehung über das Verhältnis zu bestimmten Personen sind hinreichend eingeschränkt. Es wird ihm auch deutlich schwerer fallen, die inneren und äußeren Binnenverhältnisse – so sie ihm nicht bekannt sind – zwischen den übrigen Teilnehmern zu decodieren.

Fritz B. Simon gilt in Deutschland als die Koryphäe für gruppendynamische Prozesse. Er bestätigt im GOOD WORK Interview die räumliche Verortung als beziehungsgestaltende Größe und sieht durchaus Egalisierungstendenzen.

> „In einer Videokonferenz – wenn alle Leute in „einem Raum" sind – sehen sich alle gegenseitig auf dem Bildschirm. Das ist schon ein Unterschied, denn normalerweise sieht man, wenn man im Kreis sitzt, nicht alle gleichzeitig. Und über dieses Im-Kreis-Sitzen werden auch schon Nähe und Distanz gewissermaßen räumlich inszeniert. Diese räumliche Metapher beschreibt ja auch immer ganz gut Beziehungen … Und wahrscheinlich hätte ein außenstehender Beobachter in einer ZOOM Sitzung, beispielsweise ein Ethnologe, im Unterschied zu einer Sitzung in einem Konferenzraum, Schwierigkeiten herauszufinden, wer in einer ZOOM-Sitzung der Boss ist. Im Konferenzraum wüsste er das sofort."[59]

Link zur Folge mit Prof. Fritz B. Simon

Die langfristigen Auswirkungen der eingeengten Spielräume von non-verbalem Verhalten in digital-medialen Kommunikationssituationen lässt sich nur hypothetisch beleuchten. Ein paar spannende Perspektiven eröffnen sich für die weitere Beobachtung dieser vergleichsweise neuen Phänomene in Form folgender Fragen:

1. Welche alternativen Strategien werden sich zu den non-verbalen Möglichkeiten herausbilden, wenn wir verstärkt über digitale Medien kommunizieren? Was wird unsere Aufmerksamkeit im digitalen Raum binden und lenken?
2. Welchen Einfluss wird dies auf das innere und äußere Beziehungsgefüge in unserem Umfeld haben?
3. Werden wir womöglich eine signifikant höhere/geringere Statusmobilität sehen, wenn diese nicht mehr durch feine nonverbale Elemente einer unmittelbaren Begegnung moderiert werden können?
4. Welchen Einfluss hat die Tatsache, dass wir in einer virtuellen Kommunikationssituation nicht mehr durch räumliche Verortung unser inneres und äußeres Verhältnis zu jemandem zum Ausdruck bringen können? Wie demonstrieren und realisieren

wir sublime Formen von Zustimmung, Ablehnung, Zweifel, Sympathie oder auch Ärger?

5. Wird die Konformität der „Kacheln" in einer Videokonferenz zu einer Demokratisierung der Kommunikation im digitalen Raum führen?

Das dritte V: Das Verständnis

Wir können von außen wahrnehmen, in welcher Art und Weise Beziehungen in einem System hergestellt und aufgebaut werden und ansatzweise nachvollziehen, wie aus einzelnen Beziehungen Netzwerke entstehen. Diese Prozesse finden – im Vergleich zu den folgenden Facetten der Beziehungsgestaltung – an der Oberfläche statt, sind mehr oder weniger gut beobachtbare Phänomene. Was jedoch die Qualität einer Beziehung im Inneren ausmacht, ist wesentlich schwieriger zu dechiffrieren. Wir können allenfalls Kriterien benennen, die eine gelungene Beziehungsgestaltung beschreiben.

Damit aus einer Begegnung eine Beziehung erwachsen kann, bedarf es einer überdauernden Verbindung. Es braucht einen guten Grund, einen äußeren Rahmen oder eine innere verbindende Haltung, die uns dazu veranlassen, uns Menschen wiederholt hinzuwenden. Im beruflichen Kontext gibt es häufig formelle oder sachliche Gründe, die für eine Verbindung sprechen. Doch was auch immer der Beweggrund für eine Beziehung ist, sie braucht ein Vehikel, um dauerhaft bestehen zu können. Dieses Vehikel ist die Fähigkeit, sich gegenseitig zu verstehen.

Im allgemeinen Sprachgebrauch differenzieren wir zwischen Verständnis und Verstehen, wobei wir Letztgenanntes eher als Ausdruck eines kognitiven Prozesses sehen. Menschen klären in jeder Begegnung intuitiv ab, inwieweit Verstehen überhaupt möglich ist, ob Sprachbarrieren oder unterschiedliche Erfahrens- oder Wissenshintergründe im Wege stehen. Allein auf dieser Ebene sind reichlich Stolperfallen aufgestellt, die sich im digitalen Raum nochmals potenzieren. Denn nicht immer sind Störungen so augenscheinlich, dass sie allenthalben thematisiert werden. Um Verständigungsprobleme aufzulösen, braucht es Zeit und Bereitschaft dafür, diese zu adressieren. Und dieser Aufwand wird gerade in der Kommunikation über Videokonferenzen noch stärker gescheut als in Face-to-Face Begegnungen.

Wir erfreuen uns an der Effizienz digital-synchroner Kommunikation, berauschen uns bisweilen an dem Gedanken, dass wir plötzlich mit unendlich vielen Menschen zugleich sprechen können. In eine ZOOM-Session passt immer noch ein Stuhl an den Tisch. Es scheint die unausgesprochene Regel zu gelten: Je mehr desto besser. Und genau diese Effizienzgläubigkeit öffnet die Eintrittspforte für Verständigungsprobleme scheunentorweit. Rückfragen und Anmerkungen, die in unmittelbarer Begegnung mit einer übersichtlichen Anzahl an Teilnehmenden noch als adäquate Unterbrechung des allgemeinen Redeflusses tolerabel erscheinen, werden im mittelbaren Videotalk häufig vermieden. Der Rückzug in die eigene Gedankenwelt mit Fragezeichen ist die logische Konsequenz.

Empathie als Schlüsselkompetenz

Den Begriff Verständnis verbinden wir implizit mit einer Ebene von Verstehen, die über die rein kognitive Leistung hinausgeht und die Welt der Emotionen und unbewussten Handlungen einschließt. Verständnis übersetzen wir mit Empathie. Nicht wenige kluge Experten und Vordenker sehen in der Empathie, also der Fähigkeit, sich in die Gedankenwelt und Emotionslage seines Gegenübers hinzuversetzen, gar eine Schlüsselkompetenz. Im privaten und persönlichen Umfeld, im sozialen Miteinander, in ganz besonderem Maße aber auch in unserer Arbeitswelt.

Die Wissenschaft streitet leidenschaftlich darüber, ob es so etwas wie „empathiebefreite" Menschen überhaupt geben kann und wie stark die Empathiefähigkeit qua Geburt determiniert ist. Die Ergebnisse aus zahlreichen Experimenten der modernen Hirnforschung zeigen, dass wir grundsätzlich zur Empathie fähig sind. Der niederländische Hirnforscher Christian Keysers schreibt dazu: „Empathie ist in der Architektur unseres Gehirns tief verankert. Was mit anderen geschieht, wirkt sich auf fast alle Regionen unseres Gehirns aus. Wir sind von unseren Anlagen dazu bestimmt, uns empathisch zu verhalten, die Verbindung zu anderen zu suchen." Eine zentrale Rolle spielen dabei die sogenannten Spiegelneuronen, also jene speziellen Gehirnzellen, die das Verhalten und die Emotionen unseres Gegenübers aufnehmen, spiegeln und damit quasi zu einem Teil unserer selbst werden.[60] Entgegen der lang vorherrschenden Vorstellung können wir mehr als über unsere Wahrnehmungskanäle lediglich das repräsentieren, was wir aufnehmen. Es ist faszinierend zu erkennen, dass unser Gehirn offenbar darüber hinaus in der Lage ist, eine direkte Verbindung zwischen unserem Geist und den Emotionen und Handlungen unseres Gegenübers herzustellen. Die Grenzen zwischen Menschen sind demnach durchlässiger als wir offenbar glauben. Es existieren regelrecht gemeinsame Schaltkreise zwischen Individuen, die miteinander kommunizieren.

Diese Zusammenhänge sind nicht bloße Erkenntnisse, die unseren Fundus für intellektuelle Small Talks bereichern. Sie haben enorme Relevanz für die Zusammenarbeit von Individuen und Teams. Es gibt einen unmittelbaren Bezug zu der eingangs besprochenen und so sehnsuchtsvoll angestrebten Effizienz in unserem beruflichen Handeln und in Fragen der Führung, der sich auf den ersten Blick paradox ausnimmt. Empathie braucht Raum und Hinwendung zum Anderen. Das steht vermeintlich im Widerspruch zu effizientem und ergebnisorientiertem Tun. In dem Maße, in dem Führungskräfte jedoch auf genau jene Effizienz für einen Moment verzichten und sich auf ihre empathischen Fähigkeiten besinnen, entfachen sie bei Mitarbeitenden ein regelrechtes Produktivitätsfeuer. In der Studie Work Reworked, die Microsoft in Kooperation mit KRC Research und der Boston Consulting Group durchgeführt hat, belegen die Ergebnisse exakt dieses Phänomen. „Ein Arbeitsumfeld, in dem sich Beschäftigte durch ihre Teamleiter:innen geschätzt fühlen, motiviert zu proaktiven Lösungsvorschlägen (59 Prozent) und freier Meinungsäußerung, wie Arbeitsprozesse verbessert werden können (52 Prozent). Bei Beschäftigten, die sich von ihren Führungskräften nicht verstanden fühlen, ist dieses Verhalten weniger ausgeprägt (37 Prozent; 34 Prozent).“[61]

Das Ähnliche im Anderen

Wir können uns in der Kommunikation allerdings nicht allein auf die Präsenz und Tüchtigkeit unserer Hirnstrukturen verlassen. Empathie kann und sollte „trainiert“ werden, denn wir sind gegen eigene Wahrnehmungsverzerrungen nicht immunisiert.

Es gibt einen weiteren Faktor, der uns in dieser Hinsicht hilfreich zur Seite stehen kann: Es ist der Aspekt der Ähnlichkeit. Je ähnlicher wir unserem Gegenüber sind, desto leichter fällt es uns, empathisch zu reagieren. Im Umkehrschluss bedeutet dies nicht, dass wir auf Kommunikation mit Menschen, die uns sehr wesensfremd erscheinen oder einem gänzlich anderen kulturellen Hintergrund entstammen, verzichten sollten. Im Gegenteil. Diese Kommunikation bedarf der besonderen Aufmerksamkeit, weil sie einerseits uns viel – im Sinne des Wortes – Übersetzungsarbeit abverlangt und im Gegenzug uns mit einer Erweiterung unseres eigenen Empathiehorizonts belohnt. Hartmut Rosa schreibt in seinem Buch Resonanz zu diesem Zusammenhang: „Selbst und Welt können sich fortgesetzt verändern und doch in Resonanz bleiben, und mehr noch, es sind just Resonanzerfahrungen und -beziehungen, durch die sie sich wechselseitig (im Sinne einer Anverwandlung) transformieren. Die Antwortbeziehung besteht dabei gerade nicht zwischen Gleichen oder Identischen (das entspräche einer stummen Echo-Beziehung), sondern zwischen Differenten, aber Antwortenden."[62] Das bedeutet, unser „Empathietraining" besteht im fortwährenden Abgleichen der eigenen Emotions- und Handlungsmuster in Bezug zu unserer Umwelt, gerade wenn diese von der eigenen Erfahrungswelt abweichen. Eine Perspektivenumkehr weg von der Bewertung, hin zur wohlwollenden Beobachtung ist dabei eine nützliche Haltung, die wir uns zu eigen machen können. Es sollte unser Bemühen sein, das Ähnliche im Anderen zu erkennen und das Andersartige im Anderen wertfrei aufzunehmen.

Der Psychiater und Systemtheoretiker Fritz B. Simon schreibt zum Zusammenhang zwischen Verstehen und Ähnlichkeit folgendes: „Im Verstehen ist eine psychologische Dimension enthalten, die aus der stillschweigenden Annahme der Gleichartigkeiten zwischen dem, der versteht, und dem, der verstanden wird, resultiert ... Die Tatsache, dass es körperliche und seelische Ähnlichkeiten zwischen Menschen gibt, ermöglicht eine verstehende Einfühlung, die Übernahme der Innenperspektive eines ansonsten von außen beobachtbaren anderen."[63]

„Es sollte unser Bemühen sein, das Ähnliche im Anderen zu erkennen und das Andersartige im Anderen wertfrei aufzunehmen.

Bei aller Aufgeklärtheit und Reflexion betrachten wir unser Denken, Handeln und Fühlen als zutiefst „normal" und begreifen die Welt aus unserer Sicht heraus. Das hat zur Folge, dass wir – wie bereits erwähnt – erheblichen Interpretationsaufwand auf uns nehmen müssen, wenn wir auf andersartige Verhaltensmuster treffen. Dazu braucht es Annäherung. Dort, wo eine Annäherung nicht mehr stattfinden kann, wo die Regeln und Prinzipien des Miteinanders drastisch divergieren, erleben wir im Extremfall unser Gegenüber als ver-rückt. Zumindest wird die Beziehungsgestaltung an dieser Stelle deutlich erschwert, wenn nicht unmöglich. Fritz B. Simon würde sagen, dass sich in solchen Situationen die Möglichkeit zum Konsens in Nonsens verwandelt.

Stresstest für Spiegelneuronen

Wenn wir auf die verschiedenen Formen der Zusammenarbeit und Kommunikation blicken, werden wir unschwer erkennen, dass unsere Spiegelneuronen im digitalen Austausch Schwerstarbeit verrichten müssen. Uns fehlen in dieser Situation mindestens drei Sinne (riechen, schmecken, fühlen) und auf dem Bildschirm ist selten mehr als der Oberkörper und der Kopf zu sehen. Häufig gestehen sich Menschen im digitalen Austausch nicht einmal diese Ansicht zu und lassen die Kamera gleich ganz ausgeschaltet.

Das führt schnell zu Missverständnissen, die wiederum in Konflikten münden können. Antonia Jennewein ist Konfliktmoderatorin. Streit, atmosphärische Störungen und Spannungen sind ihr alltäglicher Arbeitsgegenstand. In ihrer Zusammenarbeit mit Teams beobachtet sie sehr genau, welches Risiko die zunehmende Kommunikation über digitale Kanäle bzw. Videokonferenzen diesbezüglich mit sich bringen können.

„Dieses Zusammenarbeiten am Bildschirm schränkt die Sicht ein. Also ganz banal: Ich sehe die Menschen nur Schulter aufwärts und ich kann selber steuern, ob ich gehört werden und ob ich gesehen werden will … Ich kann unterm Tisch entsprechende Zeichen machen und mich aufregen. Und das für den anderen aber gar nicht sichtbar machen. Dadurch werden die Konflikte häufig unterschwelliger. Sie werden einfach schlechter sichtbar. Auch deshalb, weil ich meine Kollegen nur noch ausschnittsweise für eine Stunde in einem Call sehe. … Ich habe nicht diese längerfristige Interaktion, in der ich wahrnehmen kann, ob sich ein Konflikt anbahnt oder ob er sich verhärtet. Das bringt zusätzliches Konfliktpotential einfach mit sich und das macht es auch schwer, sie zu bearbeiten.“ [64]

Link zur Folge mit Antonia Jennewein

Zuhören wie im Kino

Verständnis und Verstehen in der Kommunikation ist das Ergebnis von Zuhören. Echtes Zuhören braucht mehr als nur das rein auditive und kognitive korrekte Wahrnehmen. Und auch Empathie als Basiskompetenz ist sicherlich notwendig, doch alleine nicht hinreichend. Das chinesische Schriftzeichen ting steht für Zuhören und bringt, wie es für die komplexe Bildsprache typisch ist, alle notwendigen Dimensionen zusammen.

Es gibt sicherlich viele unterschiedliche Interpretationsansätze, das Schriftzeichen zu übersetzen. Gemeinhin wird es folgendermaßen ausgelegt: Neben der Erfassung der Botschaft und der Wahrnehmung unseres Gegenübers durch unsere Augen, unsere Ohren und unser Herz – als Metapher für empathisches Zuhören – braucht es die Wertschätzung für unser Gegenüber (König).

Das Zeichen für „eins" symbolisiert dabei eine Ingredienz, die jedes gute Gespräch ausmacht und die dennoch so rar zum Einsatz kommt: Die ungeteilte und volle Aufmerksamkeit. Aufrichtiges Zuhören gelingt in dem Maße, in dem ich mich mit meiner Aufmerksamkeit komplett dem Gespräch widme. Es ist erstaunlich zu beobachten, wie geizig diese an sich kostenfreie Ressource gerade im Unternehmenskontext gehandelt wird. Zuhören ist für nicht wenige Menschen ein Synonym für die Zeit, die sie überbrücken müssen, bis sie endlich selbst wieder sprechen und das Gespräch auf ihre Agenda lenken können.

Es gibt einen kleinen Test, eine Art Trick, um zu überprüfen, wie es um die eigenen Qualitäten des aufmerksamen Zuhörens bestellt ist. Gelingt es uns, einer Unterhaltung mit ähnlicher Aufmerksamkeit zu folgen, wie wir es bei einem spannenden Kinofilm mühelos zustande bringen? Sinkt unsere Hand – gefesselt von dem, was wir hören, sehen, erleben – gedankenversunken in der Popcorntüte?

Es mag ein absurder Gedanke sein, dass uns Unterhaltungen im Arbeitskontext mit solcher Intensität in den Bann ziehen. Doch wann immer wir in den Genuss ungeteilter Aufmerksamkeit kommen, spüren wir unmittelbar, welche Kraft in dieser Ressource steckt. Wir entdecken, dass sich Potenziale freilegen, mentale Grenzen überwunden werden, Zusammenhänge aufgedeckt, Lösungen im eigenen Kopf kreiert werden, einzig gespeist durch die wertvolle Handlung des aufmerksamen Zuhörens. Neben allen anderen wichtigen, vielleicht auch elementaren Facetten des Verstehens und der Verständigung ist dies der magische Teil, der Beziehungsgestaltung besonders wirkungsvoll gelingen lässt.

Das vierte V: Die Verbundenheit

Verbindung, Verbundenheit, Verbindlichkeit – sind das nicht alles Synonyme für ein und dasselbe? Mitnichten. Verbindung ist der notwendige Vorgang, um in einer gelungen Beziehung Verbundenheit zu erzeugen. Eine innere Verbundenheit zwischen Individuen oder zwischen dem Individuum und der Welt entzieht sich den äußeren Blicken. Es ist vielmehr das Grundmotiv der

Weltbezogenheit, nach dem wir als soziale Wesen ebenso streben wie nach Autonomie. Wir befinden uns in einem stetigen Prozess des Ausbalancierens auf dieser Achse.

Gerade im Zuge der Corona Pandemie haben Menschen leidvoll erfahren, dass eine Verbundenheit bei verteiltem Arbeiten gleichermaßen wertvoll wie mühsam zu realisieren ist. Wenn wir der einleuchtenden Aussage zustimmen, dass remote Arbeit gekommen ist, um zu bleiben, dann wirft es neue Fragen in puncto Zugehörigkeit und Verbundenheit auf. In den Ausführungen zu *Strong ties* und *Weak ties* haben wir beleuchtet, dass uns in dieser Phase die überdauernde Verbindung zu Menschen, die uns nahestehen, besonders gut gelungen ist. Es ist mehr als plausibel anzunehmen, dass sich im Zuge dessen die Bindung und Verbundenheit zu ihnen intensiviert hat.

An dieser Stelle ist es geboten, zwischen reibungsloser Zusammenarbeit und dem Gefühl der Zugehörigkeit zu differenzieren. Während das Eine im Falle einer zunehmenden digital vermittelten Kommunikation via Videokonferenztools und ähnlichem mit Störanfälligkeiten, Missverständnissen und Ineffizienzen zu kämpfen hat, ist der zweite Aspekte noch schwergewichtiger. Selbst wenn es Teams gelingt, ihre Kollaboration auch im digitalen Raum vernünftig zu organisieren, droht im schlimmsten Fall die Erosion der überdauernden Verbundenheit, wenn unmittelbare Begegnung nicht mehr stattfindet.

Christian Obad ist als selbstständiger Unternehmensberater in Sachen Innovation unterwegs. Er selbst nennt sich Innovangelist und predigt mit Begeisterung die Botschaft einer nachhaltigen Innovationskultur. Schon in seinem früheren beruflichen Leben als Inhaber einer Digitalagentur konnte er intensive Erfahrungen mit ausschließlicher Remote-Arbeit sammeln. Aus seinem hautnahen Erleben berichtet er, wie es um den Teamzusammenhalt bestellt ist, wenn sich Kollegen und Kolleginnen nicht mehr persönlich begegnen.

Link zur Folge mit Christian Obad

„Wir hatten in meiner Karriere 1.0 als IT-Unternehmer in den frühen 2000er-Jahren mit unserer Agentur einen Standort in Berlin und einen Standort in Österreich mit jeweils Entwicklerteams, die verteilt arbeiteten. Das ist jetzt 20 Jahre her. Wir hatten damals schon eine tolle Videokonferenzanlage, mit der wir diese virtuellen Teams zusammenhalten konnten. Es war wesentlich besser, wenn sich die Kollegen über Video austauschten als nur zu telefonieren oder E-Mails zu schreiben. Und trotzdem sind diese Teams irgendwann auseinandergelaufen. Wir haben dann gelernt, dass wir über diese Videokonferenz etwa drei Monate überbrücken konnten. So lange konnten wir über diese digitale Sphäre die Verbindung der Teams aufrechterhalten. Spätestens nach drei Monaten war es angesagt, dass die Teams für eine Woche an den anderen Standort fahren, um sich mit diesen Menschen, mit denen sie digital so effizient arbeiteten, wieder persönlich zu treffen. Nachdem wir dann also diese Teams drei- oder viermal im Jahr für eine Woche nach Berlin oder nach Graz geschickt hatten, wurde die Performance wieder wesentlich besser. Das ist genau das, was wir heute auch wieder merken."[65]

Mit dieser Aussage, die auf einer weiteren zurückliegende Erfahrung beruht, bestätigt Christian Obad exakt das aktuelle Erleben vieler Teams und der dazugehörigen Mitglieder. Wenngleich der fachliche Austausch sehr wohl – auch über einen längeren Zeitraum – auf der prozessualen und inhaltlichen Ebene effizient gestaltet werden kann, leidet der Zusammenhalt, die sogenannte Kohäsion.

Von Teams und Gruppen

Der Begriff der Kohäsion, der in so unterschiedlichen Disziplinen und Wissenschaften wie der Physik, der Chemie, der Linguistik Anwendung findet, wird häufig auch im Kontext gruppendynamischer Prozesse verwendet. Losgelöst vom Zusammenhang, in dem der Begriff eingesetzt wird, beschreibt er – ganz allgemein gesprochen – die innere Verbundenheit zwischen Elementen. Bezogen auf Aspekte der Zusammenarbeit ist Kohäsion wohl am ehesten geeignet, um den Zusammenhalt innerhalb einer Gruppe oder eines Teams zu benennen.

Diese beiden Bezeichnungen werden häufig im beruflichen Kontext als Synonyme betrachtet. Die Unterschiede zwischen ihnen sind fein, aber bedeutsam. Gruppe und Team eint, dass beide eine Gemeinschaft von einer überschaubaren Anzahl an Personen beschreiben. Sowohl Teams als auch Gruppen sind gegenüber dem Außen miteinander verbunden, wenngleich durch unterschiedliche Perspektiven.

In einer Gruppe innerhalb eines Unternehmens finden sich häufig Menschen mit ähnlichen Aufgaben und thematischen Ausrichtungen zusammen. Unter ihrer Gruppenbezeichnung werden Fachleute organisatorisch „gebündelt", die meist sehr eigenverantwortlich ihre individuellen Tätigkeiten entlang einer Wertschöpfungskette verrichten. Und diese Wertschöpfung findet in der Regel nicht allein innerhalb ihrer Gruppe statt, sondern vor allem in Kooperation, Arbeitsteilung mit unterschiedlichen Schnittstellen. Zwischen der Arbeit der einzelnen Gruppenmitglieder besteht üblicherweise keine wechselseitige Abhängigkeit. Je nach Organisationsstruktur eines Unternehmens werden Gruppen von einer fachlichen, in einigen Fällen auch disziplinarischen Führungskraft geleitet. Die Mitglieder innerhalb der Gruppe sind hinsichtlich ihrer hierarchischen Position meist gleichgestellt.

Ein Team hingegen ist mehr als die organisatorische Ansammlung von Mitarbeitenden mit ähnlichen Fachhintergründen und individuellen Aufgabenpaketen. Ein Team ist über eine gemeinsame Aufgabe miteinander verbunden und auf ein kollektives Ziel hin ausgerichtet. Alle Teammitglieder tragen mit ihren unterschiedlichen Kompetenzen, Funktionen und Fähigkeiten zur Ergebnis- und Zielerreichung bei. Es bestehen unmittelbare Abhängigkeiten zwischen den Teammitgliedern. So betrachtet ist das Team eine Verantwortungsgemeinschaft, die in manchen Fällen unterschiedliche Hierarchiestufen miteinander verbindet. So findet man in Organisationen sehr häufig Projektgruppen, deren Mitglieder in ihrer Linienfunktion sich auf unterschiedlichen Verantwortungsebenen befinden.[66]

Kohäsion: Zusammenhalt innerhalb des Teams

Die Vorteile einer ausgeprägten Gruppen- oder Teamkohäsion liegen auf der Hand und sind empirisch gut belegt: Einheiten mit hoher Verbundenheit identifizieren sich sehr stark mit ihrer Gruppe, bringen sich in der Folge stärker ein, erzeugen eine größere Produktivität und fühlen sich für gemeinschaftliche Ziele verantwortlich.[67] Für diese Kohäsion gibt es wiederum eine Reihe von Hebeln, die sie befördern können. Physische Nähe, intensiver Austausch, starke inhaltliche Abhängigkeiten sind dabei zentrale Aspekte, die in Teams wesentlich stärker anzutreffen sind als in Gruppen.

Das Aufeinanderbezogensein ist in einem Team systemimmanent. Dennoch sehen wir – wie unter anderem das Beispiel von Christian Obad verdeutlicht – dass sogar Teams, die inhaltlich über die Aufgabe sehr stark miteinander verbunden sind, auf der Beziehungsebene Entkopplungstendenzen erleben, wenn sie sich nicht mehr regelmäßig physisch und unmittelbar begegnen. Sie driften – wenn dem Teamzusammenhalt nicht besondere Aufmerksamkeit gewidmet wird – langsam und Stück für Stück auseinander. In der Folge führt dies zu einer verminderten Partizipation des Einzelnen, geringerer Produktivität und führt zu einem noch weiter sich schwächenden Zusammenhalt. Es droht, sich eine sich selbstverstärkende Abwärtsspirale in Gang zu setzen.

Kohärenz: Identifikationsleistung von Gruppen und Organisationen

Welchen Entwicklungen unterliegen Gruppen, die nicht über eine inhaltliche, gemeinsame Aufgabe miteinander verbunden sind? Das Bindemittel in Gruppen ist schließlich weniger greifbar als in Teams. Hier lässt sich eher auf etwas Übergeordnetes verweisen, was dem Begriff der Kohäsion einen Kollegen an die Seite stellt: Es ist die Kohärenz. Der Begriff Kohärenz findet – ganz ähnlich wie Kohäsion – in sehr verschiedenen Kontexten Anwendung. Besonders häufig trifft man es in der Linguistik an als Beschreibung eines stimmigen, sinnstiftenden Zusammenhangs.

Wenn wir uns diese Betrachtungsweise für unseren Kontext ein Stück weit borgen wollen, dann eröffnet sich eine spannende neue Perspektive auf den Zusammenhalt in organisatorischen Gruppen. Ihre innere Verbundenheit ist indirekter konstruiert als in Teams. Sie rührt her von einer äußeren, gemeinsamen Umklammerung, die sich exemplarisch an folgenden Ausführungen illustrieren lässt. Kohärenz im Sinne eines stimmigen, sinnstiftenden Zusammenhalts können Mitarbeitende einer organisatorischen Einheit dann erleben, wenn sie sich beispielsweise mit dem Qualitätsanspruch und fachlichen Selbstverständnis in ihrer Gruppe in Einklang finden. „Bei uns wird das so gemacht", ist eine simple Formel, die ausdrückt, dass – ob bewusst oder unbewusst – ein gruppenübergreifendes Arbeitsethos existiert. Im Guten wie im Schlechten. Gemeinsam formulierte Regeln und Prinzipien können ebenso Ausdruck einer Kohärenz im Sinne eines Arbeitsethos sein. Dieses Ethos ist jedoch flüchtiger als der Klebstoff eines kollektiven inhaltlichen Ziels. Insbesondere wenn es nicht mehr mit einem gemeinsam gelebten Alltag angefüttert wird und die Mitarbeitenden sich stattdessen in ihre individuellen Aufgabenpakete und Arbeitshöhlen zurückziehen.

Was bleibt, ist die Sinnstiftung und die Identifikation mit der Organisation als Ganzem. Und dieser Aspekt rührt zutiefst grundlegende Fragen an von weitaus größerer Dimension.

Bindung als ein Merkmal der Beziehungsgestaltung geht weit über das Thema der Verbundenheit einer überschaubaren Anzahl von direkten Kollegen und Kolleginnen hinaus. Es geht auch um die Frage, wie sehr sich die Mitarbeitenden zum Gesamtkonstrukt des Unternehmens verbunden fühlen oder ob sie sich lediglich daran gebunden sehen. Es ist schwer zu ermessen, inwieweit die Identifikation mit der Organisation einen mangelnden Team- oder Gruppenzusammenhalt kompensieren kann. Kohäsion und Kohärenz unter diesem Blickwinkel betrachtet müssen im Sinne von GOOD WORK ein einträchtiges Paar bilden. Die spannende Frage ist nunmehr, worin sich diese Verbundenheit ausdrückt. Dies ist umso kniffliger zu beantworten, wenn viele äußere, kulturprägende Elemente wie der direkte Austausch, die geteilten Büroräume, Meetings in persönlicher Begegnung wegfallen. Bringen wir den Koloss der Unternehmenskultur einmal auf den Punkt: Wo und wie findet – um ein Beispiel zu nennen – die Volkswagen-Kultur statt – wenn der Laptop auf dem heimischen Esstisch steht und wenn das einzige am Arbeitsplatz, das an seinen Absender erinnert, die Startseite des Intranets ist?

Die Zunft der Zukunftsforscher hat aktuell Hochkonjunktur. Sie werden intensiv belagert, um den Menschen mit ihren Deutungen ein Stückchen Orientierung anbieten zu können. Matthias Horx gilt in Deutschland als einer der renommiertesten Vertreter dieser Gilde und sieht in der Frage der Bindungsqualitäten eine zentrale Herausforderung für die Zukunftsfähigkeit von Unternehmen. Sein Interview – die Folge 100 – markiert gleichsam den feierlichen Abschluss der sogenannten Corona Chroniken im Podcast GOOD WORK und eröffnet den Reigen an den darauffolgenden Feature Gesprächen. Sein Appell ist eindringlich:

Link zur Folge mit Matthias Horx

> „Das merken wir jetzt schon, dass die Leute, die länger zu Hause arbeiten, dazu neigen, mehr zu kündigen. Physische Präsenz und Räume machen ungeheuer viel aus. Ich muss gleichzeitig meine Komplexität zwischen Arbeit und Leben organisieren. Und wenn ich das sowieso schon mache, frage ich mich natürlich irgendwann: Warum brauche ich eigentlich diese Firma noch, die mir eh auf die Nerven geht? Es wird durch diese Erfahrung von Corona eine Zentrifugalkraft in Richtung Einzelselbständigkeit einsetzen. Und gleichzeitig werden sich Firmen eben überlegen müssen: Was sind die wirklichen Bindungskräfte innerhalb von Teams und innerhalb der Organisation? Das ist, glaube ich, ein ganz wesentlicher Aspekt. Das, was schon immer gefordert wurde, nämlich echte Teamwork, nicht unbedingt ortsgebunden, das muss jetzt erlernt werden. Und das stellt wiederum die innere Konsistenz eines Unternehmens, das heißt den eigentlichen Kern, die soziale Bindungskraft oder – wenn man noch ein bisschen weitergeht – den Purpose, also den Sinn, der sich ja auch im Sozialen ausdrückt, auf die Probe. Entfremdungen, die sowieso schon da waren, werden jetzt viel sichtbarer gemacht. Und es kann eben vielen Firmen so gehen, dass sie ihre besten Mitarbeiter verlieren, weil die inzwischen zu Hause als Einzelselbständige rekonfigurieren. Deshalb muss (neben dem Äußeren) eine zweite Kraft hinzutreten, und das ist letzten Endes die Bindungskraft durch den Firmensinn. Und da wird sich schnell offenbaren, ob meine Firma, mit der ich mich verbunden fühle, eigentlich ein lebendiges organisch zusammenhängendes Wesen ist, das mir etwas gibt, und zwar Lebenssinn, nicht nur Geld.“[68]

Das fünfte V: Das Vertrauen

Wir merken: Beziehungsgestaltung vollzieht sich auf mannigfaltigen Ebenen. Und nicht alle davon scheinen wir mit unseren Händen direkt greifen oder unserem Verstand steuern zu können. Und je tiefer wir uns in den Komplex der Beziehungsgestaltung eingraben, umso länger müssen wir unseren Arm ausstrecken, um an den wesentlichen Kern zu gelangen. Bei allen Anstrengungen steht derweil ein pinkfarbener Elefant im Raum mit der Aufschrift: Was können wir KONKRET tun? Gibt es ein Vehikel, das uns ohne Umwege eine robuste Beziehungskultur direkt an die Bordsteinkante unserer Organisation liefert? Wohl kaum. Es gibt allerdings ein – um im Bild zu bleiben – Gefährt, das wir niemals aufs Abstellgleis verbannen dürfen. Es ist der Dialog.

Die Kraft des Dialogs

Dialog wird im allgemeinen Sprachgebrauch häufig mit Zwiegespräch übersetzt, einer Art kommunikativem Vorgang, der (vorrangig) zwischen Individuen stattfindet und ein „Hin" und „Her", das Prinzip des Dialektischen beinhaltet. Dialog weitergedacht umfasst jedoch wesentlich mehr Perspektiven als das wechselseitige Aussprechen von Argumenten. Unzählige Kommunikations-wissenschaftler, Philosophen, Soziologen, Linguisten haben sich seit jeher darum bemüht, den Wert eines wirkungsvollen Dialogs zu ergründen und zu beschreiben. Für unseren Kontext der gelungenen Beziehungsgestaltung als eine Anforderung an zukunftsfähige Arbeitskultur dürfen wir unser Blickfeld ein wenig jenseits dieser Disziplinen erweitern.

Ein Physiker hat die akademische Welt – und nicht nur die – um eine Fülle an neuen Gedanken und Modellen zum Thema Dialog bereichert. Die Rede ist vom amerikanischen Physiker David Joseph Bohm, der sich über weite Strecken seiner wissenschaftlichen Karriere mit Aspekten der Teilchenphysik beschäftigte. Sein Verständnis davon, was die Welt im besonders Kleinen zusammenhält hat ihn unweigerlich mit den besonders großen Weltfragen konfrontiert. Die Schnittstellen zwischen Physik und Philosophie sind bekanntermaßen fluide.

In Abgrenzung zur Diskussion, die im Sinne ihres Wortstammes zerschlagen, zerteilen, zerlegen meint, stellt der Dialog schon allein begrifflich das Verbindende in den Vordergrund. Zusammengesetzt aus logos – „Wort" – und „dia" – durch – erlangt demnach der Dialog die Bedeutung eines „freien Sinnflusses, der unter uns, durch uns hindurch und zwischen uns fließt". Durch die Beteiligung, das Sich-Einbringen, im Miteinander entstehen im Dialog neue Erkenntnisse. Bohm sieht daher im Dialog nicht nur eine Kommunikationsform, sondern auch einen Weg, Transformationen von einzelnen Menschen und von Gruppen grundlegend zu gestalten.

Der Dialog im Bohmschen Sinne verfolgt nicht das Ziel des argumentativen Austausches oder gar Obsiegens. Das Ziel ist vielmehr, unsere eigenen Meinungen und die unserer Dialogpartner zusammenzubringen, in der Schwebe zu halten und schließlich zu überprüfen, ob in der Gesamtbetrachtung übersummativ neue Perspektiven entstehen. Dieses Aushalten, das Nicht-Dagegen oder Darüber-Sprechen, das gespannt-offene Beobachten ist eine besondere Qualität, die der Dialog nach Bohm einbringt. Getragen wird dies durch die Erkenntnis, dass andere Denkweisen die Wegbereiter für Veränderungen sein können.[69]

Dialog im Kontext Organisationsentwicklung

Dieses Verständnis von Dialog kann – um auf unseren Kontext der Unternehmenskultur zurückzukommen – seinen Mehrwert jedoch nur dann entfalten, wenn die Teilnehmenden anerkennen, dass ihre Sicht auf einen Sachverhalt lediglich eine Wirklichkeitskonstruktion und keine Tatsache ist. Und wenn sie sich mit Respekt, Wertschätzung und Wachheit dem hinwenden, was innerhalb der Gruppe, aber auch in ihnen selbst passiert. Es braucht in einem System die Bereitschaft und Neugier, dem kollektiven Denken auf die Spur kommen zu wollen. Man muss sich quasi selbst beim Denken zuschauen. In einem echten Dialog erkennen und verlassen wir bildlich gesprochen die Grenzen unseres eigenen Denkens. Befreit vom Druck, Lösungen erzeugen zu wollen, gilt es dann, in den Dialogprozess einzusteigen und ihn mitzugestalten. Und gerade durch diese Zurückhaltung kann neues Gutes entstehen.

Ganz praktisch gesprochen meint Dialog also nicht den eng begrenzten Austausch von Ansichten mit Fokus auf ein spezifisches Verhandlungsergebnis. Vielmehr geht es um das fortwährende Zusammenbringen von Standpunkten, Erfahrungen, Sichtweisen in der guten Annahme, dass daraus innerhalb eines Systems neue, hilfreiche Perspektiven entstehen können. Ein schützender Rahmen innerhalb einer Organisation ist notwendig, um einen solchen Dialog initiieren und am Leben halten zu können. Dieser Rahmen – im Zusammenhang von Dialogen wird oft von Containern gesprochen – sind die Faktoren Ort, Raum und Zeit, die zur

Verfügung gestellt werden müssen. Zu dieser Rahmung gehört auch, dass ein Dialog zumindest vertikal und horizontal gedacht wird, das heißt über Bereichs-, Abteilungs- und Hierarchiegrenzen hinweg. Hierin liegt aus Sicht von Bohm gleichzeitig eine der größten Herausforderungen und Chancen des Dialogs. Ein Dialog nach seinem Ansatz braucht dringend das kollegiale Prinzip, eine Begegnung auf Augenhöhe. Nur so entsteht die innere und äußere Freiheit, seine Ansichten rückhaltlos, angstfrei und unvoreingenommen teilen zu können. Gelingt dies, sorgt ein lebendiger Dialog für ein permanentes Aufeinander-Bezogen-Sein. Und das schafft wiederum die Grundlage für gelungene Beziehungen: das Vertrauen.

Barbara Müller-Geskes ist Bereichsleiterin beim Hessischen Rundfunk für Intendanz und Unternehmensentwicklung und seit Anfang an Begleiterin der Lernreise des Unternehmens hin zu einem digitalen Medienhaus. Die Dynamiken in der Medienlandschaft und Informationswelt sind gewaltig und konfrontieren die Sendeanstalt mit fundamentalen Veränderungen. Bei der Frage danach, was der Organisation als hilfreiches Instrument dient, kommt Barbara Müller-Geskes sehr schnell auf die Bedeutsamkeit des Dialogs in alle Richtungen zu sprechen.

Link zur Folge mit Barbara Müller-Geskes

> „Ich glaube, das Miteinander ist ganz besonders wichtig. Die digitale Transformation braucht das Wissen und die Kompetenz von allen Mitarbeiterinnen und Mitarbeitern. Dialoge sind aus meiner Sicht existenziell für den Veränderungsprozess und zwar horizontale und vertikale Dialoge, weil das mittlere Management das größte Bindeglied in diesem ganzen Prozess ist. Dabei geht es darum, tatsächlich ein Containment zu schaffen für Vieles. Damit meine ich, dem Dialog einen Raum und einen Rahmen zu geben. Denn je weniger wir die Frage nach dem WAS beantworten können, desto mehr müssen wir versuchen, über das WIE im Dialog zu bleiben.“[70]

Beziehungsgestaltung ist gerade in Transformationsphasen von zentraler Bedeutung. Der Dialog ist die Brücke, über die die Mitglieder einer Organisation sich im Prozess begegnen und auf diesem Weg eine Vertrauenskultur entwickeln können.

Vertrauen als Funktion

Beim Wort Vertrauen sind wir schnell geneigt, auf eine sehr persönliche, individuelle Ebene zu referenzieren und es als rein psychologisches, interpersonelles Phänomen zu betrachten. Wir assoziieren intuitiv Motive und Einstellungen wie Zuversicht, Hoffnung und Zutrauen und tun es zu Unrecht als „soft fact“ ab. Dabei übersehen wir womöglich den soliden Kern von Vertrauen, seinen funktionalen Aspekt. Vertrauen existiert nicht allein zwischen Menschen. Vertrauen wird auch gegenüber und zwischen Institutionen und sozialen System ausgesprochen und macht deren Zustandekommen überhaupt erst möglich. Das ist Veranlassung genug, die Entstehung und Wirkweise von Vertrauen – insbesondere in sozialen Systemen – einmal näher unter die Lupe zu nehmen. In Bezug auf die Beziehungsgestaltung fokussieren wir uns daher auf den Aspekt der Vertrauenskultur und seiner Entwicklung im organisationalen Kontext.

Vertrauen sehen wir oft als Gegenstück zu Misstrauen, das seinen Ausdruck in Kontrollmaßnahmen findet. Dort, wo wir elaborierte Systeme von Kontrolle sichten, vermuten wir auf ein Vertrauensvakuum zu stoßen. Und das bringt einen weiteren Begriff ins Spiel, der unweigerlich an Vertrauen gekoppelt ist: das Risiko. Gäbe es eine Konstellation, in der allen Beteiligten sämtliche Informationen und Handlungsoptionen transparent, zugänglich und einschätzbar vorlägen, wäre das Konstrukt von Vertrauen überflüssig. Diese rein theoretische Betrachtung fällt jedoch ins Leere, da wir in sozialen Systemen – unabhängig von ihrem Komplexitätsgrad und ihrer Größe – immer mit Handlungsunsicherheiten rechnen müssen.

Luhmann nennt es die doppelte Kontingenz und führt sie wie folgt aus: „Der Andere kann anders handeln als ich erwarte und er kann, gerade wenn und gerade weil er weiß, was ich erwarte, anders handeln als ich erwarte.“ Alles ist prinzipiell möglich, zugleich ist nichts prinzipiell notwendig.[71] So betrachtet ist Vertrauen eine wertvolle Strategie, dieser Unsicherheit, dem Risiko zu begegnen, da ihr Gegenstück – die komplette Kontrolle – sich als haltlose Illusion erweist. Vertrauen hilft uns, die Schwelle des Nicht-Wissens zu überwinden und erweitert damit beträchtlich unser Handlungspotenzial.

Und selbstverständlich koppelt sich Vertrauen an Erfahrung und formt sich entlang von Erlebnissen, die Missbrauch argwöhnen lassen, oder positiven Bestätigungen, die unsere Beziehungen stabilisieren. Mit Blick auf unser alltägliches Leben und unser berufliches Handeln werden wir erkennen, dass es eine Aneinanderreihung von Situationen ist, die ohne Vertrauen nicht zu meis-

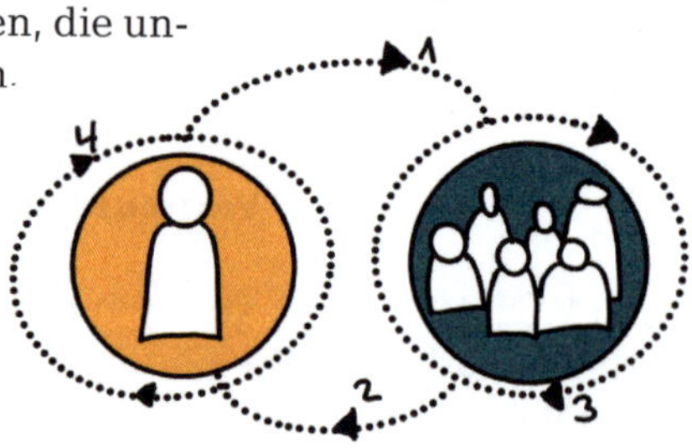

tern wären. Wir gehen – im Normalfall – über eine Fußgängerampel, ohne Angst zu haben, dass einer der Autofahrer ausschert und uns überfährt. Wir erbringen unsere Arbeitsleistung und sorgen uns – im Normalfall – nicht darum, ob wir unser Gehalt am Monatsende auch wirklich ausgezahlt bekommen. Das feine Ausloten zwischen den Polen Vertrauen und Misstrauen bildet die Grenze zum „blinden" Vertrauen, das aus guten Gründen weder hilfreich noch förderlich für eine gelungene Beziehungsgestaltung ist.

Wirkweise von Vertrauen

Es wäre verfehlt, Vertrauensbildung innerhalb sozialer Systeme als einen mechanischen Prozess zu begreifen. Und doch gibt es eine Regelhaftigkeit, die dem Konstrukt des Vertrauens anhaftet. Es braucht immer einen vertrauensgebenden Menschen oder eine Einheit, die in Vorleistung treten, die die Lücke des Nicht-Wissens überspringen und damit den ersten, entscheidenden Schritt in Richtung einer vertrauensvollen Beziehung wagen.

Betrachten wir einmal zur Veranschaulichung das klassische Beziehungsgefüge zwischen einer beliebigen Führungskraft A und dem dazugehörigen Team B. Wer schenkt wem – im Idealfall – als erstes Vertrauen? Welche unterschiedlichen Richtungen lassen sich identifizieren?

1) Unter der Prämisse einer angestrebten Vertrauenskultur setzt die Führungskraft den ersten Vertrauensschritt. Diesen Vorschuss wird das Team mit höherem Verantwortungsgefühl, größerer Einsatzbereitschaft beantworten. Es ist eine Frage des persönlichen Menschenbildes und der eigenen Erfahrungshistorie, inwieweit man den Erkenntnissen der Wissenschaft diesbezüglich Glauben schenkt.

Schon in den 1950er-Jahren hat der amerikanische Wissenschaftler Douglas McGregor mit seiner bekannten Theorie zum X- und Y-Typus wirkungsvoll gezeigt, dass hinsichtlich Motivation der Mitarbeitenden und dem Menschenbild (Vertrauen in die Mitarbeitenden) der Führungskraft eine Wirkbeziehung besteht. Unabhängig von der inzwischen weit verbreiteten Kritik an der Schwarz-Weiß-Logik (X = schlecht, Y = gut) der McGregorschen Theorie lassen sich mit deren Hilfe selbsterfüllende Prophezeiungen zwischen beiden Phänomenen betrachten. Setze ich Vertrauen in ein Team, so die Theorie Y, wird das Auswirkungen auf das Arbeitsverhalten der Mitglieder haben und in Folge mein Menschenbild positiv bestätigen. Ebenso verhält es sich im negativen Sinne (Theorie X), wenn die Führungskraft von einem ungünstigen Menschenbild ausgeht und den Mitarbeitenden unterstellt, dass sie arbeitsscheu und unzuverlässig sind. Sie wird in der Folge mit Kontrollmechanismen reagieren, die als Ergebnis zu weiterer Demotivation und schlechteren Ergebnissen führen werden.

Der spannende Punkt ist somit weniger die Frage, ob sich Managementtypen und Mitarbeitenden trivial in zwei Schubladen kategorisieren lassen, sondern vielmehr anzuerkennen, dass die eigene (Vertrauens-)haltung wesentlich das Verhalten meines Umfeldes prägt.

Kommen wir wieder zurück zu unserem oben skizzierten Wirkkreis von Vertrauen, der genau diese Überlegungen aufgreift.

2) Als Resultat auf den Vertrauensvorschuss durch die Führungskraft fließt Vertrauen vom Team in die Führungskraft zurück. Sie selbst kann einiges dazu beitragen, dass dieser Fluss nicht gestört wird. Das offen ausgedrückte und innerlich abgebildete Vertrauen von ihr in das Team ist sicherlich elementar. Vermutlich werden beide Parteien wechselseitig überprüfen, inwieweit sich das Verhalten des jeweiligen Anderen in der Vertrauensprobe bewährt hat. Kongruentes Handeln, nachvollziehbare Entscheidungen, Lesbarkeit, klare und transparente Kommunikation, Verbindlichkeit in Aus- und Zusagen auf beiden Seiten sind nur ein paar exemplarische Verhaltensweisen, die gegenseitiges Vertrauen wachsen lassen.

3) Aus der Perspektive der Führungskraft kann sie selbst auch einen Beitrag dazu leisten, dass mehr Vertrauen innerhalb des Teams entsteht. Denn dieses Binnenvertrauen ist nicht unabhängig vom Beziehungsgefüge zwischen Führungskraft und Team. In erster Linie sind hier die Stichworte Fairness und Partizipation zu nennen. So realisieren Teammitglieder haargenau, wenn es ein Gefälle beispielsweise hinsichtlich der Einbindung in Entscheidungen oder ein Ungleichgewicht bei der Leistungsbeurteilung oder der Aufgabenverteilung – in klassischen Strukturen – gibt. Transparenz und Nachvollziehbarkeit sind sicherlich keine Allheilmittel zur Auflösung etwaiger Disbalancen. Sie taugen jedoch mehr als Vertrauensmaßnahme als eine allseits ausgelobte, schwer realisierbare Gerechtigkeit.

4) Die vierte Ebene von Vertrauen in diesem Schaubild ist das Vertrauen, das die Führungskraft in sich selbst setzt.

Vertrauen ins Team, Vertrauen in Mitarbeitende wird zum hohlen Businesstheater verkommen, wenn es bei der Führungskraft nicht von einem tiefen Vertrauen in die eigene Wahrhaftigkeit, Redlichkeit und die eigenen Fähigkeiten getragen ist. Möglicherweise ist das Vertrauen in sich selbst eine der vornehmen Merkmale echter

Leadership-Qualitäten, denn es setzt eine immense persönliche Reife voraus. Es stellt sich die Frage, ob das nicht der Startpunkt des Vertrauenszyklus schlechthin sein sollte: Das Vertrauen in sich selbst. Und spätestens an dieser Stelle wird deutlich, dass dieser Kreis der Vertrauenslogik im Sinne seiner formalen Darstellung auch inhaltlich kein wirkliches Ende und auch keinen einzig denkbaren Anfang hat. Alle vier Dimensionen sind hinsichtlich einer gelungenen Beziehungsgestaltung notwendig.

Das Schaubild verdeutlicht die Entstehung und verschiedenen Wirkweisen von Vertrauen in einem kleinen, möglicherweise auch interpersonellen Zirkel. Dieser kleine Zahnkranz lässt sich analog auf größere, komplexe Getriebe übertragen. Und dabei kann man den Kreis noch um einen weiteren Gedanken ergänzen. Die einfache Formel hinter dem Schaubild lautet: Vertrauen erzeugt Vertrauen. Und damit letzten Endes auch Vertrauen in uns selbst. Wenn wir dieser Aussage folgen, dann ist der Effekt von unschätzbarem Wert und stellt die ohnehin wackeligen Thesen zur Mitarbeitermotivation in einen tiefen Schatten.[72] Dann besteht folgerichtig der wichtigste Job von Führung darin, Menschen zu vertrauen, damit sie lernen, sich selbst (wieder) zu vertrauen.

Diesen Zusammenhang kennt die Wirtschaftspsychologin Eva Schulte-Austum nicht nur aus ihrer professionellen Perspektive, sondern aus eigenem Erleben. Sie hat als junge Erwachsene eine lebensbedrohliche Krise durchlitten und nur dadurch überstanden, dass sie wieder anfangen konnte, an sich selbst zu glauben. Diese Erfahrung hat sie darin bestärkt, sich dem Thema Vertrauen ganz und gar zu verschreiben. Es ist ihre Berufung geworden. Eva Schulte-Austum ist durch mehrere Länder gereist, hat Menschen zu ihrem persönlichen Vertrauensbezug befragt und publiziert seitdem auf vielen Kanälen ihre Erkenntnisse. Im GOOD WORK Interview teilt sie sowohl ihre persönlichen Erlebnisse als auch ihre Vertrauensthesen. Mit Blick auf ihre zutiefst persönlichen Vertrauensmomente erzählt sie:

Link zur Folge mit Eva Schulte-Austum

„Ich hatte eine ganz tolle Mentorin zu der Zeit. Und das war die erste Person, der ich wieder angefangen habe zu vertrauen. Wenn ich heute so zurückblicke und mich frage: Was hat sie anders gemacht als alle anderen? Ich habe einfach gespürt, sie hat an mich geglaubt. Ich habe gespürt, dass sie fest davon überzeugt war, dass ich mein Leben wieder auf die Reihe kriege. Denn ich habe zu dem Zeitpunkt ganz schön mit dem Leben gerungen oder mit dem Tod, je nachdem wie man es betrachtet. Meine Mentorin hat es nie gesagt. Sie hat nie gesagt: Ich glaub an dich. Aber sie hat mir immer das Gefühl gegeben, dass ich wieder gesund werde, dass ich das hinkriege. Rückblickend ist es wirklich genau dieses Erlebnis gewesen, was mir klar gemacht hat, was gerade den Unterschied macht. Manchmal brauchen wir einfach jemanden, der an einen glaubt, damit man lernt, wieder an sich selbst zu glauben."

Die Ableitungen aus dieser eigenen Erfahrung und aus den Erkenntnissen ihrer jahrelangen Forschung hat sie in prägnante Aussagen überführt, die insbesondere für den Kontext der Unternehmenskultur sehr gut nutzbar sind. Eva Schulte-Austum sieht im Vertrauen, insbesondere im Vertrauen in sich selbst, eine echte Zukunftskompetenz und Voraussetzung für gelungene Zusammenarbeit.

Link zur Folge mit Eva Schulte-Austum

„Das merke ich einfach, wenn ich mit Teams, mit Führungskräften zusammenarbeite, sie dabei begleite, durch diese verrückten Zeiten zu kommen. Es macht einen Unterschied, ob sie jemanden ganz viel zutrauen, ob sie wirklich an ihn glauben, ob sie davon ausgehen, dass er die neue Aufgabe schaffen kann, dass er das Projekt alleine wuppt, dass er vielleicht auch ein Stück weit mehr Verantwortung übernimmt als in der Vergangenheit. Denn dadurch lernt der Mitarbeiter, an sich zu glauben. Und das ist die wesentliche Königsdisziplin von Führung. Es geht nicht (nur) darum, dass Mitarbeiter der Führungskraft vertrauen. Die wirkliche Königsdisziplin von Führung ist, dass Mitarbeiter lernen, sich selbst zu vertrauen. Denn dann sind sie bereit, Verantwortung zu übernehmen und suchen kreativ nach Lösungen. Das sind all die Dinge, die Unternehmen gerade heute und in Zukunft brauchen, um erfolgreich zu sein."[73]

GOOD WORK und Beziehungsgestaltung

Die Conclusio, Vertrauen als notwendige Funktion für die gelungene Beziehungsgestaltung – sowohl im interpersonellen als auch im organisationalen Kontext – zu betrachten, bringt eine wichtige Perspektive auf die Gestaltung von Unternehmenskultur ein. Und Beziehungsgestaltung ist zentrale Determinante für die Kultur eines Unternehmens und nicht allein eine Frage der persönlichen Entwicklung seiner Mitglieder. Dialoge sind hierbei ein wichtiges, vertrauensbildendes Werkzeug, das nahezu sämtliche Dimensionen der Beziehungsgestaltung positiv tangiert. Der vielschichtige Blick gerade auf den Dialog bringt uns wieder ein Stückchen näher zu dem kniffligen Punkt, an dem wir uns von einer insgemein gehegten Vorstellung verabschieden müssen: Es ist die Illusion, die Unternehmenskultur direkt anzupacken und unmittelbar nach unseren Vorstellungen gestalten zu wollen. Sie ist vielmehr das Resultat aus unzähligen Praktiken und Bemühungen der Beziehungsgestaltung, aus unternehmensspezifischen Arbeitsabläufen und Prozessen, aus Strukturanpassungen und Rahmenbedingungen, aus gemeinschaftlich geteilten Historien, durchgestandenen Krisen, verwirklichten Zielen und einem kollektiven Werteverständnis.

GOOD WORK im Sinne einer guten Zusammenarbeit und zukunftsfähigen Arbeitskultur kann daher nur dort ansetzen, diese auf die Kultur einwirkenden Variablen zu reflektieren. Eine gelungene Beziehungsgestaltung nimmt aus Sicht von GOOD WORK den zentralen Platz ein. Sie ist folglich nicht in den Verantwortungsbereich jedes Mitarbeitenden und jeder Führungskraft individuell nach Gusto zu verweisen, sondern als gesamtorganisationale Aufgabe auf sämtlichen Systemebenen zu begreifen. Die Frage von „NEU versus GUT" beantwortet sich im Kontext der Beziehungskultur quasi von allein. Einzig kann es hier um Entwicklung und Verbesserung gehen.

GOOD WORK Fragen zur Beziehungsgestaltung

Eine wirkungsvolle Reflexion ist das Ergebnis zielführender und perspektiverweiternder Fragen. In diesem Sinne wird jedes GOOD WORK Prinzip abgerundet mit einem Set an Fragen. Sie sind sowohl zur Selbstreflexion nutzbar wie auch für den Einsatz im Teamsetting oder im übergeordneten Dialogprozess geeignet.

Verbindung, Verbindungsaufbau

- Haben wir ein differenziertes Verständnis davon, welche Art von Verbindung (unmittelbar, mittelbar, digital, analog) in welcher Situation, bei welchem Anlass am besten geeignet wäre?
- Wie bewusst wählen wir die Form unseres Verbindungsaufbaus (unmittelbar, mittelbar, digital, analog)? Welche guten Beispiele haben wir dafür?
- Wie können wir uns für unseren Arbeitsalltag eine Übersicht darüber verschaffen, welche Kommunikations- und Kollaborationswege wir wofür nutzen möchten?
- Gibt es eine besondere Wertschätzung für persönliche Begegnungen? Woran macht sich diese Wertschätzung fest?
- Was tun wir, um dem Zufall auf die Sprünge zu helfen?

Vernetzung und Verhältnis

- Wie ist es in unserer Organisation um die „Weak-tie-Power" bestellt? Was tun wir aktuell, um Verbindungen jenseits unserer üblichen Schnittstellen auszubauen?
- Was können wir als Unterstützung anbieten, um Netzwerke diverser und breiter zu gestalten?
- Haben wir ein Bild von unseren unternehmensspezifischen Beziehungsgefügen – jenseits von Organigrammen? Wie könnte ein solches Bild, eine solche Landkarte aussehen? Welche Aspekte müssten darin abgebildet sein? Welchen Mehrwert könnte eine solche Landkarte für uns haben?
- Sehen wir – vor dem Hintergrund zunehmend digital vermittelter Kommunikation – Veränderungen in unserer Austauschkultur? Woran macht sich das fest? Gibt es egalisierende Tendenzen, Aufweichungen von Kommunikationsbarrieren über Hierarchiegrenzen hinweg?
- Wo verlieren wir, wo gewinnen wir Möglichkeiten, unsere Verhältnisse im Inneren und Äußeren zu stabilisieren oder sogar zu stärken?

Verständnis:

- Welchen Stellenwert räumen wir – im praktischen Handeln – der Empathie ein?
- Woran würde jemand Außenstehendes bemerken, dass wir Empathie als wichtigen Faktor betrachten?
- Wie üben wir, Meinungspluralität auszuhalten? Wo enthalten wir uns der Bewertung und widmen uns der Beobachtung? Wie gehen wir mit Widersprüchen in Meinungen um?
- Wie oft erleben wir Momente der ungeteilten Aufmerksamkeit, des echten Zuhörens? Was sind diese Momente? Wem gelingt dies besonders gut? Welche Effekte kann ich bei mir, können wir bei uns dabei beobachten?

Verbundenheit:

- Wie ist es um unsere Verbundenheit in unserem Team, in unserer Gruppe bestellt? Haben wir ein gemeinsames Ziel vor Augen, das wir kollektiv verfolgen? Gibt es ein verbindendes Ethos, das wir teilen und das uns ausmacht?
- Erleben wir aktuell Entfremdungstendenzen? Was tun wir dagegen?

- Wie sehr fühle ich mich meinem Team, meiner Gruppe, dem Unternehmen ver-bunden? Oder fühle ich mich eher ge-bunden?
- Fühle ich mich in meiner Organisation manchmal einsam?

Vertrauen:

- Wenn eine Vertrauenskultur unser Gipfelziel wäre, wo befinden wir uns derzeit auf diesem Berg?
- Was unternehmen wir, um eine Vertrauenskultur zu etablieren?
- Erkennen wir den Mehrwert von Vertrauen als Funktion für Zusammenarbeit?
- Wenn wir die unterschiedlichen Wirkweisen von Vertrauen (in unserem Team) reflektieren, wo gelingt uns Vertrauensaufbau besonders gut, wo haben wir noch eine Entwicklung vor uns? Was könnte den Prozess gut unterstützen?

3.3 Zweites GOOD WORK Prinzip: Flexible Strukturen

Zugegeben: Das erste Prinzip hat ganz schön Anlauf genommen, den GOOD WORK Rahmen aufzuspannen. Wir werden im Folgenden entdecken, dass sich alle weiteren Prinzipien aus der Beziehungsgestaltung heraus ableiten und entwickeln lassen. Es mag als willkürlicher Dreh- und Angelpunkt gewählt erscheinen. Und doch folgt diese Systematik einer bewussten inneren Logik: Gute Zusammenarbeit ist in besonderer Weise eine Frage der Beziehungskultur. Ohne sie ist gute Zusammenarbeit schlicht nicht denkbar. „Culture eats strategy for breakfast." Mit diesem berühmten Sinnspruch reüssierte der Erzählung nach einst der amerikanische Ökonom Peter Drucker über das Verhältnis der Strategie zur Unternehmenskultur. Doch um dieses reichlich inflationär bemühte Bild der gefräßigen Kultur, die die Strategie verfrühstückt, ein wenig zu adjustieren: Wir betreten durch die Eingangshalle der Beziehungsgestaltung den gesamten Raum der Zusammenarbeit und blicken von dort in die angrenzenden Zimmer. Auch im diesem zweiten GOOD

WORK Prinzip – den flexiblen Strukturen – werden wir zahlreiche Querverbindungen und Bezüge dazu herstellen können.

Es klingt wie ein Oxymoron, wie ein Widerspruch in sich: die Forderung nach flexiblen Strukturen. Stehen sich Flexibilität und Strukturen nicht diametral gegenüber? Wann immer wir ersuchen, solche Gegensätze zu vereinen, meinen wir im Grunde eine Balance. So auch beim Aspekt der flexiblen Strukturen.

Wenn wir nur einmal auf die vergangenen Jahre schauen – nehmen wir einen Zeitraum von ungefähr fünf bis zehn Jahren –, sehen wir, wie sehr sich das Thema der Flexibilität in die unterschiedlichsten Kontexte unserer Arbeitswelt Stück für Stück reingefräst und als Globalanforderung durchgesetzt hat. Flexible Arbeitszeiten, flexible Arbeitsorte, flexibles Projektmanagement – Fluidität überall. In der großen Kiste der Agilität mit all seinen bunten Aufklebern entdecken wir viele Arbeitsweisen und Prinzipien, die sich – näher betrachtet – als Aufrufe nach Flexibilisierung entpuppen. Auch unter dem Deckmantel von NEW WORK verbergen sich unzählige Bestrebungen, die unter diesem Schlagwort verbucht werden können. Unsere Arbeitswelt unterliegt gewissermaßen einer Pop-up-Kultur. Wohl dem, der sich gelenkig und beweglich anpassen kann.

Welche Bedeutung haben in unserer aktuellen Welt dann (noch) Strukturen? Sind sie aus der Mode gekommen? Können wir sie als obsoletes Relikt aus einer Vorzeit der Prozess-Regel-Logik betrachten und uns ihrer entledigen? Dazu müssten wir noch besser begreifen und greifbar machen, welcher Art von Strukturen wir in unserer Arbeitswelt begegnen. Oder schlicht: Was heißt eigentlich Struktur?

Struktur impliziert, dass etwas Ganzes formal aus Teilen zusammengebaut ist. Gleichzeitig weist sie auf eine innere Gliederung hin, eine nachvollziehbare Stückelung von Elementen, die zueinander in Beziehung stehen. Die äußerlich wahrnehmbare Form der Struktur und auch die Wechselbeziehungen zwischen seinen Teilen vermitteln eine Gesetzmäßigkeit, eine Ordnung. Je nach Perspektive wird man dem Aspekt des formalen Aufbaus mehr Beachtung schenken als dem der Regelhaftigkeit oder andersrum. Was übrig bleibt, ist der Gedanke von Halt und Sicherheit durch eben jene Ordnung. Und dieses süße Versprechen, das uns Strukturen einflößen, würden wir niemals freiwillig aus der Hand geben, wenn auf der anderen Seite – der Flexibilität – nicht mindestens eine ebensolche Verheißung auf uns warten würde. Am anderen Ufer von Struktur winkt nicht weniger als die Freiheit in Form der Selbstbestimmung.

Springen wir für einen kurzen Moment in einen völlig anderen Kontext als den der Organisationswelt. Nehmen wir uns einmal das Terrain der Leibesertüchtigung, der Gymnastik vor – in welcher Form auch immer. Warum quälen sich Menschen überhaupt mit Übungen, die der Gelenkigkeit zuträglich sind? Aus Freude und Genuss an der Übung? Wohl weniger. Weil Flexibilität einen Wert an sich darstellt? Womöglich. Weil Menschen ihren Körper formen möchten? Ganz bestimmt sogar. Der Zugewinn von Gymnastik liegt eben genau darin, jene Balance zwischen einerseits Freiheit durch Beweglichkeit, durch Abwesenheit von Einschränkungen und andererseits Halt, Ordnung und Sicherheit durch Formgebung zu erlangen. Indem wir uns eine Flexibilität antrainieren, erlangen wir gleichzeitig eine halt- und formgebende Struktur.

> Am anderen Ufer von Struktur winkt nicht weniger als die Freiheit in Form der Selbstbestimmung.

Wenn wir die Eingangsfrage aufgreifen, welche Art von Strukturen es in unserer Arbeitsrealität wohl zu gymnastizieren gäbe, fällt uns eine ganze Litanei an Strukturen ein. Zwei große Blöcke drängeln sich im aktuellen Diskurs zur Zukunft der Arbeitswelt gehörig in den Vordergrund: die Frage nach dem 1) Wann und die Frage nach dem 2) Wo. Entlang dieser zwei Metaperspektiven von Zeit und Raum werden wir im Folgenden anhand konkreter Phänomene untersuchen und beleuchten, wie es um unsere persönlichen und organisationalen Gymnastikfähigkeiten bestellt ist.

Flexible Strukturen in Zeit und Rhythmen

Neue Zeiten brechen an

Manchmal ermessen wir den Wert einer Struktur erst dann, wenn sie bedroht ist und wir uns wahlweise neue Strukturen bauen müssen. Oder einfach ganz auf sie verzichten werden. Erneut haben wir – gerade an dieser Stelle – wieder einmal die hervorragende Gelegenheit, aus unserer eigenen Erfahrung Lernschlüsse zu ziehen.

Mit Blick auf unsere Strukturen hinsichtlich Zeiteinteilung und Tagesrhythmus stellt das Einsetzen der Corona Pandemie eine Zäsur dar. Geübte Tagesabläufe und Taktungen, tradierte Vorstellungen von Arbeitszeitgestaltung wurden quasi über Nacht auf den Kopf gestellt. Manche Interviewgäste im Podcast GOOD WORK gehen so weit und sagen: „Die Pandemie macht irgendwie auch was mit meinem Zeitempfinden." Viele Fragen der Tagesroutinen schienen vorher geklärt und haben Menschen in ihrem Alltag entlastet. Und dann steht alles auf neu und anders. Das Umsortieren des Alltags läuft als nervtötende Hintergrundmusik permanent mit und erschöpft, ohne dass man die Ursache der Anstrengung mit einem Wort benennen kann. Es ist ein anspruchsvolles Ansinnen, den Tag neu zu gestalten.

Conny Dethloff, von Hause aus Mathematiker und zum Zeitpunkt des GOOD WORK Interviews noch Organisationsdesigner bei der Otto-Group kennt sich bestens aus mit Systemverhalten und mit Strukturen. Sein Blick ist sehr früh sehr ganzheitlich.

Link zur Folge mit Conny Dethloff

„Vor Corona hatten die Menschen ganz viele Routinen. Menschen sind zur Arbeit gegangen, mussten dementsprechend zu einer bestimmten Uhrzeit aufstehen. Das heißt, schon da wurde ihnen eine Entscheidung abgenommen. Dadurch dass sehr viel geregelt war, mussten Menschen auch keine Entscheidungen am Tag treffen. Diese Entscheidungen wurden für sie getroffen. Jetzt ist ganz viel weggefallen. Und so müssen Menschen auf einmal wieder lernen, Entscheidungen für sich zu treffen. Allein so eine kleine Entscheidung wie: Wann stehe ich auf? Wenn ich keine Verpflichtung habe, nicht zur Arbeit muss, kann ich auch im Schlabberlook im Homeoffice arbeiten. Dann kann ich auch eine Stunde später aufstehen. Und da fängt es schon an, für sich die Verantwortung zu übernehmen und Entscheidungen zu treffen und zu sagen: Nein, ich könnte zwar eine Stunde später aufstehen, aber ich stehe jetzt auf. Ich treffe jetzt diese Entscheidung. Das hat sich, glaube ich, maßgeblich verändert. Und weil sich das geändert hat, ist Führung um so wichtiger. Wenn solche Routinen wegfallen und vielleicht neue Routinen aufgesetzt werden müssen, dann hat das was mit Führung zu tun. Denn Führung ist ja auch Selbstführung, ich muss mich schließlich ja auch selbst führen."[74]

Arbeitszeit als frei verhandelbare Masse

Strukturen werden üblicherweise weder reflektiert noch mit großer Begeisterung angefasst, in manchen Fällen nicht einmal bemerkt. Sie machen häufig einfach ihren Job. Im Falle des Aspekts von Zeitstrukturen lautet die Aufgabe Grenzbewachung. Wann fängt meine Arbeit an, wann hört sie auf? Und überhaupt: Was heißt eigentlich Arbeit? Solange für viele von uns Arbeit an einem dezidierten Ort stattfindet, der nicht gleichzeitig auch das private Leben beheimatet, gestaltet sich diese Grenzziehung scheinbar einfacher. Der Ortswechsel markiert Arbeitsanfang und -ende. Ganz so trivial verhält es sich jedoch längst nicht mehr. Unsere Einstellung zur Arbeitszeit ist geprägt von heftigen Ambivalenzen.

So legt die vielfach gescholtene Präsenzkultur in Unternehmen implizit den Schluss nahe, dass ein pures Zeit-Totschlagen im Büro schon hinreichend sein könnte, um die so verbrachten Stunden als Arbeitszeit zu deklarieren. Gleichzeitig plagt Menschen, die sich untertags außerhalb von Büroräumlichkeiten zum kreativ-konspirativen Kaffeeplausch verabreden, mitunter das schlechte Gewissen. „Zählt das denn jetzt als Arbeit?" Aus „Nine to Five" wird zusehends „zweimal Five to Nine plus ein bisschen was". Die Folge: Die Funktion der Arbeitszeit – das eine vor dem anderen zu schützen – schwächelt. Wir ächzen beträchtlich unter der Entgrenzung zwischen Arbeit und dem Rest und wandern von Work-Life-Balance hin zu Work-Life-Blending und wieder zurück. Und das umso mehr, seit die Arbeit uns buchstäblich und ganz physisch betrachtet so sehr auf die Pelle gerückt ist.

Was braucht es in Zeiten, in der Arbeitszeit immer mehr zu einer flexibel verhandelbaren Masse zu werden scheint? Kleine Tricks können die große Gewissensfrage nach dem Wesen von Arbeit gewiss nicht beantworten. Und doch geben sie uns ein Stückchen Struktur zurück, das uns vor lauter Flexibilisierung an der ein oder anderen Stelle womöglich abhandengekommen ist.

Benjamin Jaksch hat seinen Körper gut im Griff. Er ist jung, sportlich durchtrainiert, kann mit Bällen jonglieren. Und auch die Work-Life-Jonglage scheint ihm gut zu gelingen. Als selbstständiger Berater für New Learning ist Reflexion und persönliche Weiterentwicklung Gegenstand seines Businessalltags und Anspruch an sich selbst zugleich. Und dennoch: Auch er muss sich – obwohl er mit allen agilen und digitalen Wassern gewaschen ist – seinen Alltag neu strukturieren. Dazu nimmt er einen Kniff zur Hilfe, neudeutsch: einen working hack.

Link zur Folge mit Benjamin Jaksch

> „Ich bin in den Tag gestartet, so wie ich ihn immer starte: Ich gehe eigentlich immer morgens um 7 Uhr eine halbe Stunde raus. Das ist quasi mein Spaziergang zur Arbeit, obwohl ich wieder am gleichen Ort rauskomme. Das ist für mich aber trotzdem gedanklich: Ich gehe jetzt zur Arbeit. Und dann kann ich frisch um sieben Uhr dreißig das Arbeiten anfangen. Ich gehe tatsächlich im Spaziergangs-Tempo. Bei jemanden, der erst 32 Jahre alt ist, werden sich jetzt einige denken: Du kannst doch auch joggen. Klar kann ich das. Aber ich finde gerade dieses Spaziergeh-Tempo sehr interessant und sehr attraktiv. Das erinnert mich immer an

das Zitat von Friedrich Nietzsche: Trau keiner neuen Idee, die dir im Sitzen gekommen ist."[75]

Solche Markierungen können als mentale Stoppschilder fungieren und uns davor bewahren, es mit dem Eifrigsein allzu sehr zu übertreiben. Doch bleiben wir beim Gedanken des Wehrhaften, der mit der Arbeitszeit auf eigentümliche Weise verheiratet zu sein scheint. Was genau wollen wir voneinander abgrenzen? Der unterstellte Gegensatz von Work und Life ist als Begriffspaar ausgelutscht und trifft wohl kaum den Kern. Insgeheim trennen wir schon längst zwischen unliebsamen und freudvollen Aufgaben, unabhängig davon, ob wir dafür entlohnt werden oder nicht. Wir separieren Momente des kreativen Miteinanders vom zurückgezogenen, stillen Vor-sich-Hinarbeiten. Wir erleben wahlweise Meditation oder Ödnis in wiederkehrenden, eintönigen Handlungen. Und erfreuen oder zerreiben uns – je nach persönlicher Präferenz – an Herausforderungen, die mit viel Abwechslung und Austausch einhergehen.

Wenn wir also unsere Zeit schon portionieren, wäre es dann nicht schlau, diese Inseln vielfältiger zu überschreiben als nur mit den Etiketten Arbeiten und Leben? Wir leben im Arbeiten und wir arbeiten im Leben. Nicht alles davon dient der Erwerbsarbeit. Und längst nicht alles außerhalb dieser Erwerbsarbeit ist Müßiggang und Erholung. Es ist mindestens einen Gedanken wert, sich seine (Arbeits)zeit, sofern diese Selbstbestimmtheit existiert, in funktionale, zeitliche Räume zu unterteilen. Diese Überlegungen sollen keine heimliche Einladung dazu sein, der Erwerbsarbeit Tür und Tor zu öffnen – dem Missverständnis von Work-Life-Blending schlechthin. Es geht vielmehr darum, einen bewussteren Blick auf die eigene Zeitgestaltung zu werfen – auch für die Minuten und Stunden, die der beruflichen Arbeit gewidmet werden. Wir haben genau diese Art von Strukturgestaltung gerade – teilweise erstmalig – praktiziert und geübt. Es wäre eine regelrechte Verschwendung, diese Erfahrung ungenutzt wieder aus den Händen zu geben.

Der Hirnforscher und Sachbuchautor Professor Gerald Hüther hat sich der Potenzialentfaltung von Menschen verschrieben. Sein wissenschaftliches Auge blickt hellwach auch auf die Entwicklungen, die wir im Zuge einer zunehmend digitalen und sehr flexiblen Arbeitsweise miteinander durchlaufen. Das Phänomen der erstarkenden Autonomie hinsichtlich unserer Zeiteinteilung und Tagesgestaltung ist für ihn eine wesentliche Erkenntnis.

„Die noch viel wichtigere Erfahrung – und das berichten eben auch viele Menschen in dieser Zeit – ist, dass sie plötzlich wieder das Gefühl haben, mehr Verfügungsgewalt über ihren Tag zu haben. Sie können ihn sich einteilen. Es ist etwas anderes, ob man sich die Arbeit selbst einteilen kann oder ob man Vorgaben hat, wann man was, wie zu tun hat. Das heißt, die Menschen kommen wieder etwas stärker in die Rolle eines autonomen Gestalters. Und das macht Menschen grundsätzlich immer glücklich, weil das eines der beiden Grundbedürfnisse ist, mit denen wir schon auf die Welt kommen. Wir wollen nicht Objekte der Anweisungen, der Vorstellungen und der Bewertungen oder der klugen Ratschläge anderer sein. Sondern wir wollen eigentlich selbst autonom Entscheidungen treffen und auch Verantwortung übernehmen und unser Leben selbst gestalten. Das gelingt jetzt vielen besser. Jedenfalls machen sie die Erfahrung, dass es geht. Und daraus erwächst dann auch die Bereitschaft, für das eigene Tun Verantwortung zu übernehmen. Und das finde ich ganz wichtig, weil das vielleicht die große Zukunftsqualifikation ist, die wir alle brauchen: Wir lernen allmählich, dass es notwendig ist, Verantwortung für das zu übernehmen, was wir tun."[76]

Link zur Folge mit Prof. Gerald Hüther

Und hier schließt sich wieder der Kreis zum Eingangsstatement von Conny Dethloff. Autonomie und Verantwortung bedingen sich gegenseitig. Flexibilität lediglich als Komfortvariante zu betrachten, schließt den anspruchsvollen Part der Verantwortungsübernahme aus. Wir können uns das eine nicht erkaufen ohne die Bereitschaft, den Preis des anderen zu zahlen.

Verlassen wir einmal die Adler-Flughöhe und kreisen etwas dichter über dem Boden der Tatsachen. Dort begegnen uns ein paar typische Taktgeber aus unserem Alltag. Fangen wir damit an, womit wir üblicherweise an jedem Tag anfangen: mit dem Aufstehen und den ersten Handlungen am Morgen. Und genau diesem kleinen, aber bedeutsamen Tagesabschnitt widmet sich die erste Frage in jedem GOOD WORK Interview: „Wie bist Du in den Tag gestartet?". Schon Cat Stevens singt „Morning has broken" und nutzt darin die Metapher des Morgens als Sinnbild für jeden Neuanfang. Aus gutem Grund. Jeder Morgen befreit uns nicht nur von der langen, traumbehafteten okkulten Nacht. Er lädt uns auf mit Energie, die wir über den Tag verteilt sukzessive aufbrauchen, und mit der Hoffnung, dass etwas Neues, etwas Gutes entstehen wird.

Morning has broken

Man könnte es als einen kleinen Businesshype bezeichnen, was seit einiger Zeit in sämtlichen Erfolgs- und Lebensratgebern gepriesen wird: das Morgenritual. Die nüchterne Beobachtung „Erfolgreiche Menschen haben ein Morgenritual" wird in die logische Schlussfolgerung umgemünzt „Wenn du erfolgreich sein willst, musst du ein Morgenritual haben". Es braucht nicht viele Wendungen, bis der Ein oder die Andere auf das schmale Brett kommt: „Mit einem Morgenritual geht es pronto-presto zum Erfolg." Bücher wie „Der 5 Uhr Club" von Robin Sharma versprechen schon mit dem Untertitel vollmundig genau das. „Gestalte deinen Morgen und in deinem Leben wird alles möglich." Inwieweit hier Ursache mit Wirkung vertauscht wird und lediglich eine gedankliche Simplifizierung von eigenernannten Lifestyle-Gurus zur erfolgsbestätigenden Selbstprophezeiung führt, sei dahingestellt. Der Zusammenhang zwischen einem strukturierten, reflektierten Tagesstart und den Kräften der Selbstbestimmung ist nicht so leicht vom Tisch zu fegen.

Ein grandios positives Beispiel für diese These liefert Bodo Janssen, der als Hotelier und Mensch schon Phasen von größtem Erfolg und auch Zeiten tiefster Bedrückung erlebt hat. Er zelebriert ein Morgenritual, das seinesgleichen sucht:

Link zur Folge mit Bodo Janssen

„Ich stehe jeden Tag um Viertel nach Vier auf. Dann gehe ich über zu meinem Morgenritual. Das ist eine Mischung aus einer Daumenmassage, QiGong und Taichi-Einheiten und einer anschließenden Meditation: Danach mache ich Kaffee und (…) bringe ihn meiner Frau mit der Zeitung ans Bett. Dann haben wir Zeit zu zweit, in die Zeitung zu schauen, Dinge zu besprechen, was am Tag alles ansteht. Das ist eine sehr schöne Zeit. Anschließend gehe ich mit dem Hund spazieren und wenn ich dann wieder da bin, dann bin ich dazu bereit, Sport zu machen. Nach dem Sport ist dann auch die ganze Familie wach. Dann ist es etwa Viertel nach Sieben (…) Die Zeit für mich am Morgen, ein bisschen Bewegung und die Zeit mit meiner Frau, das ist seit einigen Jahren fester Bestandteil meiner Tagesroutinen. Diese Morgenroutine hat etwas von Selbstbestimmung. Damit stelle ich mich darauf ein, wie ich in den Tag gehe. Das ist quasi wie ein Einjustieren darauf, dass ich die Wahl habe, mit welcher Einstellung ich in den Tag gehen möchte. Wenn ich mir darüber keine Gedanken mache, dann werde ich zum Spielball der Situation, der Umstände, die ja sehr unterschiedlich sein können. Dann ist es ein bisschen wie das Fähnlein auf dem Turme. Dann wird mein Wohlbefinden eher abhängig von den Umständen sein, die mich umgeben. Sind die Umstände schlecht, dann geht's mir schlecht. Und wenn die Umstände gut sind, geht's mir gut. Dabei habe ich selbst die Möglichkeit, täglich zu wählen, wie es mir damit geht. Es ist also eigentlich ein Auf-den-Kopf-stellen von ‚Mal schauen, was der Tag mir so bringt.' hin zu ‚Ich möchte das aus diesem Tag machen.'"[77]

Zugegeben: Die Lebensrealität von Bodo Janssen deckt sich nicht unbedingt mit der eines durchschnittlichen Bundesdeutschen. Und doch können wir – vielleicht als kleines Abziehbild – uns etwas daraus entleihen.

Im Januar 2021 bricht mit großem Getöse ein neues mediales Phänomen über Deutschland herein. Es wird neuerdings kollektiv gequasselt. Die APP Clubhouse setzt im Umfeld der sozialen Medien ein Ausrufezeichen der Sonderklasse. Wie ein Tsunami fegt die Botschaft über das Land: „Du musst in Clubhouse dabei sein." Für alle diejenigen, die den inzwischen längst abgekühlten Hype nicht so wirklich verfolgt haben: Es ist eine Social-Media-APP, die Menschen zum direkten, rein-auditiven Austausch animiert. Nach Themen sind die sogenannten Räume, in denen diskutiert wird, sortiert. Wer immer sich aufgerufen fühlt, kann einem Raum beitreten, mitquatschen oder auch einen eigenen Raum eröffnen. Man spricht wieder miteinander. Groß mit Klein, Promi mit Unbekannt, Dampfplauderer mit Leisetreterin.

Ich verfolge das Treiben mit einer Mischung aus Neugier und Skepsis. Nach über 100 Folgen Podcast GOOD WORK möchte ich den Einwegverkehr des Podcastens für einen Moment mal verlassen und selbst ein Thema auf die Clubhouse Bühne heben, das es mir angetan hat. Das Morgenritual.

Die Vielzahl zum Teil sehr beeindruckender Beispiele für morgendliche Exerzitien, die ich aus den GOOD WORK Interviews von den Gästen erfahren durfte, hat mich inspiriert. Ich möchte der Sache auf den Zahn fühlen und starte mutig an einem Freitagmorgen um halb acht einen eigenen Raum auf Clubhouse mit dem Titel: „Eskimorolle aus dem Bett. Morgengedanken für Snoozer." Der Raum füllt sich schnell. Es werden allenthalben persönliche Tagesrampen freimütig geteilt und diskutiert.

Unter den Gästen ist ein Agile Coach, der es mit System geschafft hat, früh aus den Federn zu springen. „Du musst einfach nur – sobald du wach wirst – aufstehen. Nicht überlegen, einfach Füße raus aus dem Bett. Just as simple as that. Seitdem ich das mache, bekomme ich so viel mehr erledigt." Meine Stirn ist in Falten gelegt. Ich bekenne: Ich bin ein Snoozer, eine Schlummertasten-Drückerin und gleichzeitig fasziniert vom Gedanken des beherzten und energiegeladenen Tagesstarts. Meine Motivation, es auszuprobieren, ist grenzenlos.

Mit dem Vorsatz, es meinem Vorbild gleichzutun, gehe ich zu Bett. Gegen vier Uhr werde ich wach. Alles in mir ruft „Umdrehen, weiterschlafen". Doch dann klopft die Erinnerung an „Einfach aufstehen, nicht nachdenken". Ich quäle mich durch bleidunkle Frühmorgenstunden, versuche, ein paar kluge Gedanken zu fassen und zu Papier zu bringen. Es folgen einige yogaeske Verrenkungen. Um 6.10 Uhr kapituliere ich. Ich falle hundemüde zurück ins Bett. Die nächste Zahl, die ich auf dem Wecker erkennen kann, ist irgendetwas mit acht Uhr. Ich habe verschlafen. Das Experiment Morgenritual ist tüchtig in die Hose gegangen.

Was war passiert? Warum hatte bei mir die Magie des Morgenrituals nicht gleich gezündet? Nun ja, vermutlich bin ich der gleichen Fehlannahme aufgesessen wie so viele. Ich habe die Anweisung schlicht ein bisschen zu wörtlich genommen. Und dabei zudem Struktur mit Inhalt verwechselt.

Halten wir für den Moment fest: Es geht nicht darum, individuell elaborierte Morgenrituale zu replizieren und pauschalen Anweisungen à la „Steh beim ersten Wimpernschlag auf" stumpf zu folgen. Sie werden uns kaum auf einer Autobahn zum großen Lebenserfolg führen. Aber: Es macht selbstverständlich Sinn, die ersten Minuten oder Stunden des Tages nicht einfach geschehen zu lassen, sondern mit Bedacht und Überlegung zu füllen. Womit auch immer. Die Versuchung, sich im Homeoffice mit einer Eskimorolle, dem gekonnten Kopfüber-Aufrichtmanöver aus dem Kanusport, aus dem Bett direkt an den Schreibtisch zu schwingen, ist verführerisch. Einmal dort gelandet, ist dann oft kein Entrinnen mehr für die nächsten Stunden.

Mit einem bewussten morgendlichen Start wappnen wir uns gegen das, was normale Dienstage, Mittwoche, Donnerstage üblicherweise einfach tun: Sie rollen mit all ihren Begehrlichkeiten gnadenlos über uns hinweg. Mein persönliches Resümee nach diesen Erfahrungen und Überlegungen mündet in folgender Routine: „Keine Nachrichten vor Neun. Stattdessen: Mindestens einmal den Körper lüften. Mindestens ein guter Gedanke jeden Morgen. Und mindestens eine Kaffeelänge Zeit für den Austausch mit meinem Mann über Fragen jenseits des Alltäglichen. Währenddessen: Handy aus." In Zeiten sich selbst überholender negativer Schlagzeilen und Hiobsbotschaften ist diese Form der medialen Achtsamkeit und der positiven Ausrichtung zu einer Art privaten Mentalvorsorge geworden. Eine flexible Struktur.

Bewusste Tagestaktung

Doch nicht allein vor dem Hintergrund der Selbstführung ist die Frage nach dem Tagesstart valide. Auch auf der Systemebene des Teams können diese Aspekte wertvolle Impulse für die gelungene Zusammenarbeit leisten. Wofür möchten wir den Schwung des jungen Tages nutzen? Wie viel Sinn macht es, unsere Regeltermine und anderthalbstündigen Jour Fixes auf die kostbaren ersten Stunden des Arbeitstages zu legen?

Fragen der zeitlichen Gestaltung, der flexiblen Struktur, könnten im Ergebnis zeitliche Blöcke hervorbringen, die individuell mit Inhalten und Aufgaben befüllt werden. Doch auch hier gilt: Eine solche zeitliche Zonierung kann, gerade in größeren Organisationen, kaum schablonenhaft erstellt und unternehmensweit angewendet werden.

Die Herausforderung besteht vielmehr darin, unter Berücksichtigung der jeweiligen Teamstrukturen, der zu bearbeitenden Aufgaben und Projekten geeignete Schemata zu entwickeln, die einen flexiblen, passenden Handlungsrahmen geben. Ein Beispiel könnte so aussehen: Der Vormittag ist in unserem Team für Abstimmungen im Sinne der Arbeitsfähigkeit, Klärung dringender Abhängigkeiten, kundenrelevante Fragen reserviert. Jour Fixes und längere Regeltermine finden direkt nach der Mittagspause statt. Kreative Kollaborationsrunden, Reflexionsgespräche, Rücksprachen legen wir auf den Nachmittag.

Auch dedizierte Teamtage können hilfreiche, flexible Strukturen liefern. Ein besonders imposantes Beispiel dafür liefert die Darmstädter Innovationsberatung ‚quäntchen und glück'. Sie sprechen nicht nur viel über NEW WORK. Sie leben es tatsächlich. Ihre Arbeitsweisen und Strukturen nutzen sie sinnstiftend in der Entwicklung neuer, nachhaltiger Geschäftsmodelle und der visionären Strategieberatung ihrer Kunden. Ihr buntes Treiben weckt in der Szene Neugier, nicht erst seit der Coronapandemie. Sie haben nicht nur zeitliche Blöcke grob mit Inhalten versehen, sondern widmen einen ganzen Tag – den Montag, ausgerechnet – internen Teamthemen. An dem Tag sind Telefone, E-Mail-Konten und Slack-Kanäle auf automatisches Weiterleiten mit der Antwort „Kein Anschluss unter diesem Montag" geschaltet. Interne Abstimmungen, persönliche Weiterentwicklung und Impulse von außen stehen auf der Tagesagenda. Für alle Mitarbeitenden. „Montag ist Schontag" heißt das Motto. Im Gegenzug bleiben die übrigen Wochentage bei quäntchen und glück von Regelmeetings verschont.[78]

Im Frühstückssalon, einem Netzwerktreffen am frühen Freitagmorgen, das ich in der Vorpandemiezeit ins Leben gerufen hatte und dort einmal im Monat bei Kaffee und Croissant einen gehaltvollen Austausch anregte, berichten Jannicke Gimbel und Jacob Chromy von quäntchen und glück im März 2019 von ihrem Prinzip. Das Beispiel polarisiert bei den Zuhörenden. Begeisterung der einen trifft auf hohe Skepsis bei den anderen. „Genial", aber auch „Wie soll das funktionieren?" schmettert es ihm entgegen. Drei Jahre und eine Pandemie später dürften die Rückmeldungen anders ausfallen. Gerade machen viele Menschen die Erfahrung, dass sie genau das, was sie von einem Bürotag erwarten, dort nicht erleben: Gemeinschaft. Nicht selten sitzen sie – so wie im Homeoffice auch – an ihrem betrieblichen Arbeitsplatz und hangeln sich von Videokonferenz zu Videokonferenz mit eben jenen Kundinnen, Kollegen, Geschäftspartnern, die an einem anderen Ort sitzen. Remote-Work bedeutet eben verteiltes Arbeiten. Dieses Erleben rückt Konzepte wie den Schontag, der – aus einer von Präsenz geprägten Arbeitskultur kommend – für viele unvorstellbar wirkt, in den Möglichkeitsraum. Ein verbindlicher Teamtag, sorgsam kuratiert mit beziehungsstiftenden und relevanten Inhalten als Anregungen für Entwicklung löst in dieser Zeit vermutlich mehr als ein Problem. Was zurückbleibt ist definitiv eine Inspiration für flexible Strukturen.

An dieser Stelle sei einmal mehr betont, dass ein solcher gemeinsamer Teamtag nicht zu verwechseln ist mit dem Tag, auf den man sich im Team auf kollektive Präsenz im Rahmen des hybriden Arbeitsmodells verständigt hat und dort jeder seiner gewohnten Dinge nachgeht. Es ist spannend zu beobachten, dass Montage und Freitage bei der Wahl der Office-Tage strukturell von der Liste gestrichen werden. Hybride Welt einmal zu Ende gedacht: Wenn Mitarbeitende sich künftig vorzugsweise Dienstag, Mittwoch oder Donnerstag im Büro treffen, werden sie von ihrer Anreise bis zum Eintreffen im Headquarter sehr wahrscheinlich von mehreren Déjà-Vu-Erlebnissen heimgesucht: Nach einer morgendlichen Pendelei in übervollen S-Bahnen, Zügen oder Straßen werden sie sich auf den zwischenzeitlich dezimierten Büroflächen um den besten Platz mit Kollegen streiten. Der ADAC erhebt kontinuierlich das Verkehrsaufkommen und belegt es schwarz auf weiß: Wer sich bei der Autofahrt gerne mit vielen anderen Autos kuschelt, wählt den Mittwoch. Denn Mittwoch ist Stautag.[79] Wenn sich an diesen Tagen die Mitarbeitenden vor Ort dann noch – nach bester Home-Office-Manier – in Videokonferenz-Endlos-Schleifen begeben, werden sie die Schattenseite von hybridem Arbeiten schnell erkennen. Es birgt das Risiko, in einem Szenario von „worst of both worlds" zu enden. Die drängendste Frage lautet demnach: Wie nutzen wir die gemeinsame Zeit besonders effektiv und effizient?

Dieses Beispiel und das zuvor genannte exemplarische Schema greifen einen zentralen Taktgeber aus dem Arbeitsalltag auf. Er hat im Zuge der zunehmend digital-medialen Zusammenarbeit strukturelle Veränderungen erfahren. Die Rede ist vom klassischen Meeting.

Mittel gegen Meetingitis

Es ist schon erstaunlich, was sich seit dem März 2020 als markantem Datum der abrupten und unfreiwilligen Digitalisierungsoffensive unserer Zusammenarbeit in puncto Meetings alles getan hat. Abgesehen von der Verlagerung ins Digitale: nicht viel. Das erstaunt umso mehr, als es in der Zeit davor landauf, landab sicherlich kaum Stimmen gab, die Folgendes gefordert hätten: „Wir brauchen MEHR Meetings. Wir brauchen längere Meetings. Am besten ohne Pausen dazwischen." Wir müssen zerknirscht zugeben, wir haben die goldene Chance, diesen lästigen Wildwuchs unserer Zusammenarbeit hinter uns zu lassen, ungenutzt verstreichen lassen. Im Gegenteil: Wir haben sogar noch einen draufgepackt. Aus zu vielen Meetings in Präsenz wurden entsetzlich viele Meetings im Digitalen. Die kleinen Lücken zwischen zwei Terminen stopfen wir schnell mit noch mehr Meetingzeit voll. Wir haben also ausgerechnet das ins Digitale gerettet, was uns zuvor am allermeisten Nerven gekostet hat: unsere Regeltermine. Die Quittung in Form von ZOOM-Fatigue, jenem vielbesprochenen Phänomen der Videokonferenzschöpfung, folgt auf dem Fuße. Wir haben im Sinne des Wortes den Kanal voll. Wir leiden an Meetingitis.[80]

Es gibt einige schlaue Unternehmen und Zeitgenossen, die dem Problem lückenlos aufeinander folgender Besprechungen Einhalt gebieten wollen. Sie diskutieren und verkürzen die Dauer von Digitalkonferenzen. Manche denken erstmalig über das nach, was Meetingdesigner seit Jahr und Tag fordern: über eine vernünftige Strukturierung, Vorbereitung und Moderation von Meetings. An erster Stelle sei das Ziel einer jeden kollektiven Zusammenkunft zu klären, heißt es dort. Doch die Antwort auf die Frage „Warum sitzen wir heute hier?" lautet vielerorts insgeheim: „Weil es Mittwochmorgen zehn Uhr ist." Das Geschäft mit der Meetingkultur – so scheint es – ist zäh und undankbar. Viel Klagen, wenig Bereitschaft, etwas anzupacken. Umso erfreulicher nimmt sich da ein kleiner Trick aus, der der neuen Unart des digitalen Meeting-Staffellaufs den Garaus bereiten will.

Es ist das Meeting zu krummen Zeiten. Immer häufiger sieht man in Unternehmen, dass für 11.10 bis 11.55 Uhr eingeladen wird. Der Niedergang der vollen Stunde. Der Hintergrund dieser vergleichsweisen neuen Sitte ist schnell erfasst. Man gönnt den Teilnehmenden wenigstens eine kleine Erholungspause zwischen zwei Terminen. Und appelliert gleichzeitig an die Disziplin der Menschen, ihre Termine pünktlich einzuhalten. Doch diese Mini-Intervention nimmt Anlauf, zum echten Zankapfel zu werden. Während die einen diesen Vorstoß begrüßen und sich gerne der neuen Gepflogenheit anpassen, empfinden es nicht wenige als sinnbefreite Gängelung und Erziehungsmaßnahme. Einschlägige, erhitzte Diskussionen zu diesem Thema werden bereits in den sozialen Medien geführt. Es ist spannend zu beobachten, mit welcher Vehemenz eine Konvention verteidigt und zum Quasi-Naturgesetz erhoben wird, wenn sie doch offenkundig aktuell mehr Probleme bereitet als sie lösen kann. Die Flexibilisierung vorhandener Strukturen bedeutet nicht, dass wir sämtliche Rahmungen über Bord werfen. Es bedarf ihrer Neujustierung und Kontextualisierung.

Kleiner Gedankenstupser an dieser Stelle: Niemand von uns käme auf die Idee, die Abfahrtszeit einer beliebigen S-Bahn um 7.23 Uhr in Frage zu stellen oder gar Fahrpläne grundsätzlich als Akt der Disziplinierung zu sehen. Wir richten uns danach und darauf ein und freuen uns, wenn unsere Pünktlichkeit mit punktgenauer Beförderung belohnt wird. Und wann immer wir die niederschmetternde Erfahrung machen, nur noch die Rücklichter der S-Bahn erhaschen zu können, sind wir in den Folgewochen und Folgemonaten besonders rechtzeitig am Bahngleis.

GOOD WORK ist eben nicht die Erzählung von: „Das haben wir schon immer so gemacht.", sondern auch die Geschichte von: „Das hat ausgedient. Das kann weg".

Vom Wert der Pause – Rettet die Mittagspause

Während wir uns an virtuelle Stuhlkreise im Stundentakt krampfhaft klammern, läuft ein anderes Strukturelement, das wir definitiv unter besonderen Schutz stellen sollten, Gefahr, auf der Liste der bedrohten Arten zu landen: die gute, alte Mittagspause. Die Frage, wie, mit wem, wo und womit wir diese wertvollen durchschnittlich 45 Minuten Arbeitszeit verbringen, gibt mehr Auskunft über unsere Kultur als wir glauben.

Wenn man zu Zeiten voller Büroflächen und gelebter Präsenzarbeit jungen, externen Unternehmensberatern einen wertvollen

Tipp geben konnte, wie sie sehr rasch einen Zugang zur Kultur eines ihnen fremden Unternehmens bekommen könnten, dann lautete dieser:

1. Schau Dir den Empfangsbereich und die Menschen, die dort arbeiten, an. Das verrät Dir etwas über die Art und Weise, wie das Unternehmen mit Kunden, Partnern, Dienstleistern umgeht.
2. Besuche ein Regelmeeting oder eine Projektsitzung. Dabei lernst Du etwas über die Kultur der Zusammenarbeit, der Kommunikation, der Entscheidungsfindung.
3. Gehe zur Mittagszeit in die Kantine. Dort erfährst Du etwas über die informellen Strukturen und über das, was das Unternehmen wirklich zusammenhält.

Aus sorgsam gepflegten Lunchdate-Verabredungen mit anschließendem Abstecher in die Firmen-Barista ist vielerorts Mampfen vor dem Bildschirm geworden. Schnell, zweckmäßig, konvenient. Man muss nicht diplomiert in Sachen Ökotrophologie sein, um zu verstehen, dass diese Art der Mittagsverköstigung alles andere als gesund ist. Wenn wir unsere klassische Mittagspause unter funktionalen Gesichtspunkten analysieren, werden uns einige Aspekte ins Auge fallen, die über die Leiblichkeit hinausgehen. Genauer gesagt erfüllt sie mindestens fünf Funktionen, wovon lediglich eine die der Aufnahme einer Mahlzeit ist.

Fast immer ist eine echte Unterbrechung der Arbeit um die Mittagszeit zwecks Nahrungsaufnahme mit Bewegung verbunden. Ob es nun der Gang in die Kantine, zum nächsten Restaurant oder auch nur zum nächsten Supermarkt ist – ein Minimum an Laufstrecke absolvieren die meisten Menschen, wenn sie nicht gerade im Homeoffice festsitzen. Für nicht wenige Berufstätige stellt dieser kleine Marsch, gerade wenn sie mit dem PKW zu Arbeit pendeln, die längste Wegstrecke des Tages dar. Bewegung – das haben wir bereits im Quasi-Modell der Phasen beleuchtet – ist ein elementarer Beitrag zur Flexibilisierung von Strukturen. Und genau da hapert es in Zeiten von mobiler Arbeit. Sie selbst mag bewegter geworden sein, die Menschen, die ihr nachgehen, sind es nachweislich nicht.

Eine repräsentative Studie der DAK – durchgeführt im Jahr 2021 vom Forsa Institut – belegt, was intuitiv logisch erscheint: 44 Prozent der Befragten geben an, dass sie sich im Homeoffice deutlich weniger bewegen als vorher. Der Anbieter für Fitnessarmbänder Fitbit hat die Daten seiner Kunden ausgewertet und bestätigt diese subjektive Wahrnehmung schwarz auf weiß. Die Anzahl der insgesamt zurückgelegten Schritte ist im März 2020 gegenüber März 2019 in Deutschland um 11 % zurückgegangen.[81] Die Folge: Viele kämpfen mit Gewichtszunahme (33 Prozent) und mit Rückenproblemen (32 Prozent).[82] Und dabei ist die mentale Komponente von Bewegung noch nicht berücksichtigt: Physischer Stillstand geht nicht selten einher mit geistiger Unbeweglichkeit.

Die Funktionen der Mittagspause

Die drei nächsten Funktionen der Mittagspause lassen sich direkt an das erste GOOD WORK Prinzip, das Prinzip der gelungenen Beziehungsgestaltung ankoppeln. Spätestens seit sich der Begriff Lunchdate gegen die sperrige Bezeichnung Mittagsverabredung durchgesetzt hat, ist der wesentliche Aspekt dieses Termins offenkundig: die Beziehungspflege. Gemeinsam verbrachte Mittagspausen – noch dazu in Aufenthaltsräumen, Kantinen oder ähnlichem – sind zunächst hervorragende Gelegenheiten, seine Netzwerke zu erweitern. Zufällige Begegnungen, ungeplantes Aufeinandertreffen, plötzliche Wiederbegegnung mit Menschen, die man sonst selten zu Gesicht bekommt – das alles findet überdurchschnittlich häufig genau in diesem Kontext statt. Die Mittagspause ist somit ein regelrechter Beschleuniger für die Ausbildung von *Weak Ties*, also von loseren Verbindungen, mit denen wir uns aktuell besonders schwertun. Mit dem Essenstablett in der Hand lassen sich eben auf unverfängliche Weise Gedanken teilen und ebenso spielerisch weiterspinnen.

Es gibt unzählige Geschichten von Menschen, die über Jahre, vielleicht sogar Jahrzehnte hinweg, feste Mittagsverabredungen mit einem bestimmten Kollegen und oder einer Kollegin pflegen. Viele Teams gehen geschlossen zur Mittagspause. Im Sinne einer Team- oder Gruppenkohäsion sind diese Routinen wichtige, beziehungsgestaltende Elemente. Das, was in den 45 Minuten am Tisch geteilt wird, lässt sich nicht ohne weiteres in eine digitale Arbeitssitzung transferieren. Es sind genau jene Rituale, die Menschen in der Zeit des abrupten Remote-Arbeitens besonders vermissen.

Der gelegentliche Versuch, sich mittags über Videokonferenz zusammenzuschalten und mit den Kollegen und Kolleginnen synchron in den Bildschirm zu kauen, ist dafür kein vollwertiger Ersatz. Denn Beziehungsgestaltung lebt auch von Regelmäßigkeit und von einem Rahmen, der einen vertrauten unmittelbaren Austausch ermöglicht. Als stille Beobachterin habe ich in fremden Kantinen sehr häufig das plötzliche Aufeinander zubewegen zweier Köpfe im Gespräch bemerken können, wenn die getauschten Inhalte mutmaßlich nicht mehr für alle Ohren bestimmt waren. Diese Mischung aus Intimität und Öffentlichkeit geht im digitalen Raum verloren. Die Folge: Die klassische Mittagspause ist in Gefahr. Und damit geht ein wichtiger Baustein der Beziehungsgestaltung, der Erweiterung des Netzwerkes und Intensivierung bestehender Vertrauensverhältnisse verloren.

Gemeinsames Essen als Beziehungsgestaltung

Wie können hier flexible Strukturen helfen? Kreative Ansätze sprießen vor allem auf digitalen Plattformen, die zum gemeinsamen Lunchen auffordern. Diese Phänomene und Angebote zielen neben dem Netzwerkgedanken auch auf die fünfte Funktion einer gemeinsamen Mittagspause abzielen: dem Impuls von außen. So verbergen sich zum Beispiel unter dem Hashtag #neverlunchalone eine Reihe von Initiativen und Geschäftsmodellen, die allesamt der Vereinzelung entgegenwirken wollen. Sie haben das Potenzial von Mittagsverabredungen erkannt und wollen es im Zuge flexiblerer Strukturen und digitalem Austausch nutzbar machen. Die Idee geht auf einen amerikanischen Business-Ratgeber mit ähnlichem Titel – „Never Eat Alone" von Keith Ferrazzi und Tahl Raz[83] – zurück. Interessierte für ein gemeinsames Mittagessen können sich über eine Plattform anmelden und sich mit anderen (Inspirations)-hungrigen in der Nähe verabreden. Die APP für geschäftliches Essens-Tindern floriert. Diese Trends offenbaren, wonach die Menschen zwischen 12 und 14 Uhr offenbar mindestens so sehr hungern wie nach fester Nahrung: Sie suchen einen geistig anregenden, gehaltvollen inspirierenden oder manches Mal auch ablenkenden Impuls von außen.

Ein Blick zu unseren skandinavischen Nachbarn, die für ihre Glücksbegabung bekannt sind, taugt womöglich für eine kleine Formatinspiration. Die gemeinsame, nachmittägliche Kaffeepause im Kollegenkreis – genannt *Fika* – ist fester Bestandteil schwedischer Arbeitskultur. Sie wird sogar vertraglich zugesichert und als Arbeitszeit entlohnt. Ihre kollektive Einhaltung ist ausdrücklich gewünscht. Die Besonderheit gegenüber der herkömmlichen Kaffeepause liegt eben in seiner gemeinsamen Ausübung. In einer *Fika* wird geklönt, über Arbeit und Freizeit gleichermaßen gesprochen. Man begegnet sich zwanglos auf Augenhöhe. Der schwedische Experte für Essenskultur von der Universität Stockholm Richard Tellström entkräftet etwaige Bedenken auf dem Fuße: „Eine *Fika* kann wie Zeitverschwendung aussehen, ist aber tatsächlich wichtig, damit Angestellte Informationen über die Arbeit austauschen." Die Tradition wird auch bei in Deutschland ansässigen schwedischen Unternehmen gepflegt. So fasst die IKEA- Deutschland-Sprecherin Sabine Nold den Mehrwert zusammen: „Die ganze Arbeitsatmosphäre ist also eine andere. Das macht einen zufriedener, fördert den Zusammenhalt und ich bin fest davon überzeugt, dass es auch bessere Ergebnisse bringt."[84]

Paradoxe Produktivitätsfantasien

Pausen mit gedanklichem und räumlichem Wechsel sind im mobilen Arbeitszeitalter mit Nachdruck einzufordern und unbedingt einzuhalten. Gerade dort, wo sich alles um einen herum immer hektischer dreht, während man selbst zum Stillsitzen verdonnert ist, sind Unterbrechungen überlebensnotwendig. Aus dem Monitor ergießt sich unbarmherzig die Informationsflut im Anhang. Wir kleben starr an Tastatur und Bildschirm und bekämpfen die einströmenden Aufgaben in bester Gamer-Manier: mit Tunnelblick und ohne Unterlass, wenn es sein muss, bis in die tiefen Nachtstunden.

Und hier liegt die vielleicht größte Herausforderung in diesem Zusammenhang: Es ist das schlechte Gewissen, das Menschen im Homeoffice dauerhaft zu begleiten scheint. Die eigentümlich veränderte Beziehung zum Faktor Zeit und seiner Nutzung sowie die räumliche Trennung vom Kollegenkreis befördert bei nicht wenigen Arbeitenden eine Art von innerem Rechtfertigungsdrang. Als müssten sie sich selbst und ihrer Umwelt permanent beweisen, dass sie produktiv sind. Aus einem wahrgenommen geringeren Kontrolldruck wird ein vorauseilender Gehorsam.[85] Es entstehen regelrechte Produktivitätsfantasien darüber, wie unentwegt emsig alle anderen in die Tasten hauen. Diese Vorstellung trifft uns wie ein Bumerang und sorgt für eben jenes schlechte Gewissen. Kleines Indiz, dass man sich selbst schon in dieser gedanklichen Schleife verheddert hat: Man „gönnt" sich eine Laufrunde am späten Vormittag, trifft wider Erwarten viele Menschen an, die es einem gleichtun und wundert sich: „Seltsam, wie viele jetzt frei haben und Zeit fürs Joggen finden."

„Productivity Anxiety" lautet das Schlagwort für dieses Phänomen und geht auf die amerikanische Dichterin Rupy Kaur zurück. Sie beschreibt in einem Gedicht aus ihrem Buch „Body Home" die Befürchtung, nicht hart genug zu arbeiten und dadurch abgehängt zu werden. „I have this productivity anxiety/that everyone else is working harder than me/and I'm going to be left behind/cause

I am not working fast enough/long enough/and I'm wasting my time." [86] Wohin führt diese Produktivitätsangst? Die Betroffenen haben im Extremfall das Gefühl, sie hätten keine Pause verdient und ziehen ihr Arbeitspensum unbarmherzig durch. Der Zusammenhang beleuchtet eine wichtige psychologische Komponente, die in letzter Konsequenz weder der mentalen Gesundheit noch der Produktivität zuträglich ist.

Pausengestaltung als organisationale Aufgabe

Jene Phänomene sind sicherlich nicht unmittelbar oder einzig dem Homeoffice zuzuschreiben. Sie gehen mitunter auf das Konto einer falsch verstandenen Selbstoptimierung und sind damit Ausdruck eines Zeitgeistes. Womöglich sind sie aber auch Auswüchse einer Präsenzkultur, die von auf dem Tisch tanzenden Mäuse während der Abwesenheit der Katze phantasiert. Wenn ein Großteil der Vorgesetzten eine extreme Produktivitätsdelle durch Remote-Arbeit befürchtet, mag die Reaktion der Mitarbeitenden darauf in Form einer schleichenden Selbstausbeutung kaum verwundern.[87]

Keine Frage: Ob man lieber Stullen vor dem Bildschirm futtert oder sich am Mittag eine vollwertige Mahlzeit mit anschließender Bewegungseinheit gönnt, ist der Selbstfürsorge und Selbstdisziplin der Mitarbeitenden überlassen. Hier können Unternehmen allenfalls kleine Hilfestellungen geben und an die Eigenverantwortung jedes Einzelnen appellieren. Anders verhält es sich bei den beziehungsgestaltenden Funktionen der Mittagspause: Hier manifestiert sich, dass sich etwas Grundsätzliches und viel Größeres in diesem kleinen Platzhalter versteckt. Eine Art Miniatur-Kulturbastion gilt es dort zu verteidigen und den veränderten Gegebenheiten anzupassen.

Sensibilität hinsichtlich der Gestaltung und Notwendigkeit von Pausen sollte selbstverständlicher Teil des organisationalen Dialogs werden. Ob Meeting, Mittagessen oder morgendliche Runden – alle drei konkreten Beispiele illustrieren, worum es bei einer Flexibilisierung der zeitlichen Strukturen im Kern geht. Es sind Artefakte der Unternehmenskultur und als solche nicht inhaltlich zu determinieren. Die Funktion und Zielsetzung dieser Formate gehören in den Mittelpunkt gerückt. Der Zweck bestimmt die Struktur und deren Inhalt. Erst dann lassen sich sinnige und für den jeweiligen Kontext passende Ideen und Lösungsansätze gestalten.

Ein gelungenes Beispiel für die Konvergenz der unterschiedlichen Funktionen von kollegialem Austausch, Beziehungsgestaltung und Mittagspause spendet die Städteplanerin und Begründerin des Netzwerkes JES Julia Erdmann. Im GOOD WORK Interview verrät sie, dass ihre Zusammenarbeit durch Corona nicht wirklich auf den Kopf gestellt wurde. Sie arbeitet mit ihrem Netzwerk schon etliche Jahre so, wie es der Titel vermuten lässt: verteilt, digital-kollaborativ und dennoch immer bemüht um echten Austausch und ein gutes Miteinander. Julia Erdmann und ihr Team sind kreativ und umtriebig, nicht nur was Städte, Lebens- und Arbeitsumfelder von morgen betrifft. Sie reflektieren im Team sehr intensiv ihre eigene Zusammenarbeit und lassen ihre Kundinnen und Kunden von diesen Erfahrungen profitieren. Gemeinsame Zeit, gemeinsames Essen sind Teil der JES-Kultur. Das Netzwerk hat ein eigenes Format dafür ins Leben gerufen.

„Wir haben verschiedene Rituale geschaffen. Wir haben ein Format, das nennen wir die „JES-Who-Hour“. Das ist ein Format, bei dem es wirklich um das „Who“, also das „Wer“ geht. Da besprechen wir: Wer ist eigentlich diese Woche wo? Und wer trifft oder verabredet sich in dieser Woche alles mit wem, wann? Damit können wir das, was in der Woche so ansteht, auch gut erledigen. Das ist unser gemeinsames Ritual am Montagmittag. Da sehen wir uns alle. Viele verbinden das dann auch mit einem gemeinsamen Mittagessen.“[88]

Link zur Folge mit Julia Erdmann

Flexible Strukturen in der Tagesgestaltung gehen unwillkürlich einher mit Fragen der räumlichen Gestaltung und der Balance aus physischer Präsenz und verteiltem Arbeiten. Beide Sphären überlappen sich. Ihre Ausgestaltung stellt Unternehmen und Individuen vor dem Hintergrund einer zukunftsfähigen Arbeitskultur vor immense Herausforderungen.

Flexible Strukturen in Raum und Ort

Waren Sie schon einmal in Marrakesch? Diese märchenhafte Stadt betört Menschen auf der ganzen Welt und zieht sie mit orientalischer Opulenz in ihren Bann. Jede Touristin, jeder Besucher steuert im Verlauf einer Marrakesch-Reise den berühmten Djemaa el Fna, den Platz der Gaukler, an. Auf diesem zentralen Marktlatz der Stadt, der für seine Landsleute nicht weniger als der zentrale Platz der Welt ist, herrscht tags wie nachts ein faszinierendes Treiben von Händlern, Gauklern, Kleinkünstlern und den dazugehörigen üblichen Verdächtigen.

Von diesem Punkt aus verzweigen sich die immer enger werdenden Gassen ins Dickicht der Median, Marrakeschs Altstadt. Nüchtern betrachtet lässt der Glanz der Mitte mit jedem Meter Entfernung vom Djemaa el Fna deutlich nach. Die Wege sind dunkel, etwas schmuddelig und von hohen, fensterlosen Gebäuden und Mauern rechts und links gesäumt. Immer wieder sieht man Menschen geduckt durch Holztore in diesen Endlosmauern verschwinden oder auf die Straße heraustreten. Von orientalischen Palästen ist beim Fußmarsch durch Marrakeschs Altstadt keine Spur. Was das Auge tröstet, sind die vielen kleinen Geschäfte und Buden mit ihrem überquellenden, farbenfrohen Sortiment. Mit etwas Glück hat man eine Unterkunft in einem Riad, einem der städtischen Paläste gebucht. Mit noch mehr Glück findet man ihn auch und gehört ab dann ebenfalls zur Gruppe der kopfeinziehenden Passanten, die ein Holztor in der Mauer durchschreiten.

Das Bild, das sich beim Betreten eines solchen Palastes bietet, verschlägt nicht wenigen Marrakesch-Reisenden den Atem. Sofort möchte man bei Airbnb seine Aufenthaltsdauer auf tausend und eine Nacht verlängern. So sehr die Gassen mit der Schönheit des Orients geizen. Im Inneren der Riads schütten sie ihr ganzes Füllhorn aus. Die meterdicken Wände sperren den Lärm der Außenwelt aus. Ebenso die Hitze. Die Hauptrolle in dem Ensemble spielt der üppig begrünte Innenhof im Zentrum des Gebäudes, um den sich die Stockwerke karreeförmig nach oben stapeln. Alle Blickpunkte des Palastes sind auf ihn ausgerichtet. Denn hier in diesem Garten Eden findet das gesellschaftliche Leben statt. In seiner Mitte zwischen Orangenbaum und Bougainville verrichtet ein Brunnen plätschernd seinen Dienst. Gekrönt wird dieser optische Genuss von einer beispiellos herzlichen Gastfreundschaft der Einheimischen, die jeden Besucher, jede Besucherin mit Pfefferminztee und Gebäck überschwänglich begrüßen und willkommen heißen.

Große Verwaltungsgebäude von Konzernen sind so betrachtet eine Art Invers-Marrakesch-Inszenierung. Es verhält sich genau andersherum als in eben jenem Epizentrum der Schönheit und Gastfreundschaft. In einer meist imposanten, lichtdurchfluteten Glas-Stahl-konstruierten Empfangshalle erwartet einen in der Regel ein äußerst nüchternes Begrüßungsritual, das nicht selten eher an einen Grenzübergang als an einen Besuch erinnert. Die Verkehrswege sind penibel sauber, breit und hell. Stringente Raumnummerierungen gestalten die Orientierung einfach. Am Ende der Reise landet man als externer Gast häufig in einem der typischen Besprechungsräume. Die Mitarbeitenden ziehen sich in uniforme Zweierbüros zurück. In der modernen Variante steuern sie zu ihrem persönlichen Trolley und schippern mit ihm im Schlepptau zum nächstbesten, freien Arbeitsplatz auf der Fläche. Spätestens am Bestimmungsort hat im einen wie im anderen Fall die Zweckmäßigkeit die Oberhand über die Ästhetik gewonnen.

Zur Erinnerung: Gebäude erfüllen Funktion und transportieren Kultur. Welche Kultur wird hier transportiert? Welche Funktion wird für wen erfüllt? Bevor der innere Aufschrei beim Lesen allzu laut wird: Ja, es gibt sie durchaus, die schönen und zugleich funktionalen, die modernen Büros. Und auch sie teilen aktuell ihr Schicksal mit den DIN-normierten Konzernbauten: Sie stehen größtenteils verwaist in der Landschaft und warten auf ihre Gäste.

Zurück ins Büro

Kaum eine Frage wird derzeit so oft gestellt wie diese: „Wie bekommen wir unsere Mitarbeitenden zurück ins Büro?" Die lakonische, aber berechtigte Gegenfrage könnte lauten: „Was hält sie denn davon ab zurückzukommen? Oder stärker noch: Was ist denn ‚zu Hause' so viel besser als am ergonomisch perfekten Arbeitsplatz?".

Vordergründig geht es vorrangig um die Konkurrenz der beiden Austragungsorte von Wertschöpfung: Arbeitszimmer gegen Arbeitsplatz. Die pandemiebedingte Homeoffice-Pflicht ist (längst) gefallen, doch noch drängeln sich keine Heerscharen von Arbeitswilligen an den Betriebstoren. Und es ist mehr als fraglich, ob das jemals wieder so sein wird. Schauen wir uns also mal an, was Erwerbstätige in beiden Welten derzeit erwartet.

Beim Blick auf die aktuelle Bürorealität drängt sich eine unbequeme Analogie förmlich auf. Es ist der Vergleich mit dem Überlebenskampf der Innenstädte. Hier wie dort, in den Zentren der Großstädte ebenso wie in den Bürotürmen, ist das einst geschäftige, bunte Treiben einer gewissen einförmigen Trostlosigkeit gewichen. Wer heute etwas besorgen muss, nimmt dafür im seltensten Fall den mühsamen Weg in ein Ladenlokal auf sich. Die alte Wunschformel der Einzelhändler „Die Kunden schauen dort (im Internet) und kaufen hier (im Geschäft)" hat sich zu keiner Zeit realisiert. Nicht einmal das Gegenteil trifft so richtig zu. Denn Inspiration ist ein großer Begriff, wenn Fußgängerzonen von Flensburg bis Passau nahezu identisch aussehen.

Der Begriff „Flanieren" scheint vollends aus der Zeit gefallen, wenn man das Konsumentenverhalten in den Innenstädten beobachtet. Der Ruf nach Wiederbelebung ist laut und verzweifelt. Smarte Citymanager haben allmählich begriffen, dass es dafür mehr braucht als nur eine Aneinanderreihung von solventen Mietern. Café, Kleinkunst, Boutiquen, mehr individuelle und inhabergeführte Läden statt Ketteneinheitsbrei und schlicht Überraschungen machen das besondere Flair einer Stadt aus. Sie sorgen dafür, dass wieder Blut durch ihre Adern fließt. Man könnte es fast als Marrakesch-Prinzip zusammenfassen – diese Mischung aus notwendiger Infrastruktur, verlässlichem, vielfältigem Angebot und unerwartet geheimnisvollen Inspirationen. Die Antwort auf leere Innenstädte lautet definitiv nicht: Einkaufszentren. Die Antwort auf leere Büros lautet analog dazu wohl kaum: Flächen verdichten, open space und ein paar bunte Besprechungsräume mit Tischkicker.

Wie erwähnt, es gibt sie, die guten Beispiele von Bürokonzeptionen, von Lösungen nach dem „Marrakesch-Prinzip". Und die setzen nicht zuerst bei der Frage nach Design an. Sie rücken jenen Aspekt in den Mittelpunkt, um den sich die Ausgestaltung drehen sollte: Was ist der eigentliche Zweck des Büros an sich?

Der eigentliche Zweck des Büros

Rainer Göttmann ist seit vielen Jahren Geschäftsführer der IT- und Businessberatung metafinanz in München. Transformation ist sein Geschäft und das Unternehmen hat sich selbst, seine Strukturen und Abläufe in den vergangenen Jahren komplett agil umgekrempelt. Gepaart mit den Erfahrungen aus der verstärkten Homeoffice-Nutzung der Mitarbeitenden hat das Unternehmen den Change zum Anlass genommen, auch seine räumlichen Strukturen radikal zu überdenken.

Link zur Folge mit Rainer Göttmann

„Die Rolle des Büros geht nicht verloren, man muss nur den Zweck verwandeln. Wir sind schon dabei, unser Büro in einen Eventbereich umzubauen. Wir haben gelernt, dass die Videokonferenzen sehr effizientes Arbeiten sind. Das heißt, es spricht auch in Zukunft nichts dagegen, seine Arbeit von zu Hause aus zu erledigen. Das Büro wird künftig also eine marginale Rolle spielen. Man muss seine Nutzung verändern. Wir bauen ein großes Meta Café mit einer Tagesbar und einem Healthbereich. Es wird große Begegnungsräume geben, in denen sich viele Menschen treffen können, wenn es Corona wieder erlaubt. Und wir bauen die Arbeitsplätze, die vorher so ausgelegt waren, dass man acht Stunden dort arbeiten kann, um in Arbeitsplätze, an denen man nur einmal eine Stunde oder zwei verweilt. Wir haben Cubes und haben Eltern-Kind-Räume. Das ganze Haus lebt aus einem kulturellen Aspekt heraus."[89]

Und während Rainer Göttmann plastisch beschreibt, wie die Räumlichkeiten bei metafinanz aussehen und weiter ausgestaltet werden, entblättert er Schicht für Schicht den Kern ihrer Designambitionen.

„Wir hatten auch mal so eine Back-to-Office-Strategie. Die haben wir jetzt mal wieder auf Eis gelegt … Ich bin total davon überzeugt, dass Identitätsarbeit eines der wichtigsten Dinge ist. Bei gutem Arbeiten denken wir an drei Dinge: Das ist der soziale Aspekt, der Arbeitsaspekt und der organisationale Teil. Und gerade in diesem sozialen Aspekt fragen wir uns: Wie halten wir unsere Mitarbeiter? bzw. Wie identifizieren sie sich mit unserem Unternehmen? Jetzt, wo alle wieder zu Hause sind, haben wir auf einmal 850 Büros. Die ganze Zeit hatten wir nur drei Standorte, aber jetzt haben wir 850 Standorte … Der Büroraum wird künftig vermutlich stärker für physische Kollaboration und Co-Kreation genutzt werden. Da kann man das Miteinander wirklich erlebbar machen. Und ich glaube auch, dass dort das Neue entstehen wird. Das wird nicht in den 850 dezentralen Standorten passieren."

Hier liegt genau der notwendige Perspektivwechsel, wenn wir über flexible Strukturen von Räumen nachdenken. Es geht nicht darum, Menschen mit rationalen Gründen zu einer Rückkehr in die Firmenzentrale zu bewegen. Vielmehr müssen Organisationen eine gute Antwort auf die Frage parat haben, was ihre Büroräume so einzigartig macht und was dort viel besser gelingen kann als an jedem anderen beliebigen Ort.

> Organisationen müssen eine gute Antwort auf die Frage parat haben, was ihre Büroräume so einzigartig macht und was dort viel besser gelingen kann als an jedem anderen beliebigen Ort.

Büro zu Hause

Die Beobachtung aus zwei Jahren Büro zu Hause auf den Punkt: Vor dieser Zeit erträumten sich einige Menschen das Arbeiten im Homeoffice als paradiesischen Zustand, für den sie mitunter erbittert und aussichtslos kämpften. Skeptische Vorgesetzte bangten indes um einen Einbruch in der Produktivität. Die Erfahrung zeigt: Beide haben sich geirrt. Timo Lehne, Geschäftsführer der internationalen Personalberatung SThree sagt dazu: „Das Homeoffice der letzten 18 Monate war wahrscheinlich das größte Vertrauensexperiment, was jemals irgendwo geschehen ist. Und das Schöne ist, es hat ja funktioniert."[90] Fantasie trifft auf Realität, im Guten wie im Schlechten.

Zusätzliche Belastungsmomente wie u. a. Home-Schooling haben – wie bereits im Kapitel der Phasen ausgeführt – reichlich Wasser in den süßen Wein der heimischen Arbeitsrealität gegossen. Die existiert so allenfalls auf Instagram. Viele Menschen haben erstmalig überhaupt erfahren, auf welches Lebens- und Wohnkonzept sie sich eingelassen haben. Die Städteplanerin Julia Erdmann geht davon aus, dass diese elementare Erfahrung der wochenlangen arrest-ähnlichen Wohn- und Arbeitserfahrung das Wahrnehmungsvermögen der Menschen für Qualität im Bauen und Leben nachhaltig geschärft hat.[91] Von der Arbeitsnische in der eigenen Wohnung bis hin zum Angebot im eigenen Stadtviertel, der Anbindung an die Natur, die Belastung mit Verkehrslärm und Autodichte – all diese Rahmenbedingungen sind plötzlich 24 Stunden, an sieben Tagen in der Woche relevant. Sie werden jetzt noch einmal völlig neu in die Waagschale geworfen. Die Kompromissbereitschaft beim Thema Wohnen ist bei vielen Menschen in der Folge deutlich zurückgegangen.

Einige haben für sich schon langfristige Entscheidungen abgeleitet und ihren Wohnstandort verändert. Viele Menschen – gerade aus dem urbanen Raum – denken ernsthaft darüber nach. Man munkelt bereits von einer möglichen Revitalisierung der ländlichen Regionen. Das ifo-Institut hat zu diesem Thema im Mai 2021 eine repräsentative Umfrage unter 18.000 Menschen in verschiedenen Regionen Deutschlands, mit unterschiedlicher Bevölkerungsdichte durchgeführt. Die Ergebnisse sind eindeutig: Die Bereitschaft der Menschen aus dem urbanen Raum, innerhalb der nächsten zwei Jahre ihre Wohnortlage grundsätzlich zu ändern, ist mit 23,4 Prozent signifikant höher als bei Menschen aus ländlichen Gebieten (12,1 Prozent). Als Begründung für ihre Absichten führen sie genau jene Erfahrungen hinsichtlich der Lebens- und Arbeitsqualität in ihrer aktuellen Wohnsituation während der Coronapandemie an.[92]

Sind die Umzugskartons erst einmal gepackt und das Klingelschild zwanzig Kilometer weiter entfernt vom Arbeitgeber als zuvor angeschraubt, wird die Motivation zum täglichen Pendeln noch geringer ausfallen. Wenn sich jemals aus der komplexen Gemengelage von Arbeit, Leben, Mobilität überhaupt eine Ursache-Wirkungs-Verkettung ablesen ließe, dann kommt in diesem Fall der entscheidende Impuls aus der Arbeitswelt.

Ästhetische Arbeitswelten

Die Bewältigung der Herkulesaufgabe, neue räumliche Arbeitsstrukturen zu Hause und Tagesrhythmen zu etablieren, ist den meisten Menschen gut gelungen. Wie sehr die Gestaltung des Arbeitsbereiches die Menschen umtreibt, davon legen Mainstream Shoppingplattformen wie die Tchibo-Welt oder der Lifestyle-Anbieter Westwing Zeugnis ab. Diese Anbieter deklinieren ihren Warenbestand nicht in schnöden Produktkategorien, sondern laden auf ihren Seiten in hippe Erlebniswelten ein. Seit Beginn der Pandemie ist ein Thema dort omnipräsent: das Homeoffice. Vom Locher bis zur Webcam – es wird geshoppt, was das Zeug hält. Ohne dass Firmen die Ausgestaltung des heimischen Büros explizit an ihre Mitarbeitenden delegiert hätten, nehmen diese offenbar ihr Design-Schicksal selbst in die Hand. Die Frage nach der Kostenübernahme scheint zweitrangig. Hauptsache stylish-funktional.

An dieser Stelle sei kurz nachgehakt, inwieweit eine grundsätzliche Struktur allmählich aufgeweicht wird. Unternehmen vermeiden in ihren Regularien aus rechtlichen Erwägungen den Begriff Homeoffice, weil dieser mit einer eindeutigen Anspruchsleistung verknüpft ist. In puncto Arbeitsschutz und Ausstattung muss sich nämlich das Homeoffice mit den Gegebenheiten am betrieblichen Arbeitsplatz messen lassen. In der Folge hat der Arbeitgeber für dessen Ausstattung Sorge zu leisten, finanziell und auch in der rechtlichen Absicherung. Mobiles Arbeiten hingegen verlagert die Verantwortlichkeiten ein großes Stück in Richtung Mitarbeitende. In diesem Fall haben sie buchstäblich den Preis für ihre Flexibilitätsbestrebungen selbst zu tragen. Es ist mehr oder weniger dem Entgegenkommen des Arbeitsgebers überlassen, ob es finanzielle Unterstützungen gibt.[93]

Wenn man die Entwicklung eines dauerhaft hohen Anteils an mobilem Arbeiten weiterdenkt, bahnt sich hier klammheimlich ein Paradigmenwechsel an. Arbeitsschutz, Ergonomie, angemessene Arbeitsumgebung – allesamt Errungenschaften, die mitunter hart erkämpft wurden, stehen langfristig womöglich auf der Kippe. Aktuell werden derzeit eifrig Betriebsvereinbarungen ausgetüftelt, um endlich mehr Klarheit in der Frage „Wer ist wann wie oft im Büro?“ zu erlangen. Doch wie es um die grundsätzliche Frage der Verantwortung für die Arbeitsplatzgestaltung – im Büro oder sonst wo bestellt? Gibt es Verabredungen, Mindeststandards, Empfehlungen oder findet zumindest ein Dialog hierüber statt? Je weiter diese Aspekte an die Mitarbeitenden delegiert werden, umso wahrscheinlicher wird sich das von Matthias Horx beschriebene Szenario vom Einsetzen der Zentrifugalkraft in Richtung

Einzelselbständigkeit bewahrheiten. Aus verbundenen Mitarbeitenden werden dann eigenverantwortliche, an Organisationen angebundene Einzelunternehmer.

An die Stelle von Arbeitsumgebungen im Corporate Design treten Impressionen neuer ästhetischer Vorbilder. Endlich können sich Angestellte freistrampeln von vorgegeben Strukturen und ihre eigenen Möblierungen zelebrieren. Ein für viele Menschen angenehmer Kontrapunkt zum immer häufiger anzutreffenden Open-Space-Büro mit Clean-Desk-Policy, also der Ansage, den Arbeitsplatz blitzeblank für den Kollegen oder die Kollegin, die als nächstes daran arbeiten, zu hinterlassen. Das bringt mannigfaltige Konsequenzen mit sich, auch in der Außenwirkung. Bleiben wir beim Bild von Rainer Göttmann mit den 850 Außenstellen. Im Kontakt mit Kundinnen und Bewerbern, mit Geschäftspartnerinnen und Dienstleistern erleben diese das gesamte Kaleidoskop an persönlicher Interpretation der perfekten Arbeitsumgebungen aus Sicht der Person, die das Unternehmen repräsentiert. Es ist dann dem designtechnischen Fingerspitzengefühl jedes Einzelnen überlassen, in welcher Art und Weise er oder sie seine Firma nach außen vertreten möchte.

Bildintensive Social-Media-Apps wie Instagram und Pinterest überschütten ihre Follower mit Inspirationen für schönes Arbeiten. „Workfluencer" sprechen nicht nur gerne und häufig darüber, was sie tun, sondern zeigen auch noch lieber, wie es dort aussieht. Und das setzt Menschen bisweilen neben allen anderen Belangen auch noch unter einen ästhetischen Druck.

Neuer Locher hin, tolle Webcam her, noch unterscheidet sich die gelebte Homeoffice-Realität gewaltig von diesen romantisierten Idealwelten. Eines der beliebtesten Features der Videokonferenztools ist der virtuelle Hintergrund. Hinter ihm verschwinden unliebsame Wäscheständer oder ähnliche private Störobjekte. Der technische Trick verhindert allzu indiskrete Einblicke in die persönliche Sphäre. So unterstützen virtuelle Bücherwände, Strandimpressionen und Skylines im Hintergrund die Anwendenden dabei, ein gefälliges Bild ihrer Selbst und ihrer Umgebung in den digitalen Raum zu übertragen. Und hier offenbart sich ein zutiefst menschliches Bedürfnis: Der Wunsch nach bestmöglicher Selbstinszenierung und nach eigener Gestaltung.

Im Lichte der ästhetischen Gestaltung unserer Arbeitsumgebung wird erneut deutlich, was sich bereits an anderen Strukturkanten gezeigt hat: Unsere frisch trainierte Anpassungsfähigkeit gepaart mit einem stark ausgeprägten Gestaltungs- und Inszenierungswillen ist tief in unserem Erfahrungsschatz verankert und befeuert unseren Drang nach Autonomie.

Erstarkte Autonomie

Nach der Selbstbestimmungstheorie der beiden amerikanischen Wissenschaftler Richard M. Ryan und Edward L. Deci ist die Motivation für Handlungen von drei psychologischen Grundbedürfnissen abhängig: Kompetenz, soziale Eingebundenheit und Autonomie. Im Spannungsfeld hinreichend flexibler räumlicher und zeitlicher Strukturen innerhalb der eigenen Arbeitsrealität wird das Ineinandergreifen dieser drei Kräfte offenkundig. An jener entscheidenden Stelle der Transformation unserer Arbeitswelt scheint das Pendel aktuell heftig in Richtung Autonomie auszuschlagen. Unternehmen sind daher gut beraten, dieser Entwicklung und dem Wunsch nach Selbstbestimmung ihrer Mitarbeitenden adäquat zu begegnen. Ihr eigenverantwortliches und produktives Engagement an der heimischen Werkbank kann zum Faustpfand im Aushandeln eines neuen Normals werden. Jetzt sind die Unternehmen am Zug, ihre Flexibilität zu zeigen. Da ist es mit Renovieren und Stühle zusammenrücken allein nicht getan. Ein Mindestmaß an Gestaltungsfreiraum und an auslebbarer Autonomie muss ihnen gewährleistet werden. Und diese Autonomie äußert sich eben in ganz besonderem Maße in der persönlichen Wahlfreiheit.

Stephan Derr ist zum Zeitpunkt des GOOD WORK Interviews beim Münchner Büromöbelhersteller Steelcase als Vice President in der EMEA Region für Vertrieb und Verkauf verantwortlich. Sein konzentrierter Blick folgt den dynamischen Entwicklungen in Sachen Arbeitsumgebung. Schon sehr früh in der Pandemie hat er den Wunsch nach Wahlfreiheit des Ortes als Ausdruck von Autonomie und als Hebel für Engagement erkannt.

„Die Nutzerin, der Nutzer ist dann zufrieden und engagiert, wenn sie oder er darüber entscheiden kann, wie und wo er bestimmte Tätigkeiten ausführen kann. Es geht also um Wahlmöglichkeiten … Wenn ich das als Mitarbeiter, Mitarbeiterin entscheiden kann, dann sorgt das für Wohlbefinden und das sorgt für mehr Engagement. Das war in der jetzigen Phase nicht gegeben … Es wird aber in Zukunft wieder eine Entwicklung in Richtung mehr Selbstbestimmung geben. Das kann in Richtung Homeoffice gehen aus verschiedenen Gründen … Es kann aber auch verstärkt die Erkenntnis einsetzen, dass im Büro eine deutlich größere Vielfalt an unterschiedlichen Orten, Arbeitsmöglichkeiten und Ausstattungsvarianten gegeben sein muss und dass ich dort wieder für mich entscheiden kann, wo und wie ich Aufgaben erledigen möchte.“ [94]

Link zur Folge mit Stephan Derr

Letzten Endes sind die Gründe, die Menschen ihre Präferenz treffen lässt, vielschichtig und teilweise sehr persönlich. Jenseits von rationalen, nachvollziehbaren Sachargumenten schwingen in der Diskussion um die Wahl des Arbeitsortes eine Reihe von psychologischen Faktoren mit. Und diese sind den Betroffenen häufig weder bewusst noch werden sie gerne geteilt. Manch kollegiale Spannungen haben sich in den letzten Monaten vielleicht schon allein dadurch in Luft ausgelöst, dass es kein Gerangel mehr zwischen den unterschiedlichen Bedürfnissen nach Ruhe, Frischluft und Austausch gab. Das kann als weiterer Impuls dafür dienen, Büroanwesenheiten smarter zu planen. Ist es am Ende beispielsweise eher das kuschelige, sichere Zuhause, das uns dort festhält, oder sind es die leeren, fantasielosen Büros, die uns wenig einladen? Es ist schwer auszuloten, ob es sich die Menschen in ihrem häuslichen Nest einfach gemütlich gemacht haben und einer ausgeprägten Cocooning-Sehnsucht folgen. Oder ob sie eher von Befürchtungen getrieben ihre Schutzhöhle nur im Ausnahmefall verlassen und auch Monate nach den Lockdown-Episoden unter dem so beschriebenen Cave-Syndrom leiden. Angst oder Komfortdenken, Cocooning oder Cave-Syndrom – beide Varianten modulieren Verhalten. Neben dem erstarkten Wunsch nach mehr Autonomie sind das ebenfalls Realitäten, die Organisationen anerkennen müssen, aber schwerlich unmittelbar bearbeiten können.

Hier gilt: Ein empathischer Blick darauf, welche Bedürfnisse ihre Mitarbeitenden von sich aus äußern, ist ein erster, wichtiger Schritt. Es braucht einen offenen organisationalen Dialog darüber, welche Qualitäten eine gute Arbeitsatmosphäre ausmachen.

Multioptionalität und Wahlfreiheit

Die Gretchenfrage bahnt sich ihren Weg und hat an seinem Rand schon ein paar Inspirationen einsammeln können: Wie können zukunftsfähige Arbeitsräume aussehen?

Wann immer eine flexible Lösung gefragt ist, scheint Multioptionalität die Antwort zu sein. All-in-one, alles in einem – ist das damit gemeint? Im Falle flexibler Arbeitsräumlichkeiten schwer vorstellbar, zumindest nicht leicht umsetzbar. Brauchen wir tatsächlich einen Raum, der alles zugleich kann? Wir haben gelernt: Es geht in erster Linie um die Wahlfreiheit. Und hier: um die Wahlfreiheit zwischen beliebig vielen Raumangeboten, die jeweils eine spezifische Qualität in die Zusammenarbeit einbringen.

Räume können genau jene Balance aus Flexibilität und Stabilität vermitteln, wenn sie mit zwei Elementen spielen: dem Vertrauten,

Transparenten und dem Unbekannten, Überraschenden. Das multioptionale Moment besteht in der Kontextualisierung der Räume. Heute noch Besprechungsraum, morgen schon Co-Creation-Fläche, übermorgen Barcamp-Arena. Der Begriff Einzel-Arbeitsplatz ist keine sinngebende Beschreibung. Die Frage muss lautet: Was geschieht dort? Wird dort überwiegend telefoniert, von dort aus gezoomed oder in Stille konzentriert gearbeitet? Die Konvergenz all dieser Funktionen in einem Schreibtisch brächte schlimmstenfalls eine Variante zu Tage, die uns eher an amerikanische Serien der frühen 1980er-Jahre als an eine zukunftsfähige Arbeitsumgebung denken lassen: nahtlos aneinandergereihte Arbeitsboxen – „Cubicals", allenfalls mit Schallschutz ausgestattet. Zonierung statt Alles-auf-einmal lautet die Losung.

Unternehmen sind jetzt aufgefordert, Zusammenhänge und Arbeitskontexte ganzheitlich zu erfassen. Und dabei weiterdenken als es die Kategorien „besprechen", „am Computer arbeiten", „zusammen Lösungen entwickeln" suggerieren. Ein Arbeitstag – noch dazu in der Wissensarbeit – ist gefüllt mit einer Vielzahl von unterschiedlichsten Aufgaben. Auf diese Vielfalt müssen die räumlichen Gegebenheiten reagieren können. Anders ausgedrückt: Wer das Thema Arbeitsumgebung vom Raum her denkt, ist bereits falsch abgebogen. Die Frage nach dem WO erfordert zuallererst die Fragen nach dem WIE und dem WARUM.

Raphael Gielgen, Trendscout beim Designhersteller Vitra, findet die Diskussion nach dem Büro der Zukunft trivial. Im GOOD WORK Interview im Juli 2021 führt er aus, welchen räumlichen, funktionalen und psychologischen Anforderungen eine zukunftsfähige Arbeitsumgebung genügen muss.

Link zur Folge mit Raphael Gielgen

„Du brauchst natürlich Räume oder Strukturen, die den Menschen Halt geben, Orientierung und Sicherheit. Das sind oft die Orte, in denen Rituale stattfinden … Und die müssen in ihrer räumlichen Bestimmung oder Prägung auch genau diese Stabilität, diese Sicherheit und diese Orientierung geben. Und dann gibt's natürlich auch Strukturen, die genau das Gegenteil davon sind, die eine maximale Flexibilität eröffnen. Sie erinnern eigentlich eher an eine Werkstatt, bei der du abends die Türe zumachst. Dort Folge kommst du morgens rein und wirst daran erinnert, was du am Vortag alles geschafft, aber auch noch nicht geschafft hast. Und dann wuselst du einfach weiter. Die Sichtbarmachung der Arbeit ist hier ein zentraler Aspekt, Zugänglichkeit allein schon durch die Sichtbarmachung und Teilhabe. Und diese Räume lösen, wenn du das erste Mal reingehst und dich dort nicht auskennst, eine Unsicherheit aus. Dort musst du erstmal deinen Platz finden Du stellst dir die Frage, ob du das alles bedienen kannst, was da alles drinsteht."

Mit anderen Worten: Wir werden uns künftig bei der Ausgestaltung von formellen Barrieren befreien. Nicht alles, worauf ich beim Arbeiten Platz nehme, muss wie ein ergonomisch perfekt designter Bürodrehstuhl aussehen. Nicht jedes Gebäude, jeder Ort, an dem ich mich zum Arbeiten aufhalte, wird nach Büro aussehen. Oder überhaupt so gemeint sein. Grenzen werden aufweichen. Diese Entwicklung hat längst eingesetzt und wird sich weiter verstetigen. Der fernere Blick von Raphael Gielgen ist auf eine Zukunft gerichtet, die jenes Szenario zu Ende denkt und das Bild der verwobenen Städte vor das geistige Auge schiebt. „In wenigen Jahren werden wir auf die Büros und Arbeitsorte der 2010er Jahre – und davor – schauen, wie heute Heranwachsende auf eine Schreibmaschine. Wir können uns nicht mehr vorstellen in diesen Orten gearbeitet zu haben. Dann wird die Stadt unser Büro sein, die ganze Stadt mit Ihren vielfältigen Orten, die so viel mehr sind als das alte „Büro". Diese neue Welt der Arbeit beruht auf dem Wunsch, den Status Quo zu hinterfragen, Ideen zu spiegeln und unsere Vorstellungskraft jeden Tag auf ein Neues zu fordern."[95]

Umwidmung statt Wegwerfen

Zwischen ALT und NEU liegt GUT lautet der Titel des Buches. Um dieses GUT zu identifizieren – das haben wir im ersten Teil des Buches intensiv diskutiert – braucht es eine ordentliche Bestandsaufnahme. Und diese Bestandsaufnahme findet idealerweise auf allen Ebenen statt. Im Fall von Arbeitsmitteln und Arbeitsplatzgestaltung folgt das Prinzip zutiefst dem Gedanken der Nachhaltigkeit. Re-Use ist ein gewichtiges Schlagwort in diesem Zusammenhang und beschreibt das Wiederverwenden von Dingen und Materialien. Zu diesem Re-Use gehört auch die Vorstellung, dass manche Dinge ihren ursprünglichen Verwendungszweck verlassen.

Ein besonders innovatives Beispiel für das Bauen mit wiederverwendeten Materialien ist NEST, das modulare Forschungs- und Innovationsgebäude der beiden Schweizer Forschungsinstitute Empa und Eawag. Dabei steht das Akronym NEST FÜR "Next Evolution in Sustainable Building Technologies". Dessen Unit „Sprint" wurde im Jahr 2021 aus größtenteils wiederverwendeten Materialien und Bauteilen in nur zehn Monaten errichtet. Das Recycling-Haus folgt dem „Design for Disassembly"-Ansatz. Das bedeutet, dass alles verlustfrei wieder ausgebaut und weiterverwendet kann. So können beispielsweise flexible Trennwände rückgebaut und die Einzelbüros als Mehrpersonen-Büros verwendet werden. Die

Skepsis der Bauwirtschaft gegenüber solchen radikalen Projekten ist noch spürbar. Doch vielleicht zeigen genau solche Lösungen auf, wie man künftig den Marktanforderungen an flexibles und schnelles Bauen gerecht werden kann. Es ist nicht allein der Anspruch an Nachhaltigkeit, der in solchen Konzepten konsequent umgesetzt wird. Es fordert die Gestalter mit der Denksportaufgabe heraus, unter starken Limitationen kreativ wirksam zu werden. Die Nutzerinnen und Nutzer eines solchen Gebäudes erleben eine Atomsphäre, die genau jenen kreativen Geist verströmt. Und noch ein weiterer Aspekt fließt bei der Gestaltung ein: „Mit der Sprint-Unit haben wir uns deshalb zum Ziel gesetzt, möglichst allgemeingültige Lösungen zu finden und damit die Wiederverwendung von Baumaterialien zu vereinfachen", sagt Enrico Marchesi, Innovation Manager und Projektverantwortlicher von NEST.[96]

Hier liegt ein wichtiges Prinzip versteckt, das im Großen wie im Kleinen hilft, flexible Strukturen zu formen und Multioptionalität zu ermöglichen. Es gilt, Materialien, Räume, Objekte zu finden, die alles sein können, und sich von den Grenzen einer dedizierten Nutzung zu befreien. Das birgt ein besonderes Potenzial für kreative Umwidmung und Weiterverwendung im besten Sinne, wie die beiden nächsten Beispiele illustrieren.

Julia Erdmann, die Städteplanerin mit ganzheitlichem Blick, ist von Natur aus experimentierfreudig. Auf ihrer Website verspricht sie: „Wir programmieren Innenstädte neu. Entwerfen Räume für das Arbeiten von morgen." Die Lust am Neuen und Ausprobieren mündet nicht zwangsläufig darin, immer noch mehr Neues zu bauen. Im Gegenteil. Ihr ist sehr bewusst, dass ihre Branche, die Bauindustrie, einen kapitalen Anteil am CO2-Ausstoß verantwortet. Nicht nur deshalb plädiert sie für einen wertschätzenden Blick auf bewahrenswerte Strukturen und dafür, diese Qualitäten schon bei einer Planung zu berücksichtigen.

Link zur Folge mit Julia Erdmann

„Ich denke, es ist einfach wieder die Zeit gekommen für multifunktionale, hybride Gebäude wie z. B. die typische Altbauwohnung. Sie ist immer noch super beliebt, alle wollen eine Altbauwohnung haben. Warum? Altbauwohnungen eignen sich sehr gut zum Wohnen, man kann aber auch eine Praxis darin haben, man kann darin sehr gut arbeiten. Manchmal ist ein Institut in einem Altbaugebäude, ein Kindergarten. Die Zuschnitte eignen sich für ganz, ganz viel. In allen europäischen alten Städten sind Gebäude, die schon viele hundert Jahre alt sind, diejenigen, die wir alle so lieben und die genau deswegen nach 400 Jahren immer noch stehen, weil sie sich anpassen konnten, weil sie nicht nur auf eine spezielle Nutzung zugeschnitten waren ... In den letzten 70 Jahren habe wir genau das Gegenteil gemacht. Das war der Zeitgeist. Da wurden Wohnungen gebaut, die wirklich nur auf die Kleinfamilie ausgelegt waren. Und wir haben Bürogebäude gebaut, die nur für Büros geeignet sind. Diese dann umzubauen zu etwas anderem, ist super schwer und super aufwendig. Ich glaube und ich hoffe, bin aber optimistisch, dass jetzt eine Zeit kommt, wo alle wieder freilassende Gebäude bauen. Also Gebäude, die am Ende alles Mögliche sein können und sich gut anpassen können im Laufe der Zeit."[97]

Das nächste Beispiel kann ich aus meiner eigenen Arbeitsplatzgestaltung und der Erfahrung dazu beisteuern. Im Sommer 2015 erfüllt sich mein erster kleiner, unternehmerischer Traum: Ich habe Büroräumlichkeiten in einem Altbau gefunden und stehe nun vor der Aufgabe, sie passend zu gestalten. Die Entscheidung für die Nutzung ist schnell getroffen: ein Raum wird ein klassischer Büroraum mit Schreibtisch & Co, im anderen Bereich soll ein Ort für kreativen Rückzug und vertrauensvollen Austausch entstehen. Platz und Mittel sind begrenzt. Ideen und Möglichkeiten zur Umsetzung stehen sich in ungünstigem Verhältnis gegenüber.

Es braucht einen großen Tisch für den Werkstattraum, gleichzeitig genügend Fläche, um sich kreativ auszudrücken. Und: Es darf auf keinen Fall an einen typischen Besprechungstisch aus der klassischen Bürowelt erinnern. Schnell ist ein alter Kneipentisch aus der Biedermeierzeit im Netz günstig erworben. Seine Tischplatte zeugen von zahlreichen geselligen Runden. Genau diesen Spirit möchte ich unbedingt konservieren. Doch die historische Tischplatte wird zunächst geparkt.

Sie weicht einer beschreibbaren, weißen Arbeitsplatte. Es entsteht quasi ein horizontales Whiteboard. Das hat seit seiner Inbetriebnahme viele Menschen dazu animiert und inspiriert, ihren kreativen Gedanken beim Sprechen, Nachdenken auf dieser Tischplatte freien Lauf zu lassen. Der Tisch steht Modell und findet immer wieder Nachahmer, eine ähnlich simple, aber wirkungsvolle Umgestaltung in den eigenen oder den betrieblichen Besprechungsräumen vorzunehmen. Was ist aus der vermeintlich überflüssigen alten, malträtierten Arbeitsplatte geworden? Sie dient inzwischen als Ummantelung für eine gesichtslose 0815-Kommode und hat aus ihr ein lebendiges Stück mit Geschichte werden lassen. Die ehemaligen Stützstreben, die einst die Platte an die Tischbeine befestigten, dienen als Stifthalter für die Wandtafel. Kein Fitzelchen wurde entsorgt. Alle Teile wurden verwendet, zum Teil umgewidmet und atmen in neuer Funktion den ehemaligen Geist von Geselligkeit und Austausch aus.

Ob es um eigene Möblierungen des persönlichen Arbeitsplatzes im engeren Sinn oder die Neu-Konzeptionierung komplexerer Büroflächen geht: Wir werden eine zunehmende Annäherung verschiedener Welten, die zuvor gestalterisch, funktional oder räumlich voneinander getrennt waren, beobachten können.

Workation, Bleasure & Co

Die Frage nach dem idealen Arbeitsort auf die Diskussion „Homeoffice oder Büro?" zu beschränken, ist maximal verkürzt. Wenn wir den Gedanken der zunehmenden Autonomiebestrebungen von Erwerbstätigen als eine Folge aus mindestens zwei Jahren Remote-Arbeit unterstellen, ist der Schritt zur nächsten Stufe nur noch ein kleiner: das vollständig ortsunabhängige Arbeiten. Seine restlose Umsetzung klemmt noch ein wenig. Die Gründe für die Vorbehalte sind auch hier vermutlich vielschichtig.

Publizist und Vordenker in Sachen Transformation Wolf Lotter benennt Gründe für Beharrungstendenzen und spricht eine klare, unbequeme Empfehlung aus.

Link zur Folge mit Wolf Lotter

„Arbeit und Wohnen wurden seit dem Industriezeitalter ganz massiv getrennt … Das hat nicht nur unzählige Probleme mit Ökologie, mit Mobilität, mit verlorenen Lebensjahren, wenn man das hochrechnet, wie man zwischen Arbeit und Wohnen hin- und herfährt, mit sich gebracht. Das hat auch im Denken diese Trennung mit sich gebracht. Dass man das, was man tut, nicht flexibler tun kann als in sieben oder acht Stunden, je nachdem, wie die Tarifverträge es vorschreiben. Das funktioniert nur so lange, wie wir in Stückzahlen denken. Aber die Marktwirtschaft besteht ja im Wesentlichen aus gegenseitigem Problemlösen. Und da wird es schon eng zu sagen, dass ich dafür drei oder vier Stunden brauche. Wo das stattfindet, ist dann nicht mehr so wesentlich … Ich glaube, für Unternehmen, die einem Wissensarbeiter, einer Wissensarbeiterin vorschreiben: ‚Du kannst nicht dort arbeiten, wo es für dich am besten ist und wo die Resultate für uns am besten sind.' für solch ein Unternehmen sollte man aufhören zu arbeiten."[98]

Die räumliche und örtliche Selbstbestimmtheit konsequent zu Ende gedacht führt zu einem weiteren Aspekt, bei dem Raum und Zeit buchstäblich ineinanderfließen: die Verschmelzung von Arbeit und Reisen. Und damit eröffnet sich zumindest gedanklich die Perspektive auf ein Konzept, das viele Sehnsüchte adressiert: Arbeiten unter Palmen, Schreibtisch auf dem Bootssteg, Skypen am Pool. Momentan scheitert die komplette internationale Liberalisierung der Arbeitsstätten unter anderem noch an Gründen des Datenschutzes und der Compliance.

Nach wie vor blicken die meisten Angestellten spätestens im Januar in ihren Kalender und nehmen ihre Urlaubsplanung vor. Die Termine werden mit viel Bedacht gewählt und eisern gegen betriebliche Belange verteidigt. Gleichzeitig hat sich ein Trend unter dem Eindruck der neueren Erfahrungen durchgesetzt, der die skizzierte Sehnsucht bedient. Es ist das Phänomen Workation. Die vorsätzliche Mischung aus Urlaub (Vacation) und Arbeit (Work) war vor der Pandemie bereits eine Randerscheinung für vorrangig freiberufliche Online-Entrepreneure und Selbständige respektive Unternehmer aller Couleur. In Zeiten von hundertprozentiger Remote-Arbeit ist es zu einem greifbaren Szenario für die Mitte der Arbeitswelt avanciert.

Anja Kirig ist Zukunftsforscherin und erforscht unter anderem für das Zukunftsinstitut das spannende Feld der sogenannten „Unterwegskultur". Sie hat ihre Antennen in fremde Länder und heimisches Verhalten fein ausgefahren. Sie kennt deutsche Reisesehnsüchte und verändertes Arbeitsverhalten und wie sich beide Phänomene begegnen. Sie bestätigt die Entgrenzung von Arbeit und Urlaub.

Link zur Folge mit Anja Kirig

„Schon vor der Pandemie konnte man dieses Thema beobachten, dass Menschen nicht nur beruflich oder nur für Erholung verreist sind, sondern eben beide Bereiche vermischt haben. Es gibt solche Begriffe wie Bleasure, eine Kombination aus Business und Leasure. Das ist ein Phänomen, das sich auch schon vor der Pandemie beobachten ließ, dass die Geschäftsreise um einen Erholungsurlaub verlängert wurde. Auf der anderen Seite gibt es das Phänomen Workation. Und das ist in den letzten Monaten explosionsartig angestiegen. Menschen verreisen und arbeiten dort gleichzeitig, sie bauen ein Stück weit Erholung ein … Es kann also ein viel individuellerer Arbeitsalltag und Stil gepflegt werden. Das heißt, das bewusste Einbauen von Erholungsmomenten und die Entscheidung darüber, wo und in welcher Umgebung ich arbeite, dadurch eben individuell gestaltbar ist … Diese klassische Trennung zwischen „hier Geschäftsreise, dort Urlaub", das löst sich zunehmend auf."[99]

Der Markt hat überaus agil auf diese neuen Begehrlichkeiten und Bedürfnisse reagiert. Große Hotels und Urlaubsressorts auf der ganzen Welt, in allen Regionen rüsten ihre Infrastruktur entsprechend stark auf. Von Sankt-Peter-Ording bis Südafrika: Starke, abgesicherte WLAN-Verbindungen, abgeschlossene Arbeitsumgebungen, Schreibtische mit Blick auf den Strand und in die Natur locken und versprechen die gelungene Mischung aus Inspiration und Aspiration.

Entgegen den leichter realisierbaren Wünschen nach Bleasure, also der Verlängerung einer Dienstreise um ein paar Tage Privataufenthalt und Rückflug auf Firmenkosten, halten Workations im großen Stil besondere Herausforderungen für Unternehmen und seine Mitarbeitenden parat. Abgesehen von rechtlichen Rahmenbedingungen ist dieses Format unter sozialen Gesichtspunkten nicht unheikel.

Selten zuvor sind sich persönliche Lebensrealität und Arbeitswirklichkeit so nah gekommen wie bei diesem Ansatz. Es ist eine Sache, wenn Kinder, Haustiere, Angeheiratete plötzlich während einer Videokonferenz auf dem Bildschirm auftauchen. Daran haben wir uns gewöhnt und nehmen es in der Regel mit Humor und Sympathie zur Kenntnis. Ein „Zur-Schau-Stellen" der eigenen Urlaubsgewohnheiten spielt jedoch in einer ganz anderen Liga. Hier trennen sich dann schnell mal Homeoffice-Streu von Kanaren-Weizen. Es zündelt im ungünstigsten Falle an einer Stelle, die im beruflichen Kontext häufig vorsichtig umschifft wird: das Auseinanderklaffen von sozialen Wirklichkeiten im Privaten.

Wie tolerant und gönnerhaft werden Kollegenkreis und Kundschaft reagieren, wenn man für zwei bis drei Wochen von einer exotischen Insel aus in die Videokonferenz-Schalte grüßt? Wird es sozial akzeptiert werden, wenn man versichert, Tauchkurs und Teamsitzung in einem Tag gut miteinander in Einklang bringen zu können? Völlig ungeklärt ist der Aspekt der Productivity Anxiety, also der Angst, dem eigenen Produktivitätsanspruch und dem der Kollegen nicht zu genügen. Es braucht nicht allein die ausdrückliche Genehmigung und das Wohlwollen von Unternehmensseite, es braucht vor allem auch die eigene, innere Erlaubnis, sich selbst eine solche Workation zuzugestehen. Am Ende müssen beide Effekte erzielt werden, damit sich das Format als echter Boom etablieren kann: eine nachhaltige Erholung und eine gute, gesunde Arbeitsleistung. Nur dann läuft das Band der Flexibilität nicht Gefahr, überdehnt zu werden.

Hier schließt ein kleiner Denkansatz den Kreis zu flexiblen, zeitlichen Strukturen. Es ist tatsächlich vorstellbar, dass Formate wie Workation künftig Bestandteil der tariflichen Diskussion um Arbeitszeitgestaltung werden und als gesonderte Kategorie in der Urlaubsabrechnung auftauchen. Jedes Unternehmen kann dann darüber entscheiden, ob und in welchem Ausmaß es seinen Mitarbeitenden so viel Autonomie zugestehen möchte. Vielleicht ein zumutbarer Zwischenschritt zur Endstation: Von der Vertrauensarbeitszeit hin zu Vertrauensurlaub. Schon jetzt gelten solche Modelle als Jackpot im Portfolio an Corporate Benefits. Der Weg dorthin scheint indes für viele Unternehmen noch ein weiter zu sein.[100]

GOOD WORK braucht flexible Strukturen

Die Diskussionen, die aktuell innerbetrieblich zur Ausgestaltung einer neuen Arbeitsnormalität geführt werden, nehmen sich im Lichte dieser Betrachtungen eher eng und reduziert aus. Sie kreisen im Wesentlichen darum, wie viele Tage pro Woche man seinen Mitarbeitenden mobiles Arbeiten – aka Homeoffice – erlauben möchte. Manche Organisationen lassen immerhin die Wahlmöglichkeit zwischen verschiedenen Modellen offen. Was die meisten Unternehmen eint, ist die Entschlossenheit, genau jetzt diese Konzepte in Form von Betriebsvereinbarungen festlegen zu wollen. Ausgerechnet jetzt, wo immer noch sehr viele Organisationen abwartend im Schwebezustand verweilen. Es fehlen schlicht die Erfahrungen, wie sich diese Modelle unter den Realitätsbedingungen einer echten freien Wahl bewähren. Es sei noch einmal an den Ausspruch von Raphael Gielgen erinnert: „Es ist jetzt nicht die Zeit, Entscheidungen zu treffen." Jetzt ist die Zeit, sich auf ein Modell zu verständigen und es zu verproben. Und dabei kann es keine unternehmensweiten Ansagen ohne Berücksichtigung der differenzierten Arbeitsrealitäten geben. Die Zukunft der Arbeitsmodelle ist nicht hybrid. Die Zukunft der Arbeitsmodelle sollte kontextgerecht und bedürfnisorientiert sein. Die vielbeschworene hybride Arbeitswelt wirft dabei aktuell noch mehr Fragen auf als sie beantwortet.

GOOD WORK braucht die Spannung zwischen Flexibilität und rahmengebender Struktur. Wo das jeweilige Idealmaß liegt, lässt sich nur iterativ und erfahrungsbasiert austesten und näherungsweise bestimmen. Für jedes Team, für jeden Kontext separat. Die Unternehmen sind einmal mehr gefordert, diese Spannung auszuhalten und in einem übergreifenden Dialog zu begleiten und zu moderieren. Regelmäßige Reflexionsrunden flankieren dabei die stetige Weiterentwicklung.

Noch anspruchsvoller ist die Frage der räumlichen Flexibilität. Hier wurden zum Teil schon langfristige Entscheidungen getroffen. Unternehmen haben Flächen abgemietet, Mitarbeitende haben ihren unternehmensnahen Wohnort verlassen und sich den Traum vom Häuschen im Grünen realisiert. Die zentrale Frage lautet jedoch: Wie ist eine Arbeitsumgebung gestaltet, dass dort GOOD WORK gelingen kann? Dafür müssen Organisationen zunächst viel besser verstehen, wie divers sich ihre Arbeitsprozesse aufgliedern und was, wo, wie am besten erledigt werden kann.

Menschen suchen keine Zweckbauten mit schönen Möbeln. Sie suchen Umgebungen, in denen sie sich bestmöglich einbringen und entfalten und vor allem gute Ergebnisse erzielen können. Das Büro der Zukunft sollte genau dafür erlebbare, eine kreative Lern- und Arbeitsgemeinschaft und ein Stück professionelle Heimat bieten. Es sollte nicht nur in Teilen aussehen wie ein Eventspace, sondern dieses Versprechen auch einlösen. Und das erfordert eine ganz neue Hinwendung, eine Belebung der Flächen mit unerwarteten, attraktiven Elementen. Wie dies im Einzelfall exakt aussehen wird, kann nur das Ergebnis eines partizipativen Prozesses zwischen Mitarbeitenden und Unternehmensleitung sein. Doch die kreativste Fläche verliert ihre sinnvolle Bestimmung, wenn sie von Mitarbeitenden überwiegend als hübsch gestalteter Hintergrund für serielles Videoconferencing genutzt wird.

Menschen suchen keine Zweckbauten mit schönen Möbeln. Sie suchen Umgebungen, in denen sie sich bestmöglich einbringen und entfalten und vor allem gute Ergebnisse erzielen können.

Die hoffnungsvolle Vermutung liegt nahe, dass künftige Arbeitsumgebungen nicht allein Wertschöpfungsprozesse im engeren Sinne beherbergen, sondern mit grenzenlosen Inspirationen und mit einer Gastgebermentalität überraschen werden. Grenzenlos meint in diesem Kontext, dass man künftig in Firmengebäuden immer schwerer differenzieren können wird, wer „intern", wer „extern" ist. Die Unternehmensgrenzen werden verschwimmen, die Gebäude in dieser Hinsicht werden zu echten Open Spaces. Kurz: Es braucht eine Prise Marrakesch in unserer Arbeitswelt. Diese Transformation will gut begleitet sein, sonst geht sie mit besten Absichten haarscharf an dem vorbei, was Menschen wirklich bewegt. Das beste Konzept ist eben nur in dem Maße gut, in dem es genutzt wird.

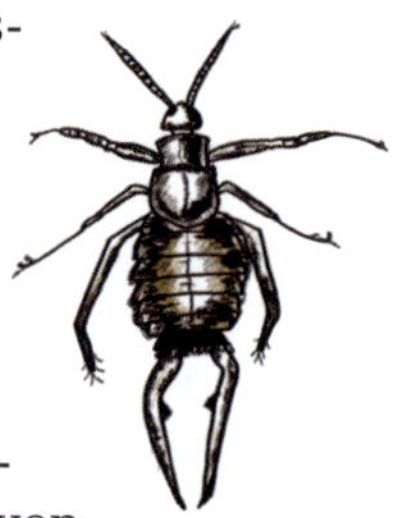

Flexible Strukturen sind haltgebendes, störungsfreies Gerüst in unserem Arbeitsalltag. Sie fungieren quasi als Außenskelett, als Exoskelett. Die Terminologie ruft womöglich erst einmal seltsame Assoziationen hervor, leitet er sich doch aus dem Griechischen von exo „außen" und skeletos „ausgetrockneter Körper" ab. Die Idee des mechanischen Exoskeletts ist die Funktion eines Stützkorsetts bei der Verrichtung von Arbeitsschritten oder Handgriffen, die dem betreffenden Menschen ohne diese Hilfe – beispielsweise aufgrund körperlicher Beeinträchtigungen – nicht gelänge. Eine gefälligere und passendere Perspektive erschließt sich, wenn wir auf den Ursprung des Wortes schauen. Das System stammt aus dem Reich der Tiere. Gliedertiere wie beispielsweise Krebse oder manche Insektenarten verfügen über kein inneres Skelett. Ihr äußerer Panzer, ihr Außenskelett dient der Stabilisierung.

Strukturen in Raum und Zeit – wie in diesem Kapitel als äußere Rahmenbedingungen beschrieben – müssen wir in unserer jeweiligen Arbeitswirklichkeit etablieren. Sie wohnen nicht in uns, sondern sind Resultat aus Erfahrung, Erkenntnis und Diskussion. Sie folgen demnach keinem Naturgesetz. Überlassen wir es dem Zufall, dem Faktischen oder allein dem Pragmatismus, welche Strukturen wir installieren, werden sie ihre wichtigste Funktion, störungsfreien Halt zu vermitteln, kaum erfüllen können. Flexible Strukturen schaffen jedoch genau das. Woran bemerken wir, dass uns flexible Strukturen umgeben? Indem wir sie eben kaum bemerken und wir uns gleichzeitig dennoch im besten Sinne gehalten fühlen.

GOOD WORK Fragen zu flexiblen Strukturen

Flexible Strukturen in Zeit:

- Gibt es bestimmte Events, wiederkehrende Ereignisse, die wir dem Vormittag/dem Nachmittag vorbehalten wollen? Was würde sich dadurch in unserer Zusammenarbeit zum Besseren entwickeln?
- Wie können wir Formate unserer Zusammenarbeit sinnvoll und effektiv rhythmisieren?
- Gibt es Prinzipien, die wir der zeitlichen Ausgestaltung unserer Meetings zugrunde legen wollen? Wie könnten diese aussehen?
- Welchen Stellenwert räumen wir Pausen ein? Wie achtsam gehen wir/gehe ich mit dem Thema um?
- Wie steht es um unsere Produktivitätsfantasien? Wie können wir solche Phänomene in unserem Team besprechbar machen? Oder liegt dies allein in der Verantwortung jedes Einzelnen?
- Welche Funktionen von der Mittagspause erkennen und nutzen wir in unserem Arbeitsalltag?
- Wie können wir folgenden Aspekten mehr Gewicht geben? A) Bewegung b) informeller Austausch c) Impulse von außen, unter uns d) Beziehungsgestaltung
- Wollen wir ein gemeinsames Pausenritual etablieren? Wie könnte das aussehen? Was würde sich in unserem Team, in unserer Gruppe dadurch ändern?

- Wünschen wir uns einen verbindlichen Teamtag (in Präsenz)? Wenn ja, was soll an diesem Teamtag stattfinden, was nicht?
- Was würde sich durch einen solchen Tag verändern?

Flexible Strukturen im Raum:

- Haben wir ein klares Bild darüber, welche Arbeiten wir wo am besten erledigen können? Wie könnte eine solche Bestandsaufnahme aussehen?
- Welches Maß an eigenen Möblierungen gestehen wir uns zu? Im Büro? Zu Hause?
- Diskutieren wir den „Außenauftritt" unserer mobilen Arbeitsstätten? Wie stehen wir zum Thema „Corporate Identity im Homeoffice"?
- Wo befinden wir uns zwischen Vorgaben (0) und Autonomie (10)? Wie fühlen wir uns mit dieser Einschätzung? Wollen wir daran etwas ändern? Wenn ja, in welche Richtung?
- Wer oder was könnte uns helfen, unser Arbeitsumfeld so zu gestalten, dass wir bestmöglich zusammenarbeiten und gute Arbeitsergebnisse erzielen?
- Wer oder was könnte uns dazu inspirieren?
- Sehen wir in unserem Umfeld Möglichkeiten oder Potenzial der Umwidmung und Gestaltungsräume? Wie wollen wir diese nutzen?
- Wie könnte eine Diskussion in unserem Kreis zu innovativen Konzepten wie Workation oder Vertrauensarbeitszeit aussehen?

3.4 Drittes GOOD WORK Prinzip: Digitale Balance

Das dritte GOOD WORK Prinzip widmet sich einem Aspekt, dessen Bedeutsamkeit ein Stück weit mehr der Aktualität geschuldet ist, als es bei den anderen Prinzipien der Fall ist. Vergegenwärtigen wir uns noch einmal kurz den Anlass und den zeitlichen Kontext, der zur Beobachtung und Formulierung der fünf GOOD WORK Prinzipien geführt hat. Gerade an dieser Schnittkante in unserer Arbeitsrealität, die wir im Zuge der Corona-Pandemie kollektiv erfahren haben, tun sie sich besonders eindrücklich kund. Dieses Davor-Danach-Gefühl wird durch einen Faktor verstärkt, der mit der Anwendung digitaler (Kommunikations)medien und digitaler Kollaboration in engem Zusammenhang steht. Unsere Kompetenzen im Umgang mit digitalen Phänomenen sind stärker gefragt denn je. In unserem Fünfergespann spiegeln sie sich in allen anderen GOOD WORK Prinzipien wider. Ganz besonders deutlich ist ihr Bezug zur Beziehungsgestaltung und den flexiblen Strukturen und damit den ersten beiden GOOD WORK Prinzipien.

Ehrlich gesprochen mühen wir uns seit Jahren mit der Bürde der notwendigen, aber unliebsamen Digitalisierung ab. Die sogenannte digitale Transformation prangt wie ein gigantischer „To-Do-Zettel" über nahezu jeder Organisation. Jede Branche, jeder Kontext ist aufgefordert. Als Verbraucher, Kundin, Bürgerin, Patient lästern wir über das, was uns in unserer eigenen Arbeitsrealität selbst ins Schwitzen bringt: Der souveräne Umgang mit und die sinnhafte Entwicklung von digitalen Lösungen. Wir schimpfen gerne auf stockende Prozesse, quälen uns mit Anwendungen, die sich irgendwo zwischen Bleistift und Papier und APP verorten. Und treffen dabei nicht selten auf Varianten, die die schlechteste Version aus beiden Welten sind.

Bei all unseren Bemühungen, selbst die Digitalisierung voranzutreiben, verlieren wir einen Aspekt häufig aus dem Blick: Digitalisierung ist kein Ziel, es ist ein Prozess. Sollten wir etwa wir also schon beim bloßen Erwähnen des Wörtchens Digitalisierung übellaunig und übermüdet reagieren, dann mag das genau daran liegen, dass wir Prozess und Ziel verwechseln. Niemand lässt sich für einen – zermürbenden – Prozess begeistern. Was uns lockt, sind Ziele und Ergebnisse. Man denke nur mal an den ein oder anderen Versuch, abzunehmen oder als Sportmuffel sich endlich fürs Laufen zu motivieren.

Digitalisierung ist nicht gleich Digitalität

Wenn wir demnach über digitale Balance sprechen, dürfen wir zunächst klären, ob wir damit den Vorgang der Digitalisierung meinen oder eine Vision hinsichtlich einer digitalen Realität, einer Digitalität im Blick haben. Wie auch immer eine solche Digitalität im konkreten Ergebnis aussehen mag: Sie wird nicht nur als Sammelbegriff alle denkbaren digitalen Tools, Geräte, technischen Aspekte und Anwendungsmöglichkeiten beschreiben. Digitalität – als Wortschöpfung aus Digital und Realität – wird auch unseren Umgang, unsere Haltung, unsere Kompetenzen in Bezug auf digitale Möglichkeiten mit in Betracht ziehen. Digitalität ist kein Synonym für eine rein digitale Welt. Sie ist auch nicht die alleinige Aufzählung aller digitalen Möglichkeiten. Digitalität ist die Vision einer lebenswerten Zukunft, in der sich digitale und analoge Phänomene begegnen, überlagern und wechselseitig bestmöglich ergänzen.

Vielleicht ist Digitalität in dem skizzierten Bild eine Utopie. Um sich ihr ein Stück weit zu nähern, benötigen wir eine differenzierte Annäherung und eine Ressource, die „altes" Wissen und „neue" Möglichkeiten in Einklang bringt. Die digitale Balance kann genau solch eine Ressource darstellen. Sie ist weder Ergebnis noch Ziel. Sie ist eine nützliche Perspektive, um einer wünschenswerten Version von Digitalität möglichst nahezukommen. Im Bild der Balance gesprochen: Sie geht auch weit über die Vorstellung eines digitalen Idealgewichts hinaus. Mit einem Schritt auf die Waage und dem Befund „Übergewicht" oder „Untergewicht" allein ist es nicht getan.

Es wird – nach den Ausführungen im Kapitel Flexible Strukturen kaum verwundernswert – auch hier wieder deutlich mehr um qualitatives Ausloten und Ausdifferenzieren als um quantitatives Messen gehen.

Mythen, Missverständnisse, Motivationshürden

Es gibt eine ganze Reihe von Fehlannahmen rund um das Thema Digitalisierung, die allein durch ihre permanente und prominente Wiederholung nicht wahrer werden. Einige Beispiele für Verhinderer einer digitalen Balance werden wir hier aufgreifen und diskutieren. Ebenso werden wir ein paar Motivationshürden im Kontext digitaler Zusammenarbeit beäugen und hoffentlich entkräften.

Ein Missverständnis oder besser: eine schiefe Wahrnehmung sei an dieser Stelle gleich eingangs aufgegriffen: Wir haben im Zuge der Corona-Pandemie überdigitalisiert. Auch wenn wir unsere Zusammenarbeitsformen auf abrupte Art und Weise spürbar und in großem Umfang auf digital geschaltet haben, stehen wir beim Thema Digitalisierung unserer Arbeitsprozesse noch immer nicht in der Nähe der Zielgerade. Merke: Eine Videokonferenz allein ist noch kein Beleg für gelungene Digitalisierung.

Sascha Lobo, einer der prominentesten deutschen Digitaldenker, reagiert im GOOD WORK Interview auf die Frage, ob wir es in den letzten Monaten mit der Digitalisierung wohl ein bisschen übertrieben hätten, entsprechend eindeutig.

Link zur Folge mit Sascha Lobo

> „Die durchschnittliche deutsche Person in einem normalen Bürojob liegt, wenn sie völlig übertreibt, immer noch nur bei 50 Prozent – wenn überhaupt – der Möglichkeiten, die digitale Anwendungen bieten. Ich glaube nicht, dass wir während Corona überdigitalisiert haben. Es mag sein, dass es viele Videokonferenzen gab. Aber das ist für mich eher ein Symptom davon, dass Arbeitsprozesse nicht richtig aufgesetzt waren. Das hat wenig mit der Digitalisierung selbst zu tun. Sondern mehr damit, dass die Leute noch nicht ganz genau wussten, wie sie mit diesem Instrument umgehen. Das war also eher der Umgang mit diesen Digitalisierungstools, als dass man jetzt sagen kann: Wir haben zu viel digitalisiert … Ich glaube, wir müssen jetzt, wo der Druck durch die Pandemie nachlässt, nicht gleichzeitig auch den Druck auf die digitale Transformation reduzieren. Da muss weiter der Druck draufbleiben. Wir haben jetzt einen Slot, in dem Menschen eine große Einsicht entwickelt haben in die Notwendigkeit der Instrumente der digitalen Vernetzung. Erfahrungsgemäß lässt die Intensität der Einsicht nach, wenn der Druck nachlässt."[101]

Digitale Balance ist weder Bremspedal noch Beschleuniger für die notwendige Digitalisierung. Das Prinzip der digitalen Balance wägt ab und sortiert. Und dafür braucht es mehr als hybride Modelle.

Hybride Meetings sind kein Zielbild

Ich kann es kaum verleugnen: Die hybride Hysterie, die gerade in der Arbeitswelt um sich greift, lässt mich oftmals stutzig zurück. Im Kontext von Wechselmodellen zwischen „im Büro arbeiten" und „an einem beliebigen anderen Ort arbeiten" haben wir die Einschränkungen des hybriden Denkrahmens hinreichend erörtert. Im Zusammenhang mit Begegnungsformaten, aka: Meetings, taugt „hybrid" meiner Ansicht nach noch weniger als Vision.

Meine Skepsis gegenüber gekoppelten Systemen ist biographisch verankert. Meine ersten praktischen Erfahrungen mit dem Phänomen „hybrid" reichen etliche Jahre zurück. Wiesbaden, meine Heimatstadt, ist bekannt für ihre Fülle an prachtvollen und charmanten Altbauten. Doch längst nicht alles, was mit Hülle verzaubern mag, hält im Innenleben seine Versprechen. So verhielt es sich auch bei unserer ersten gemeinsamen Wohnung in der Stadt der Gründerzeitvillen. Der Stuck an der Decke, das Parkett am Boden konnten dauerhaft nicht über die Platznot in Küche und

Bad hinwegtrösten. Nach Jahren in der Studenten-WG erschien der Wunsch nach ein bisschen Geräteluxus ebenso dringlich wie unrealistisch. Ein Wäschetrockner sollte es sein, unbedingt. Die Wohnung streikte. Ein geschickter Haushaltsgeräteverkäufer pries uns als Lösung seinen „absoluten Verkaufsschlager" an: ein Waschtrockner – waschen und trocken mit nur einer Maschine.

Der kritische Verstand setzte noch im Ladenlokal aus, das Gerät wanderte sofort in unseren Besitz. Auf die Euphorie, mit nur einem einzigen Tool nahezu sämtliche Kalamitäten des Wäschemanagements in den Griff zu bekommen, folgte die Ernüchterung. Zum einen ließ der integrierte Trockner die Füllmenge an Wäsche auf ungefähr ein Paar Jeans und zwei bis drei Paar Socken zusammenschnurren. Dieses Zugeständnis wäre eventuell noch verschmerzbar gewesen. Die echte Enttäuschung offenbarte sich nach recht kurzer Zeit. Der Trockner gab den Geist auf. Und er nahm die Waschfunktion gleich mit in Sippenhaft. Denn merke: Bei hybriden Geräten gibt es nur den gemeinsamen Untergang. „Wenn eins kaputt, dann alles kaputt," lautete mein damaliges, nüchternes Resümee. Es mag schon sein, dass diese bescheidene Erfahrung meine Grundzweifel gegenüber jeglicher Art von „Hybridisierung" sehr früh nährte.

Nach gut zwei Jahren Betaphase für digitale Meetings haben sich auch hier einige Lernerfahrungen eingestellt, von denen souveräner Umgang mit digitalen Tools, mehr Sachbezogenheit, gleichzeitig lückenlose Aneinanderreihung von Meetings und atmosphärische Blindspots nur exemplarisch genannt seien. An dieser Stelle sei den Organisationen erneut empfohlen, die Erfahrungen aus dieser Zeit und die hinzu erlangten Kompetenzen nicht als Selbstverständlichkeit abzutun. Leider dominiert vielerorts ein Reflex die Reflexion. Und so etabliert sich etwas zu einer vermeintlich neuen Normalität, was den aktuellen Rahmenbedingungen geschuldet sich einfach ergeben hat: hybride Meetings.

> „Bei hybriden Lösungen gibt es nur den gemeinsamen Untergang. Wenn eins kaputt, dann alles kaputt.

Mit der Telefonspinne im Konferenzraum – im ungünstigsten Fall – mit der automatisch fokussierenden Kamera auf den aktuellen Sprecher – im günstigeren Fall – werden jene Kollegen „dazugeholt", die an einem anderen Ort als dem Besprechungsraum sitzen. Technologisch betrachtet ist die Bezeichnung hybrid korrekt. Erneut sei die Frage gestattet: Und so soll die Zukunft aussehen?

Welcher Teil dieses Setups ist innovativ, gemeinschaftsfördernd, visionär oder gar Ausdruck guter Zusammenarbeit?

Hier sind wir an der Stelle Waschtrockner angekommen. Am Scharnier der beiden Betriebszustände knirscht es gewaltig. Solange wir in der Teilung von analog und digital als ein Zwei-Welten-Modell denken, dass wir auf Knopfdruck wechseln möchten, versperren wir unsere Sicht auf eine Kommunikation und Zusammenarbeit, die fluide und grenzenlos ist. Hybrid trennt und läuft damit Gefahr der Spaltung. These: Mitarbeiter, die dauerhaft zu Meetings und Workshops „dazugeholt" werden, fühlen sich auf lange Sicht auch nicht mehr abgeholt oder schlicht nicht mehr gemeint.

Digital-integral statt hybrid

Wie wäre es, wenn wir stattdessen von einer digital-integralen Zusammenarbeit sprechen könnten? Digital-integral meint, dass wir uns souverän(er) im digitalen Raum bewegen und für uns verstanden haben, an welcher Stelle er uns nutzt und wie wir ihn bewusst einsetzen können. Digital-integral meint auch, dass wir nicht nur analoge Prozesse und Formate digitalisieren, sondern auch versuchen, analoge Elemente in den digitalen Austausch zu bringen. Digital-integral berücksichtigt ebenfalls, dass wir stärker differenzieren zwischen Arbeiten und Abstimmen, zwischen notwendigem synchronen Arbeiten und der Chance, die in asynchroner Arbeit besteht.

Wir haben gelernt, dass digitale Tools – kompetenter und kontextgerechter Einsatz vorausgesetzt – einen enormen Effizienzschub in der Zusammenarbeit leisten können. Warum sollten wir diese digitalen Helferlein nur dann anwenden, wenn wir uns NICHT persönlich gegenübersitzen? Deutlicher Hinweis: Wenn schon hybride Meetings als einzige Alternative erscheinen, dann sollte gleiches, technisches Recht für alle gelten. Kamera und digitales Whiteboard: an, nonverbale Querchecks und Individualabsprachen: off. Und: Haben wir gut im Blick, ob wir immer die gleichen Menschen digital einbinden? Gibt es Möglichkeiten, das anders zu gestalten? Im Zweifelsfall sollte den Kollegen, die remote eingebunden sind, eine besondere Aufmerksamkeit zuteilwerden. Ihnen gehört das erste Wort, ein besonders häufiger Blick und immer wieder Rückkopplung, um Verständigungsprobleme auszuschließen.

So manche hybriden Meetings können zum Anlass genommen werden, die Existenzberechtigung dieser Regeltermine einer kritischen Prüfung zu unterziehen. Zumindest hinsichtlich der Konstellation an Teilnehmern. Die Lösung kann beispielsweise in einer Splittung von Terminen bestehen. Auch die lakonische Frage „Könnte dieses Meeting auch eine E-Mail sein?" deutet in manchen Fällen mit spitzem Finger in die richtige Richtung. Die soziale Teilhabe, die hybride Meetings ermöglichen, ist unbenommen ihr argumentatives Ass im Ärmel. Diesem Zugewinn an Vernetzung steht jedoch eine Entwicklung gegenüber, die durch den übermäßigen Einsatz hybrider Meetings überhaupt erst ermöglicht wird. Spätestens wenn Teammitglieder oder gar Führungskräfte sich aus Komfortgründen dauerhaft darauf verlassen, dass sie sich im Zweifelsfall „irgendwie in das Meeting remote dazuschalten" können, ist Aufmerksamkeit geboten. Dann hat das Format „hybrid" das ad absurdum geführt, was als positiver Grundgedanke seiner Entstehung beflügelt hat: die Einbindung möglichst vieler Menschen in einen relevanten Austausch.

Im Netz werden aktuell an vielen Stellen die neuesten Hacks für hybride Meetings geteilt und dabei vornehmlich auf Tools und Ausstattung abgestellt. Das Kernthema gelungener Meetings liegt jedoch auf mehreren Ebenen, die über Hybridisierung noch drängender zu klären ist. Es sind die altbekannten 7 Ps, und zwar in der Reihenfolge: 1. Purpose (Ziel), 2. Product (Ergebnis), 3. People (Beteiligte), 4. Process (Struktur, Ablauf), 5. Preparation (Agenda, Vorbereitung), 6. Practical (Raum, Termin, Technik), 7. Pitfalls (Hürden). Die Hybridisierung unserer Austauschformate entbindet uns nicht der Pflicht, diese Aspekte zu berücksichtigen. Im Gegenteil. Die Ansprüche an gekoppelte Technologien sind höher als an getrennte Systeme. Das gilt für Meetings gleichermaßen wie für Waschmaschinen und Autos. Hybride Lösungen sind nicht selten Ausdruck einer Übergangstechnologie, an deren Ende etwas gänzlich Neues am Horizont auftaucht.

Fazit: Die Zukunft unserer Zusammenarbeit ist – hoffentlich – nicht hybrid. Die Zukunft unserer Zusammenarbeit sollte digital-integral sein.

Digitale Effizienzfalle

Die vielgerühmte Effizienz, die gemeinhin mit digitalen Anwendungen assoziiert wird, ist eine besonders hartnäckige Simplifizierung. Die Nutzung eines digitalen Tools ist nicht mehr und nicht weniger als die Entscheidung für ein Arbeitsmittel. Und das kann hilfreich sein oder eben nicht. Effizienz stellt sich nicht als Automatismus ein. Viele Menschen haben gerade in der Umstellung auf Remote-Arbeit erfahren, wie sehr Videokonferenzen vom eigentlichen Arbeiten abhalten. So hilfreich und nachvollziehbar der große Abstimmungsbedarf und die gegenseitigen virtuellen Rücksprachen anfangs waren. Nur ein Bruchteil dessen, was digital dort aufgegleist und diskutiert wurde, hatte eine Chance auf Umsetzung. Wie sollte die gelingen, wenn jeder Tag zu 90 Prozent durch Videokonferenzen blockiert ist? Digitalos und Digitalas – der Name für Menschen, die sich souverän und intuitiv im digitalen Raum bewegen – haben den Unterschied zwischen Abstimmung und Arbeit längst erkannt. Dazu gehört auch die radikale Abstinenz bei ineffizienten Meetings. Die enge Taktung und die Vielzahl an digitalen Meetings sowie ihr Aufblähen zu virtuellen Hörsälen in Audimax-Dimension mit immer mehr Teilnehmenden sind echte Effizienzkiller für Zusammenarbeit.

Slack ist eine der bekanntesten und meistgenutzten Plattformen für digitale Kollaboration. Oliver Blüher, Slack-Chef für den gesamten deutschsprachigen Raum, ist bekennender Digitalo, durch und durch. Doch auch er spricht von einer „Videokonferenz-Manie".

Link zur Folge mit Oliver Blüher

> „Wir haben einen Freiheitsgrad gewonnen, dadurch dass wir uns vom Büro freigemacht haben und endlich überwunden haben, zu Hause zu arbeiten. Wir haben uns aber gleichzeitig beraubt, weil wir die gewonnene Freiheit durch Videoconferencing quasi wieder aufgegeben haben. Unser Tag ist gefangen. Das große Thema für uns ist jetzt: Wie können wir uns von dieser synchronen Kommunikation befreien? Wie können wir diese Chance nutzen in Richtung asynchroner Kommunikation, so dass wir nicht von morgens bis abends vor dem Rechner in Videokonferenzen sitzen? Denn jede Videokonferenz ist ja auch ein Silo. Und in der hohen Frequenz, in der wir sie machen, sind sie in der Regel schlecht vorbereitet und werden schlecht dokumentiert. Wir müssen jetzt wirklich umdenken und überlegen, wie wir wirklich diesen Freiheitsgrad umsetzen können in mehr Produktivität. In eine bessere Balance, zwischen Berufsleben und Privatleben."[102]

Der Einsatz digitaler Tools – wenn er sinnhaft, vielfältig und kontextgerecht betrieben wird – stimuliert Effizienz. Dabei eröffnet die digital-asynchrone Welt jenseits von Emails eine Perspektive auf Kollaborationsformen, die in der agilen Szene längst gang und gäbe sind. Organisation von Workstreams über geteilte, thematisch geclusterte Kanäle ist oft der Einstieg in diese Arbeitsweise. Aber auch die bereits zitierten digitalen Whiteboards sind nicht nur für virtuelle Meetings hilfreiche Arbeitsmittel. Sie können ebenso gut in Situationen physischer Begegnung zum Einsatz kommen, denn sie haben mindestens drei schlagkräftige Argumente im Gepäck: 1. Sie erlauben die asychrone, spätere Nach- und Weiterbearbeitung an den Arbeitsergebnissen, 2. Sie vereinfachen die Dokumentation und sind damit 3. ein Hebel für mehr Transparenz in Richtung all derjenigen, die nicht unmittelbar am Entstehungsprozess beteiligt sind. Diese Arbeitsweisen läuten endgültig das Zeitalter des Sharing-Gedankens und das Ende des Hortens von Datenpfründen ein. Geteilt wird, was gebraucht und woran weitergearbeitet wird. Das erfordert einerseits ein hohes Maß an Transparenz und an sortierenden Strukturen gleichermaßen.

Die Unternehmenswelt übt sich gerade darin, noch besser zu verstehen, wie viele Kanäle man sinnigerweise gleichzeitig im Blick behalten und aktiv bespielen kann. Und dabei gerät der feine, aber erhebliche Unterschied zwischen Effektivität und Effizienz ein ums andere Mal aus dem Blick. Ohnehin haben Produktivität und Effizienz die unschöne Angewohnheit des selbstbelohnenden Verhaltens. Einmal den Pfad der Effizienz beschritten, gibt es selten eine Umkehr. Peter Drucker unterscheidet Effizienz von Effektivität mit der einfachen Faustformel: Effizienz heißt, die Dinge richtig tun, Effektivität bedeutet, die richtigen Dinge tun. Und an ihrer Kreuzung gibt es bisweilen unheilvolle Begegnungen. Wir können uns voller Elan und Selbstzufriedenheit hoch-effizient Themen, Projekten, Aufgaben widmen, die in die völlige Irre führen. Und je weiter der Wagen bergab gerollt ist, desto widerwilliger werden wir uns von einer notwendigen Kurskorrektur überzeugen lassen. „There is surely nothing quite so useless as doing with great efficiency what should not be done at all."[103]

Es gibt einen Zustand höchster Effizienz, der in der Luftfahrt mit angstvoller Ehrfurcht gemieden wird. Er trägt den sinnigen Namen: „Coffin Corner", zu Deutsch: die Sargecke. In diesem Coffin Corner liegen Mindest- und Maximalgeschwindigkeit ganz eng beieinander. Kurz erläutert: Mit zunehmender Flughöhe wird der Geschwindigkeitskorridor, in dem sich ein Flugzeug stabil am Himmel halten kann, immer kleiner. Hintergrund: Je höher ein Flugzeug fliegt, desto weniger Kerosin benötigt es. Es ist maximal effizient unterwegs. Gleichzeitig braucht es mit steigender Höhe eine höhere Geschwindigkeit für den nötigen Auftrieb. Die Effizienz auf die Spitze zu treiben, erweist sich in dieser fliegerischen Analogie als hochriskantes Manöver.[104] Es ist also durchaus Argwohn geboten, wenn Effizienz als unumstößliches Paradigma ausgerufen wird. Bezogen auf unseren Kontext – der guten Zusammenarbeit – gibt es einige „Coffin Corner", die verführerisch einladen.

Digitale Tools schüren potenziell höhere Erwartungen in Bezug auf Antwort- und Reaktionszeiten. Das setzt Menschen mithin unter gewaltigen Druck. TLGG ist eine der führenden deutschen Digitalagenturen. Sie nutzen die gesamte Palette an virtuellen Möglichkeiten. Und das nicht erst seit der Corona-Pandemie. Doch auch sie sehen in rein digitaler Zusammenarbeit Risiken hinsichtlich der Selbstfürsorge und dem Produktivitätsdruck. Hier besteht ein unmittelbarer Querbezug zum Thema flexible Strukturen. TLGG sieht die Verantwortung dafür, eindeutige Signale in Richtung Mitarbeitende zu senden und sie zu ermutigen, sich flexible Tagesabläufe im Remote-Umfeld zu bauen. Pausen untertags für Familien- und Carearbeit, Haushalt und persönliche Freizeit bei gleichzeitig flexibler Anpassung der Arbeitszeiten sind laut der Geschäftsführerin Stefanie Lüdecke somit auch eher Ausdruck einer guten und professionellen Arbeitsorganisation.

Link zur Folge mit Stefanie Lüdecke

„Es ist so, dass diese Tools heute die Benutzer sehr stark unter Druck setzen, weil man ja sieht, wer gerade online ist. Es gibt diese Erwartungshaltung, dass diese Frage oder Nachricht sehr schnell beantwortet oder bearbeitet werden muss. Hier werden wir sicherlich Tool-Entwicklungen und Services sehen, die sehr viel stärker auf die Bedürfnisse und diese neue Arbeitsweise eingehen. Die werden dafür sorgen, dass man sich sehr viel schneller on- und offline stellen kann. Man kann dann Nachrichten hinterlassen, in welchem Zeitfenster man gut erreichbar ist und wann mit einer Live-Reaktion zu rechnen ist und wann vielleicht eher mit einer späteren Reaktion. Das ist zwar heute schon möglich, aber es ist noch nicht wirklich geübt im Arbeitsalltag. Die Erwartungshaltung ist bei einem Online-Tool während der normalen Arbeitszeit immer noch, dass ich nonstop und immer eine Reaktion erhalte."[105]

Die Effizienzfalle ist im digitalen Raum demnach gleich mehrfach aufgespannt: Bei unreflektierter Nutzung gaukeln digitale Medien Effizienz vor, wo keine herrscht. Außerdem verleiten sie dazu, dass Menschen sich unter Zugzwang sehen, auf jeden digitalen Pfiff gleich zu aufzuspringen. Die zunehmende Digitalisierung unserer Zusammenarbeit kann schlimmstenfalls dazu verführen, genau jene Dinge zu digitalisieren, die in einer echten Begegnung deutlich besser aufgehoben sind.

Oliver Blüher, der Countrymanager von Slack für die DACH-Region steht sicherlich nicht im Verdacht, digitalen Tools skeptisch oder zurückhaltend gegenüberzustehen. Im Gegenteil. Nicht nur sein Geschäftsmodell basiert zu 100 Prozent auf digitaler Kollaboration. Auch persönlich gilt sein erster Blick am Tag dem Handy. Im GOOD WORK Interview mahnt er jedoch eindrücklich davor, jeden Kontext 1:1 in die digitale Sphäre zu befördern.

Ich glaube, wir müssen einfach dem Thema des persönlichen Kontakts, des synchronen bzw. physischen Meetings eine ganz neue Wertigkeit geben. Und entsprechend dieser Wertigkeit sollten wir überlegen: Was sind denn die Situationen, die dafür angemessen sind? Und das sind die wichtigen zwischenmenschlichen Dinge. Ich würde zum Beispiel niemals sagen, wir können ein Mitarbeitergespräch, ein Performance-Gespräch, ein Beurteilungsgespräch oder ähnliches – wenn wir die Wahl haben – in die digitale Welt oder gar in die asynchrone Kommunikation verschieben. Das ist super richtig. Auch kreative Prozesse sind da irgendwo an der Grenze. Es gibt mittlerweile Tools, die kreative Prozesse auch in verteilten Szenarien im Homeoffice remote unterstützen. Trotzdem: Wenn man einmal die Dynamik in Workshops gesehen hat, da sind wir digital noch nicht so weit, dass wir es zu 100 % ersetzen können. Während andere Dinge, wenn es z. B. um Abnicken von Entscheidungen geht, sollten wir uns fragen: Muss ich da wirklich jeden Monat irgendeinen Führungskreis oder ähnliches haben, wo alles vorabgestimmt ist, wo die PowerPoint vorher rumgeschickt werden, wo an jedem Komma gefeilt wird? Brauche ich dafür ein physisches Meeting, bei dem alle präsent sind? Definitiv nein. Das müssen wir überdenken und darüber brauchen wir einen Dialog. [106]In Summe schaffen wir dann eine bessere Balance."

Link zur Folge mit Oliver Blüher

Learnability, digitale Kompetenzen und Digitalscham

Wenn wir über Effizienz im Digitalen sprechen, dann haben wir das grundsätzliche Potenzial digitaler Möglichkeiten vor Augen, was wir jedoch häufig ungenutzt lassen. Hier sind wir bei Sascha Lobos Kernthese angelangt: dem gereiften und gelernten Umgang mit digitalen Anwendungen.

„Wir erfahren gerade, dass wir Teleworking, Kollaboration gemeinschaftlich neu lernen müssen, wie man auf diese Weise zusammenarbeitet. Das ist essenziell. Du kannst nicht einfach irgendein Tool in so eine Gruppe reinwerfen, die eben noch zusammen im Büro saß, und – zack – dann funktioniert schon alles. Man muss das wirklich in der Tiefe, im Detail der Prozesse neu gemeinschaftlich lernen, neu besprechen, wahrscheinlich auch viele Arbeitsprozesse komplett anders aufsetzen und Verantwortung anders verteilen. Und das zu ignorieren, führt verlässlich in eine Katastrophe."[107]

Link zur Folge mit Sascha Lobo

Mit jeder Woche, jedem Monat, jedem Jahr, das seit der instanten Digitalisierung durch Corona verstrichen ist, wachsen insgesamt betrachtet die Lernerkenntnisse und Kompetenzen hinsichtlich des Umgangs mit digitalen Tools. Die Eintrittsbarrieren bewegten sich anfangs noch auf Limboniveau und haben digitale Teilhabe überhaupt erst ermöglicht. Mit großer Nachsicht reagierte man zu Beginn der Pandemie auf jedweden digitalen Patzer. Doch allmählich flachen die Lernkurven wieder etwas ab. Wir lassen die Phase des naiven Pragmatismus, der zum Überlebensmodus in vielen Organisationen wurde, hinter uns zurück.

Die Ansprüche an Digitalfertigkeiten wachsen. Und in ihrem Schatten gedeiht ein Pflänzchen, das wir wohl besser an Ort und Stelle ausrupfen sollten, wenn wir es entdecken: Es ist die Digitalscham. Empirisch noch nicht belegt und überhaupt sensibel zu fassen, geht die Beobachtung in die Richtung, dass digitales „Analphabetentum" zunehmend schambehaftet ist. Das Gros der Mitarbeitenden mag sich im Feld der reinen Digitalanwender bewegen. Und sie spüren, dass eine digitale Selbstverständlichkeit ihren Einzug gehalten hat. Sie beobachten, wie Menschen in ihrem Umfeld sich längst ihre digitalen Siebenmeilenstiefel angezogen haben und sich gar in der Kreierung eigener Formate ausprobieren. Während sie selbst sich nicht trauen, sich und anderen einzugestehen, dass sie „noch immer" bei jeder ZOOM-Sitzung bibbern, ob alles funktioniert. Solche gegenläufigen Entwicklungen setzen die Hürde, eigene Wissenslücken und mangelnde Fähigkeiten zu adressieren, enorm nach oben. In der Folge larvieren sich diejenigen, die vermeintlich den Anschluss verpasst haben, durch ihren beruflichen Alltag und hoffen, unter dem Radar einer gnadenlosen Digitalität unentdeckt zu bleiben. Meine These lautet: Gerade die mangelnde persönliche Begegnung droht, das Phänomen der Digitalscham weiter zu verschärfen und Betroffene dauerhaft abzuhängen.

Leadership in Zeiten von digitaler Zusammenarbeit bedeutet daher auch, einen empathischen Blick auf Kompetenzen im Team hinsichtlich digitaler Zusammenarbeit zu werfen und niederschwellige Angebote an alle, für alle auszusprechen. Auch wenn allenthalben der Eindruck entstanden ist, dass wir schon „einen Schritt weiter sind". Dann ist ein Innehalten umso bedeutsamer. Gerade das Nicht-Fragen, das Nicht-Benennen von Verständnislücken können ein Indiz für ein Milieu sein, das Digitalscham entstehen lässt. In den frühen Anfängen meiner Kompetenzerwerbung im digitalen Bereich bot mir ein tech-versierter Freund an: „Wenn Du eine Frage hast, melde Dich. Wenn Du nicht weißt, wie Du das, was du fragen willst, ausdrücken sollst, dann erst recht." Skillsharing, das Teilen von Kompetenzen, sollte dabei ebenso gut als Teamaufgabe betrachtet und gemeinverantwortlich betrieben und nicht allein als Führungsaufgabe nach „oben" delegiert werden.

Digitalkompetenzen gehen weit über das souveräne Bedienen von Tools wie Videokonferenzen oder auch digitalen Whiteboards hinaus. Sie sind nicht allein die Frage der richtigen Anwendung, sondern auch der digitalen Gestaltung. Das inkludiert die Abwägung, in welchem Kontext überhaupt digitale Lösungen zur Anwendung kommen sollten. Und es braucht den ganzheitlichen Blick auf Arbeitsprozesse, Geschäftsmodelle und Wertschöpfungsströme. Digitale Balance setzt Digitalkompetenzen voraus. Mit der Brille der digitalen Möglichkeiten auf der Nase rücken neue Lösungen in den Bereich des Machbaren. Das zu erkennen, zu nutzen und zu gestalten, ist der anspruchsvolle Part von Digitalkompetenzen. Und es gehört eben auch dazu, die eigenen Fähigkeiten in einem kritisch-wohlwollenden Blick zu behalten und stetig weiterzuentwickeln.

Der Weiterbildungsanbieter Haufe stellt sich und sein Unternehmen komplett in den Dienst des beruflichen Lernens. Sie halten ihre Fühler stets ausgestreckt, welche Formen von Weiterbildung, welche Inhalte, welche Kompetenzen aktuell und zukünftig besonders gefragt sind. Aus ihrer Sicht hat die Corona-Pandemie den Wert von Weiterbildung noch mehr ins Zentrum des Bewusstseins der Mitarbeitenden und Führungsverantwortlichen gerückt. Einerseits. Gleichzeitig spricht das faktische Verhalten eine andere Sprache. Die Zahlen bezüglich der aktiven Teilnahme an Weiterbildung fallen laut einer repräsentativen Studie, die das Marktforschungsinstitut forsa im Auftrag von Haufe zum Wert von Weiterbildung im Dezember 2020 durchgeführt hat, eher ernüchternd aus. Die gestiegene Einsicht in die Relevanz von Lernen im beruflichen Kontext wird nicht zwingend durch das eigene Verhalten abgebildet. Nur etwas mehr als die Hälfte der Befragten hat innerhalb der letzten zwei Jahre ein Angebot zur beruflichen Weiterbildung genutzt. Vor dem Hintergrund unserer hyperdynamischen Arbeitswelt und der wachsenden Ansprüche an Digitalkompetenzen verdampft ein Seminar in zwei Jahren wassertropfengleich auf diesem heißen Stein. Hinzu kommt, dass die Zurückhaltung gegenüber Lernangeboten – der Befragung zufolge – mit steigenden Beschäftigungs- und Lebensjahren steigt.[108]

Wie kann die Kluft zwischen der Dringlichkeit der (digitalen) Kompetenzentwicklung einerseits und der zögerlichen Bereitschaft, das Lernen aktiv anzugehen, überwunden werden? Lernangebote müssen – insbesondere, wenn sie auf digitale Schlüsselkompetenzen und auf Future Skills abzielen – sich dem Menschen mit seinen Bedürfnissen und seinem Arbeitskontext hinwenden und nicht andersrum.

Christian Friedrich, Geschäftsführer der Haufe Akademie, sieht in Learner Journeys eine gute Möglichkeit, die elementaren Anforderungen an moderne Lernkonzepte zu kompilieren: Wissensvermittlung, Interaktion, praktische Anwendung, Feedback und Reflexion. Und diese Bestandteile, so Friedrich, finden sich idealerweise fein abgestuft in einem digital-integralen Ansatz vereint wieder. Er sagt dazu im GOOD WORK Interview:

„Wenn ich was zu vermitteln habe, muss ich besonders auf den interaktiven Teil Wert legen. Also nicht nur senden, sondern interagieren … Ich kann die inhaltlichen Bausteine, also die reine Wissensvermittlung, z. B. in Form von Knowledge Nuggets bereitstellen. Aber dabei bitte nicht eine Stunde lang, sondern eben drei bis fünf Minuten die relevanten Informationen auf den Punkt bringen. Gleichzeitig kann ich mir bei einer Learner Journey auch überlegen, wie ich es schaffe, Anwendungsszenarien zu generieren. Wie übersetze ich das, was auf der Inhaltsebene wichtig ist, in eine Handlung? Wie schaffe ich diesen Aktionspunkt innerhalb der Learner Journey zwischen Interaktion, Vermittlung und dann auch noch erweitern um den Teil der Anwendung und Reflexion. Mit einer Learner Journey baue ich einen Rahmen und gebe jedem ein Stück weit auch die Freiheit an die Hand zu entscheiden, wie er/sie das Lernen ganz persönlich für sich dann ausgestaltet: wie intensiv, wann, wo und mit wem will ich das machen? Das bringt auch mit sich, über das ein oder andere Digitale vielleicht ein Stück weit neu nachzudenken, denn keiner will sich langweilen."[109]

Link zur Folge mit Christian Friedrich

Individualisierung und Personalisierung sind auch hilfreiche Schlagworte, die wir ins Spiel bringen können, um eine aufkeimende Digitalscham niederzuringen und die Freude am Lernen wachzuhalten.

„Wir brauchen ein großes Maß an Individualisierung und Personalisierung. Es darf nicht so theoretisch abstrakt sein, dass es nicht nah genug an mich heranrückt. Und es kann auch nicht so schwergängig sein, dass ich mich erstmal mit einer riesigen Hürde auseinandersetzen muss. All das muss sich für mich ein ganzes Stück weit normal anfühlen und da sage ich ganz bewusst' dass es sich für mich normal anfühlen muss und nicht für die Entscheider oder für einen Produktmanager, es muss einfach sehr stark an den einzelnen Menschen herankommen können."[110]

Link zur Folge mit Christian Friedrich

Die als Learnability umschriebene Fähigkeit, nicht nur lernen zu können, sondern sich dauerhaft auch für das Lernen zu begeistern, wird für Individuen wie auch für Organisationen zur Kernanforderung und damit zu einem potenziellen Gamechanger. Digitale Balance bedeutet, unterschiedliche Kompetenzlevel anzuerkennen, größtmögliche Weiterentwicklung auf allen Stufen zu ermöglichen und dabei das Entweder-Oder-Spiel aus digital und analog zu überwinden.

Digital Leadership

Gibt es überhaupt so etwas wie Digital Leadership? Traut man den millionenfachen Treffen der einschlägigen Google-Recherche, so ist genau das das Thema der Stunde. Mit etwas semantischer Nachsicht wollen wir einmal darüber hinwegsehen, dass Leadership selbstverständlich niemals digital sein kann. Wie sollte das aussehen? Dennoch ist die Frage berechtigt: Wie sieht Führung im Zeitalter von zunehmender Digitalität aus? Einfach gesprochen: Alles, was für eine gute und zukunftsfähige Zusammenarbeit von Bedeutung ist, muss für Leadership im mindesten Masse gelten. GOOD WORK ist nicht primär die Sammlung von Anleitungen für Teams. Es ist eine holistische Betrachtung, die die kategorische Unterteilung in Management, Führung und Mitarbeit ein Stück weit zu überwinden versucht. Jeder Mensch mit Führungsverantwortung ist mitarbeitend. Alle Mitarbeitenden tragen Verantwortung. Und das bildet nun einmal das Bindeglied zwischen diesen beiden Welten, so sie sich denn überhaupt klar voneinander abgrenzen lassen. Dem Thema Vertrauen haben wir bei der Beschreibung des Prinzips der gelungenen Beziehungsgestaltung großen Raum gegeben und die Wechselbezüge zwischen den verschiedenen Ebenen tief aufgefächert. Aus gutem Grund. In der digitalen Zusammenarbeit wird Vertrauen in alle Richtungen einer echten Belastungsprobe ausgesetzt.

Sascha Lobo sieht die spezifischen Herausforderungen, die sich aus der Digitalisierung für Leadership ergeben, gekoppelt an das dadurch erst ermöglichte vernetzte Arbeiten. Das ist seiner Ansicht nach der Nukleus der fundamentalen Veränderung: von Hierarchie zu Netzwerk. Und dieser Shift stellt klassische Führungsleitlinien auf einen kritischen Prüfstand.

Link zur Folge mit Sascha Lobo

„Der Kern aus meiner Sicht ist, dass wir eine riesige Verschiebung haben. Das vernetzte Arbeiten ist sehr anders als das hierarchische Präsenzarbeiten. Und die gigantische

Verschiebung dabei ist, und das ist für ganz viele Chefinnen und Chefs auch wirklich schwer zu verdauen, dass wir eine Balance haben zwischen Kontrolle und Vertrauen. Bei der Präsenzarbeit ist das Thema Kontrolle sehr viel größer … In der vernetzten Arbeitswelt haben wir ein viel größeres Vertrauensvolumen. Die Verschiebung von Kontrolle in Richtung Vertrauen durch diese Veränderung der Arbeitsprozesse ist für mich das Größte und Wichtigste. Weil sich daraus eine Vielzahl von anderen Folgen ergeben, z. B. dass Menschen sehr viel mehr Verantwortung dorthin verschieben müssen, wo diese Verantwortung auch wirksam wird in Form von Entscheidungen, die dann vor Ort bei der Arbeit, manchmal sogar in Echtzeit getroffen werden. Es gibt also plötzlich eine Verantwortungsverschiebung in Richtung Netzwerk, in die einzelnen Instanzen und Subinstanzen. Und dafür braucht man irrwitzig viel Vertrauen in dieses Netzwerk. Von allen Seiten."

Unternehmen und Führungskräfte sind jetzt gut beraten, nicht reflexhaft mit spitzem Stift neue Leitplanken hinsichtlich gelungener Führung im Digitalzeitalter zu formulieren. Zur Erinnerung: Zwischen ALT und NEU liegt GUT. Gerade in Hinblick auf Leadership ist eine behutsame und sorgfältige Bestandsaufnahme von bestehenden Führungsprinzipien unerlässlich. Nicht alles aus der „alten Führungswelt" hat ausgedient und sollte leichtfertig über Bord geworfen werden. Wir treten jetzt gerade erst in voller Fahrt in die Phase ein, in der wir täglich erleben, an welchen Stellen Leadership in welcher Ausgestaltung, Qualität und Umfang notwendig ist.

Ein wesentliches Bedürfnis zeigt sich gerade überdeutlich: Gute Führung setzt einen Rahmen, der bestmöglich Stabilität und Sicherheit vermittelt. Die amerikanische Autorin Amy C. Edmonson widmet ein ganzes Buch dem Phänomen der angstfreien Organisation. Für sie liegt der Schlüssel einer zukunftsfähigen Arbeitskultur genau darin, einen solchen Rahmen zu schaffen. „Die Führenden müssen heute bereit sein, die Aufgabe zu übernehmen, Angst aus den Organisationen zu verbannen, um die Bedingungen für Lernen, Innovation und Wachstum zu schaffen."[111] Menschen müssen erleben, dass sie sanktionsfrei ihre Stimme mit Kritik, mit Fragen, mit Ideen erheben dürfen, damit sie sich mit ihrer Expertise und ihrem Potenzial einbringen und entfalten können.

Die Digitalisierung unserer Arbeitswelt ist sehr eng verknüpft mit den Feldern der Entwicklung, des Lernens und der Kreativität, aber auch mit dem nachvollziehbaren und berechtigten Wunsch nach Sicherheit und Stabilität. Digitale Balance sorgt auch diesbezüglich für einen Ausgleich.

Das ist ein anspruchsvolles Unterfangen, insbesondere für Menschen mit Führungsverantwortung, die dieser Anforderung gerecht werden wollen. Hier zeigt sich drastisch der Zusammenhang zwischen den beiden Prinzipien, dem der gelungenen Beziehungsgestaltung einerseits und dem der digitalen Balance auf der anderen Seite. Beschreibungen wie „Führung auf Distanz" oder „Remote-Führung" suggerieren, dass sich Führung entfernen oder gar sich aus dem Staub machen könne. Dem liegt der Mythos oder auch das Missverständnis zugrunde, dass Führung im Kontext digitaler Zusammenarbeit an Bedeutung verlieren würde. Mitnichten. Wir werden diesen Aspekt im Prinzip der gelebten Agilität vertiefen.

Was genau passiert also, wenn die Führung den Kontakt zu Mitarbeitenden verliert? Der Psychiater Sven Steffes-Holländer ist Leiter der Berliner Fachklinik Heiligenfeld, die sich auf psychosomatische Erkrankungen spezialisiert hat. Die Auswirkungen der Digitalisierung bekommt er auf zweifache Weise zu spüren. Zum einen leidet ein Großteil seiner Patienten und Patientinnen auch unter den Auswüchsen der reinen Remote-Arbeit. Sie sind kraftlos, ausgelaugt und überfordert. Auf der anderen Seite betritt die Klinik mit einem Angebot von Online-Therapie echtes Neuland, das vor der Corona-Pandemie in dieser Form wohl eher in die Ecke eines Sakrilegs gestellt worden wäre. Allein die Not diktiert hier den Raum des Möglichen. Sven Steffes-Holländer weiß aus eigener Anschau, wie sich Digitalisierung anfühlen kann und teilt dies im GOOD WORK Interview.

Link zur Folge mit Sven Steffes-Holländer

„Ich erlebe, dass es viele Vorgesetzte gibt, die den Kontakt zu den Mitarbeitern verlieren, wenn sie sich nie sehen oder wenn es keine Office-Tage gibt, wenn Menschen nie in ihrer Institution sind. Es gibt ja plötzlich das Phänomen, dass Vorgesetzte und Mitarbeitende sich zum Teil vor einem halben Jahr das letzte Mal persönlich gesehen haben. Und das schafft natürlich eine Form von Distanz. Wir wissen mittlerweile, auch Online-Therapie funktioniert in den Ergebnissen besser, wenn man sich vorher schon zumindest aus zwei bis drei Sitzungen persönlich gekannt hat. Und das erlebe ich auch bei den Patienten, die Probleme im Arbeitskontext haben. Wenn ich nur die Verbindung über den Bildschirm habe und nie eine reale Bindung, baue ich auch eine andere Form von Beziehung auf. Und da fehlt auch etwas. Und wenn etwas im Verständnis fehlt, fördert das Konflikte oder zumindest Missverständnisse. Das heißt, Distanz fordert eigentlich, mehr miteinander zu sprechen, weil wir mehr klären müssen. Alles, was sonst nonverbal abläuft, müssen wir eben verbal ergänzen, damit der andere auch ein vollständiges Bild bekommt. Das sind Phänomene, die sind recht neu."[112]

Die Aussage, dass digitale Zusammenarbeit im Zweifel mehr Kommunikation benötigt als direkte Begegnung, sei nochmal in Erinnerung gerufen, wenn wir ausgiebig von der Effizienz im digitalen Austausch schwärmen.

Nähe-Distanz-Sensitivität ist mehr als Komfortzonendehnung

Die Organisationswelt liefert sich in der Frage des richtigen Maßes an Kommunikation ein Scharmützel, das ganze Fachartikel füllt: der Streit um die ein- oder ausgeschaltete Kamera in Videokonferenzen. Dieser kleine Zankapfel illustriert, wie sehr sich digitale Müdigkeit auf Nebenkriegsschauplätzen ausbreiten kann. Der (teilweise berechtigten) Sorge um Einblicke in den privaten Bereich bei den „Monitor-Muffeln" steht der Wunsch nach einem Stückchen mehr menschlich-vollständigem Austausch, lautstark vertreten durch die Fraktion der orthodoxen Kamera-Aktivisten, gegenüber. Auch hier gilt: In ihrer Extremform irren beide. Nicht für jeden Austausch, für jedes Gespräch ist es wesentlich, meinem Gegenüber von digitalem Angesicht zu digitalem Angesicht zu begegnen. Kurze, fachliche Abstimmungen, noch dazu zwischen Menschen, die gewohnt und routiniert zusammenarbeiten, bedürfen nicht zwingend bei jedem Kontakt die volle Kamera-Draufsicht. Anders sieht es bei komplexeren Anliegen aus. Wenn gemeinsam Themen von verschiedenen Seiten beleuchtet werden, wenn Feedback, direkte Reaktion und Interaktion die bestimmenden Elemente sind – dann hilft jede zusätzliche Information, um der Wahrnehmung helfend zur Seite zu springen. Also: Kamera an. Differenzierung und Kontextualisierung lautet auch hier die verkürzte Zauberformel.

Etwas Heilung in die angespannte Diskussion kann die Unterscheidung persönlich versus privat bringen. Eine Videokonferenz zwingt mich, Persönliches von mir preiszugeben, und sei es nur meinen Gesichtsausdruck. Das ist – selbst im Arbeitskontext – zumutbar und nicht grenzüberschreitend. Privates darf und soll gerne privat bleiben. Und dabei sei noch eine kleine Randbeobachtung aus psychologischer Sicht bedacht: Wir kommen uns bei Videokonferenzen – auch wenn uns die „Mattscheibe" trennt – deutlich näher als wir es in Face-to-Face-Begegnungen je wagen oder tolerieren würden.

„Wir kommen in unseren gegenseitigen Sicherheitsabstand. Wir sind uns jetzt so nah, wie wir uns im realen Leben nicht gegenübersitzen würden. Das heißt also, unsere Nahdistanz ist gestört. Menschen kommen in

Link zur Folge mit Sven Steffes-Holländer

unseren Bereich. Wir haben ja alle ein natürliches Gefühl für einen hilfreichen Abstand. Durch die digitale Kommunikation ist das aufgehoben und das verwirrt das Gehirn. Wir hängen eigentlich permanent im Intimbereich des Anderen."

Digitale Balance meint demzufolge, auch beim Gegensatzpaar aus Nähe und Distanz das richtige Fingerspitzengefühl zu entwickeln. Das gilt für Sender wie für Empfänger.

Im Zusammenhang mit dem Prinzip der flexiblen Strukturen und den Tendenzen hin zu einer potenziellen Selbstausbeutung bei reiner Remote-Arbeit taucht hier ein weiteres psychologisches Phänomen auf, das erwähnenswert ist: der Proximity Bias. Dieser Effekt scheint die Berechtigung der angesprochenen Produktivitätsängste sogar noch zu stützen. Psychologen sprechen gerne dann von Biases, also von Fehlwahrnehmungen, wenn uns die eigene Wahrnehmung einen strukturellen Streich spielt. Diese Prozesse laufen dummerweise unbewusst ab, was ihre Bearbeitung mitunter schier unmöglich gestaltet. Der Proximity Bias besagt, dass physische Nähe einen verzerrenden Einfluss auf unsere Wahrnehmung von Leistungen der Menschen aus unserem Umfeld hat. So bewerten wir unbewusst die Produktivität von Personen, die sich in unserer Nähe aufhalten, die wir also beim Arbeiten beobachten können, höher ein als von Menschen außerhalb unseres Blickfeldes. Dieser Effekt führt laut Studien sogar dazu, dass Menschen, die häufiger verstärkt mobil arbeiten, seltener befördert werden als ihre Kollegen und Kolleginnen, die sich im Büro in der Nähe des Chefs oder der Chefin aufhalten.

Wenn wir diesen Zusammenhang zu seinem Ende führen und betrachten, wer von dem Proximity Bias perspektivisch besonders betroffen sein wird, entblättert sich ein neues Problemfeld. Das Nähe-Distanz-Spiel ist viel mehr als die Frage von persönlichen Komfortzonen. Es ist unter dem Aspekt der Chancengleichheit ein Spiel mit hohem Einsatz. Anders ausgedrückt: Für viele Väter und Mütter galt die Aussicht auf ein ortsunabhängiges Arbeiten als Errungenschaft, endlich nicht mehr zwischen beruflicher Karriere und Familienglück entscheiden zu müssen. Traurigerweise schwingt ein Stück weit Resignation in den einschlägigen Studien mit. Wir erfahren dort, dass am Ende genau diese Errungenschaft zum Karriere-Bumerang mutieren kann. Die Amerikaner sprechen gar von der „WFH Penalty", der Work-from-Home-Abstrafung. Und damit wird quasi öffentlich eingestanden, dass hier ein drängendes Handlungsfeld liegt. Umsichtige Führungskräfte haben die Problematik längst erkannt. Laut der Pulse-Studie des Future Forums richten 41 Prozent der Manager ihren Blick auf ein differenzierteres, langfristiges Ziel: Wie kann man verhindern, dass sich zwischen Mitarbeiterinnen und Mitarbeitern im Home-Office und im Büro Ungleichheiten entwickeln?[113]

Nähe-Distanz-Management ist ein Leadership-Skill, der insbesondere im digitalen Umfeld auf die Agenda gesetzt gehört. Wechselmodelle zwischen Büroarbeit und Remote-Arbeiten müssen vom Staub überholter Vorurteile und Fehlwahrnehmungen befreit werden. Das gelingt umso besser, je eher sich Führungskräfte der psychologischen Fallen bewusst sind und durch eigenes Vorleben flexible Arbeitsmodelle vorleben.

Blick in die digitale Zukunft

Wenn die (weitere) Zukunft NICHT im hybriden, digitalen Arbeiten liegt, was könnte dort stattdessen auf uns warten? Nehmen wir dafür noch einmal den Faden des digital-integralen Ansatzes auf.

Für weite Teile der Erwerbstätigen geht es aktuell bei der Digitalisierung darum, Prozesse und Abläufe aus dem Analogen in die digitale Sphäre zu befördern. Und dort erleben sie alsbald die Begrenzungen, mit denen die digitale Kollaboration noch zu kämpfen hat. Der nächste Schritt wird nicht zuletzt darin bestehen, zutiefst analoge Qualitäten in digitalen Lösungen zu integrieren. Eine reine Prozessabfolge digitaler Logik wird auf Sicht nicht ausreichen, um das volle Potenzial auszuschöpfen und uns auf die nächste Ebene im Umgang mit Digitalität zu liften. Dieser Anspruch bringt faktisch ein Auf-den-Kopfstellen der Perspektive mit sich. Nicht mehr die Möglichkeiten des Digitalen übernehmen die Regie bei der Ausgestaltung von Tools und Anwendungen. Nein, wir schauen bewusst auf unsere menschlichen Bedürfnisse, auf unsere Vorstellung von gelungener Beziehungsgestaltung und erheben diese zum Maß der Dinge. Spätestens hier betreten wir die Welt der künstlichen Intelligenz, der augmentierten und virtuellen Realität.

Das größte Manko an vernetzter Arbeit – müsste man es auf einen einzelnen Fakt zusammenstreichen – ist nach einhelliger Meinung genau jenes Element, das sich digital (noch) so schwer abbilden lässt: die echte Begegnung. Was auch immer die Einzigartigkeit ausmacht, es gibt bislang keine vollständig gleichwertige Abbildung in der virtuellen Welt.

> „Was auch immer die Einzigartigkeit persönlicher Begegnungen ausmacht, es gibt bislang keine vollständig gleichwertige Abbildung in der virtuellen Welt.

Doch die Anbieter von digitalen Tools sind rührig. Sie haben die Zeichen der Zeit und das drängende Bedürfnis dahinter erkannt und in erste Lösungen geformt. Plattformen wie Kosy, Wurkr, Loop, Tandem, qube & Co. integrieren Videokonferenzlösungen in virtuelle Workspaces. Im Erlebnis soll dies für Anwenderinnen und Nutzer eine echte Bürosituation simulieren. Sie können sich ihr Arbeitsumfeld persönlich gestalten. Auch ein Plausch in der digitalen Kaffeeküche ist jederzeit möglich. Und doch: Es bleibt eine gamifizierte Animation, eine Kunstwelt. Für Lob- oder Abgesang ist es noch viel zu früh. Wir betreten gerade erst die Phase eines virtuellen Office-Lebens. Inwieweit diese artifiziellen Welten unser sinnliches und ästhetisches Erleben in der Realität prägen werden, bleibt abzuwarten. Zu bedenken ist: So mancher frühkindlich konsumierter, künstlicher Erdbeerjoghurt hat schon dafür gesorgt, dass uns die natürliche Variante nicht mehr so recht schmecken will. Zu fad, zu wenig Geschmack im Mund. Und der ein oder andere Instagram Fotofilter hat nachhaltig irritierende Spuren in unseren Vorstellungen von dem, was „schön" oder gar „normal" ist, hinterlassen.

Ob virtuelle Bürosimulationen, Videokonferenzen oder Kollaborationssoftware: Noch sind wir mehr beherrscht von diesen Tools als wir sie selbst zu beherrschen vermögen. Doch Digitalität ist nicht die Huldigung von Werkzeugen. Unser Umgang damit ist vielmehr Indiz dafür, dass wir noch eine Wegstrecke vor uns liegen haben, bis wir souverän und fluide die Möglichkeiten des virtuellen Raums nutzen, aber auch in seine Schranken weisen können. Bis wir grenzenlos zwischen dem digitalen und analogen Zustand hin- und herwandern, ohne überhaupt die störende Kante eines Weltenwechsels zu spüren.

Rafael Laguna de la Vera ist ein bisschen so etwas wie Deutschlands König für Innovationen. Er ist Gründungsdirektor der Bundesagentur für Sprunginnovationen, genannt SPRIN-D. Und diesen Begriff muss er immer und überall erklären. „Sprunginnovationen verändern unsere Welt. Man kann sie auf Fotos erkennen, denn sie markieren ein Davor und Danach. Sie dringen in unser Leben ein, erschaffen neue Märkte und zerstören alte." Er bringt die Vision der Entgrenzung in unserem GOOD WORK Gespräch sehr schön auf einen Punkt:

„Im Augenblick stellen wir uns ja mit den Geräten voll und die dominieren uns … Aber … die Digitalisierung wird erst dann gut sein, wenn sie verschwunden ist, wenn man sie nicht mehr sehen kann."[114]

Link zur Folge mit Rafael Laguna de la Vera

Diese Loslösung wird – so der aktuelle Stand der Tech-Diskussion – in eine Mixed-Reality führen. Jenseits von Avataren und verpixelten Simulationen, wie wir sie aus Gaming-Szenarien kennen, werden wir dann die physische und analoge Welt unmittelbar in Berührung bringen. Was für Digitalskeptiker einem verstörenden Blick in eine dystopische Zukunft gleichkommt, ist für seine Verfechter der nächste logische Schritt. Die ungeheuren Summen an Forschungsetats und Investitionen, die in die Entwicklung solcher Lösungen seit einigen Jahren getätigt werden, legen den Schluss nahe, dass ihre Markteinführung keine ferne Zukunftsmusik ist. SPRIND betreut und unterstützt Projekte, die das Potenzial haben, ein solches Davor-Danach-Gefühl zu erzeugen. Das Karlsruher Start-up Gixel ist stolz, mit seiner Entwicklung Holodeck zu den Auserkorenen von SPRIND zu gehören. Sie sind überzeugt, Holodeck wird die Arbeitswelt nachhaltig verändern und uns aus der „ZOOM-Hölle" mit einer Telepräsenz befreien können. Raphael Laguna de la Vera beschreibt konkret, wie Holodeck funktioniert und welche Möglichkeiten darin verborgen sind.[115]

Link zur Folge mit Rafael Laguna de la Vera

„Es geht letztlich darum, dass wir, anstatt vor einem Bildschirm zu sitzen und uns jetzt in den Bildschirm ins Gesicht zu glotzen, an einem Schreibtisch sitzen. Da ist kein Bildschirm, sondern eine Person, mit der du redest und die dir gegenübersitzt, und zwar praktisch zum Anfassen. Anfassen kann man sie zwar nicht wirklich, aber es fühlt sich so an, als könnte man das. Und man kann sich auch vorstellen, einen ganzen Tisch voller Leute da hinzusetzen. Wir mischen quasi die virtuellen Personen in die realen Personen rein. Am Anfang machen wir das erstmal für ein Zwiegespräch und dann können wir die Technologie weiterentwickeln. Der Trick dahinter ist auch schnell erklärt: Anders als bei den ganzen AR- und VR- Technologien, die wir jetzt haben und bei denen du so einen riesigen Klotz auf den Kopf bekommst, nehmen wir eine relativ einfache, nicht so schwere Brille. Mit einem Bildschirm, den wir unter die Decke schrauben, wird das Bild erzeugt und in diese Brille projiziert. Das heißt, du schleppst nicht die Technik auf der Nase rum, die Technik ist im Raum verschraubt. Und das Einzige, was du auf der Nase hast, ist die Brille. … Wir können mit einer sehr hohen Auflösung und einem sehr hohen sogenannten Field of View arbeiten – also mit einem sehr großen Ausschnitt, in dem wir die virtuellen Leute oder Dinge reinprojizieren. Das ist ein erster großer Schritt in Richtung Holodeck, und ein erster großer Schritt, Digitales zu analogisieren. In einem zweiten Schritt packen wir das alles in die Brille, dann kann man sich sogar physisch frei damit bewegen."[116]

Holodeck ermöglicht in seiner Endstufe die Perfektion des ortsunabhängigen Arbeitens. Es realisiert – sobald auch die letzten technologischen Hürden genommen sind – die (komplette) Entkopplung von physischer Gebundenheit. Mit dieser Aussicht erinnert es an langgehegte Visionen im Stile von Star Treck und ist vom uralten Menschheitstraum getragen, sich frei von Raum und Zeit bewegen zu können. Doch diese Vorstellungswelten werden nur dann zu einem real gelebten, schönen Traum, wenn es uns gelingt, die digitalen Möglichkeiten mit der menschlichen Brille zu betrachten und wir nicht in umgekehrter Reihenfolge vorgehen.

Wie schnell diese Entwicklungen tatsächlich Einzug halten werden, ist ungewiss. Ihre Auswirkungen sind kaum abzusehen. Einige – bereits vorgenannte – Prädiktoren sprechen eine klare Sprache: Es geht nicht mehr um das „ob", sondern nur noch um die Frage, „wann" wir unsere Realitäten augmentieren. So arbeiten Techgiganten wie Microsoft mit Hochdruck und Milliardeneinsatz an der Marktreife von Microsoft Mesh, einer Lösung zur digitalen Zusammenarbeit, die enorm an Holodeck erinnert. Seit Facebook sein Unternehmen in Meta umgetauft hat, quillt das Netz über mit Beiträgen, Einschätzungen und Bewertungen zum Phänomen Metaverse, jenem parallelen, virtuellen Universum, das die Grenzen zwischen real und digital bereits überwunden zu haben scheint. Schon jetzt statten sich lebendige Menschen mit virtuellen, bezahlten Produkten wie beispielsweise Levis Jeans aus, um im Metaverse ihren adäquaten digitalen Auftritt hinzulegen. Virtuelle Grundstücke wechseln ihre Besitzer.[117] Wir betrachten solche Entwicklungen noch staunend mit offenem Mund und wissen nicht einmal näherungsweise, welchen Geist wir dort gerade aus der Flasche gelassen haben. Es braucht keine hellseherischen Gaben, um zu verstehen, dass Disruptionen in dieser Dimension ihre Wellen auch oder gerade über der Arbeitswelt ausbreiten werden.

Schließen wir das Kapitel der digitalen Balance mit einem konkreten Bild von Austarieren zwischen digital und analog. Raphael Gielgen lehnt sich mit folgender Vision weit über die Fensterbank hinaus in die Zukunft seiner persönlichen Arbeitswelt: „Ich bin davon überzeugt, dass physische und virtuelle Arbeitsorte in fünf bis zehn Jahren gleichberechtigt sein werden. Dort kann jeder mit jedem zusammenarbeiten. Ich werde dann einen Teil meiner Zeit hier auf dem Hof verbringen und für den anderen Teil ziehe ich meine Virtual-Reality-Brille auf und bin regelmäßiger Gast in ein, zwei virtuellen Arbeitswelten."[118]

GOOD WORK braucht digitale Balance

Digitale Balance – das haben die vorausgegangenen Betrachtungen gezeigt – ist ein hilfreiches Prinzip für die Weltenwanderung zwischen digital und analog. Es geht dabei längst nicht nur um Quantität, vielmehr um qualitatives, tiefes Verständnis. Digitale Virtuosität gelingt dort, wo wir die Grenzen des Digitalen genauso gut durchdringen wie seine großen Möglichkeiten.

Und hier schließt sich der bekannte Kreis zu GOOD WORK: Nur mit einem sicheren (analogen) Standpunkt und der gleichzeitigen Bereitschaft, uns den zukünftigen Herausforderungen zu stellen, sind wir in der Lage, eine wünschenswerte digital-integrale Zukunft zu gestalten. Digitale-Balance spielt somit auf allen Ebenen von GOOD WORK eine moderierende Rolle. Es ist wie eine Art Filter, durch die wir das jeweilige Thema betrachten sollten.

Die folgenden zehn Thesen zur digitalen Balance bringen noch einmal auf den Punkt, welche Aspekte in den Fokus gerückt werden sollten.

1. Digitale Balance strebt einen Zustand souveränen und mühelosen Umgangs mit digitalen Medien, Tools und Möglichkeiten an. Die Vision lautet: digital-integral statt hybrid.
2. Es geht vielmehr um das WHY als um das HOW MUCH. Kontextualisierung und differenzierter Einsatz sind wichtiger als das reine quantitative Maß an Digitalem.
3. Gute Werkzeuge sind wichtig, aber allein machen sie noch keinen Meister. A fool with a tool is still a fool.
4. Digitale Balance gelingt umso besser, je weniger wir versuchen, alles Analoge ins Digitale 1:1 zu übersetzen. Wir müssen mit einem tiefen Verständnis für digitale Möglichkeiten Prozesse, Abläufe, Wertschöpfungsströme und Geschäftsmodelle durchleuchten und dann adaptieren bzw. neugestalten. Und wir brauchen analoge Qualitäten im Digitalen.
5. Wir müssen der physischen Präsenz mehr Wertigkeit verleihen, um eine digitale Balance leben zu können.
6. Die digitale Effizienzfalle ist unsichtbar und allgegenwärtig. Wir bekommen weder mehr noch bessere Ergebnisse, wenn wir versuchen, alle Arbeits- und Prozessschritte stumpf zu skalieren und zu digitalisieren. Denn: Gelungene digitale Zusammenarbeit und Führung braucht im Zweifelfall noch MEHR Kommunikation als analoges Arbeiten.

7. Eine Aneinanderreihung von Videokonferenzen ist ermüdend und ein Effizienzkiller und eher Ausdruck einer „Rechtfertigungskultur". Die große Kraft der digitalen Zusammenarbeit liegt in der Asynchronität. Transparenz, Eigenverantwortung und Struktur vorausgesetzt sind sie ein enormer Hebel für Effizienz von Arbeitsprozessen.
8. Digitale Learnability ist Kernherausforderung im Kontext von digitaler Balance. Um dem Phänomen Digitalscham und Motivationshürden zu begegnen, braucht es maßgeschneiderte, abwechslungsreiche und individuelle Lernkonzepte, die sich an persönlichen Bedürfnissen und an konkreten Arbeitssituationen orientieren. Skillsharing ist der neue digitale Teamsport.
9. Digitale Balance erfordert ein neues Nähe-Distanz-Empfinden. Ein ausgeprägter und nicht thematisierter Proximity Bias kann zur Spaltung von Teams und ganzen Organisationen führen und damit GOOD WORK verhindern.
10. Digital Leadership nimmt die vorgenannten Anforderungen und Ableitungen aus der digitalen Balance auf die Agenda.

GOOD WORK Fragen zur digitalen Balance

Digitalität versus Digitalisierung:

- Betrachten wir Digitalisierung in unserer Organisation als Ziel oder als Prozess? Woran merken wir, dass wir Digitalisierung nicht als Selbstzweck behandeln?
- Welches Bild einer wünschenswerten digitalen Zukunft haben wir (in unserem Unternehmen)? Wird ein solches Zielbild besprochen und/oder weiterentwickelt? Wer arbeitet daran mit?

Digitale Kollaboration:

- Welche Formen der Begegnung und Zusammenarbeit wollen wir analog, welche digital gestalten?
- Denken wir eher in hybriden Zuständen oder in digital-integralen Ansätzen?
- Wie könnte die Perspektive digital-integral unseren Zugang zu und den Umgang mit digitaler Kollaboration verbessern?
- Wie entscheiden wir (im Team, im Unternehmen) über die Einführung und Nutzung von digitalen Werkzeugen? Haben wir eine strukturierte, für alle zugängliche Übersicht über digitale Tools, die wir anwenden? Gibt es dazu klare Entscheidungen

und Bewertungen hinsichtlich ihrer Güte je nach Anwendungsgebiet?
- Welche Erfahrungen machen wir aktuell mit hybriden Veranstaltungen, wie z.B. hybriden Meetings oder Events?
- Haben wir eine klare Positionierung zu diesen Formaten getroffen oder ist es eine Realität, die „sich einfach so ergeben hat"? Führen wir dazu einen Dialog?
- Welche technischen Unterstützungen nutzen wir in unserem Umfeld, um bestmöglich analoge und digitale Arbeit miteinander zu verbinden?
- Nutzen wir auch digitale Medien, wenn wir physisch kollaborieren, z.B. in Form von Whiteboard-Einsatz in Präsenzmeeting?
- Wie stehen wir zu asynchronen Formen der digitalen Zusammenarbeit? Was nutzen wir an Möglichkeiten, Tools? Welche Erfahrungen sammeln wir diesbezüglich?
- Haben wir synchrones Arbeiten schon in asychrone Formen verlagert, z.B. Regelmeetings durch asychrone Zusammenarbeit über digitale Plattformen ersetzt? Wenn ja, welche Erfahrungen haben wir bei dieser Veränderung gemacht?

Digitales Lernen und digital Leadership:

- Wie gehen wir mit Fragen zu digitalen Medien, Tools und Anwendungen um? Werden Verständnisfragen offen und ohne Scheu im Team, in der Gruppe geteilt? Oder beobachten wir auch Zurückhaltung einiger Kollegen?
- Wie werden einschlägige – positive wie negative – Erfahrungen im Umgang mit digitalen Medien und Anwendungen geteilt und besprochen? Gibt es Reflexionen dazu?
- Wie könnte unsere „Landkarte" zu digitalen Kompetenzen (im Team) aussehen? Was müsste auf dieser Landkarte alles enthalten sein?
- Haben wir einen strukturierten Vorgang zum Thema Skillsharing? Gibt es so etwas wie digitale Mentoren oder digitale Buddys, die als Ansprechpartner für Anwendungsfragen dienen?
- Wie ist es (in unserem Team, Unternehmen) um unsere Bereitschaft bestellt, sich digital weiterzuentwickeln? Beobachten wir Reaktanzen, Sorgen, Skepsis oder auch Begeisterung und Neugier? Gibt es diesbezüglich ein großes Gefälle (in unserem Team)?
- Hat sich im Zuge der Digitalisierung und des zunehmend vernetzten Arbeitens bei uns etwas an Entscheidungswegen verändert? Wenn ja, in welcher Art und Weise? Wie gehen Mitarbeitende, Führungskräfte, das gesamte Team mit der (möglichen) Verlagerung von Entscheidungen um?

- Wie ist unser Vertrauensvolumen (in unserem Team)? Welche Entwicklungen beobachten wir dahingehen: eine Zunahme, ein Rückgang?

3.5 Viertes GOOD WORK Prinzip: Gelebte Agilität

Im Kapitel der flexiblen Strukturen haben wir uns exemplarisch einem spezifischen Ausschnitt aus dem weiten Feld der Strukturen in unserer Arbeitswelt gewidmet: die äußeren Rahmenbedingungen, gestaltet aus Raum und Zeit. Diese beiden Suchfelder werden derzeit im öffentlichen Diskurs besonders intensiv beleuchtet. Sehr schnell – und das ist bereits im diesem Kapitel angeklungen – stoßen wir dabei allerdings an die Grenzen von Raum und Zeit. Wir münden alsbald auf anderen Spielfeldern von strukturellen Anpassungen. Wir erinnern uns: Die Frage nach dem idealen Arbeitsort und seiner Gestaltung wirft zunächst die Frage nach der Art und Weise unserer Zusammenarbeit und des Arbeitsprozesses an sich auf. Die Gestaltung flexibler Zeitstrukturen schließt sich diesem Zusammenhang an. Aus dem WO und dem WANN wird dann zwangsläufig das WIE.

Wenn wir uns mit Wertschöpfung und Entscheidungsstrukturen, mit zukunftsfähiger Gestaltung von Zusammenarbeit beschäftigen, kommen wir nicht umhin, ein Thema zu besprechen, das seit Jahren omnipräsent ist: Agilität. Besonders dann, wenn wir von einer zunehmend komplexen, hinreichend vernetzten und digitalisierten Welt sprechen.

Zu Beginn ein kleiner Disclaimer: Es folgt auf den nächsten Seite KEINE Methodenschlacht zu Agilität. Das bedeutet, es werden keine Tool-Sammlungen oder explizit agilen Ansätzen detailliert vorgestellt und in ihrer Güte gegeneinander abgewogen. Der Markt an Literatur zu Agilität in allen Spielarten ist übervoll. Was es meiner Einschätzung nach eher braucht, ist eine Einsortierung dazu, wo wir in puncto Agilität stehen. Dazu gehört auch, dass ein paar Halbwahrheiten und Fehlverständnisse, die sich rund um Agilität ranken, einer näheren Überprüfung unterzogen werden. Und genau zu diesem Zweck starten wir mit einer Beobachtung, die sich aus vielen GOOD WORK Interviews unmittelbar ableiten lässt: Das Phänomen der Agilität ist erwachsen geworden. Es wird deutlich mehr gelebt als nur noch besprochen.

Agilität – Der Weisheit letzter Schluss?

Wenn wir an dieser Stelle von Agilität sprechen, ist damit jene Erscheinung im Kontext der Arbeitswelt gemeint, die eine Reihe von Arbeitsweisen, Organisationsformen und dedizierten Methoden, wie beispielsweise SCRUM, Kanban, Lean Start-up, Design Thinking und viele mehr hervorgebracht hat. Allein diese Aufzählung ist keinesfalls vollständig, vermutlich nicht mal konsensfähig. Denn rund um den Begriff der Agilität ist eine heftige, bisweilen ideologische Diskussion entbrannt. Wie so oft bei Methoden- und Denkschulstreitereien versuchen besonders engagierte Vertreter, sich die Deutungshoheit für „richtiges agil" zu schnappen und das Wort in ihrem Sinne zu determinieren. Ob es nun darum geht, wie ein einzelnes Projekt gemanagt wird, ein ausgewähltes Team zusammenarbeitet oder ein gesamtes Unternehmen organisiert ist – es gibt eine Art Umklammerung für sämtliches agiles Bestreben. Eine Art kleinster gemeinsamer Nenner der Agilität.

Was die Summe an jenen Ansätzen eint, sind die ihnen zugrundeliegenden agilen Prinzipien. Agilität – so der Versuch einer Definition – befähigt Organisationen und Teams, sich flexibel und kundenzentriert den dynamisch verändernden Marktbedingungen in einem komplexen Umfeld anzupassen. Das geschieht, indem schrittweise (iterativ) in kurzen Intervallen Lösungen entwickelt werden. Jedes dieser kleinstufigen Intervalle wird zum Anlass genommen, Feedback (von späteren Nutzern) einzuholen und damit sicherzustellen, dass die Lösung auf das gemeinschaftliche Ziel einzahlt, das man erreichen möchte. Die Ausprägung, wie das Ergebnis aussehen soll, konkretisiert sich demnach im Laufe des Entwicklungsprozesses. Ergebnisoffen, aber eben nicht ziellos. Zur Vorstellungswelt des agilen Arbeitens gehört unter anderem auch der Gedanke, dass Teams interdisziplinär und selbstorganisiert aufgestellt sind. Ein agiles Team hat im Idealbild alle Kompetenzen und Fähigkeiten in sich versammelt, die es gemeinschaftlich braucht, um eine Wertschöpfung voranzutreiben. Mit diesen Annahmen und Ansprüchen streben agile Modelle an, sich deutlich von klassischen Management-Praktiken abzuheben. In aller Kürze: Ein vermeintlicher Abgesang auf Fünf-Jahres-Pläne, Silodenken und Organigramme.

Es gibt eine Frage, die mir ungelöst erscheint, wenn wir vom Thema Agilität sprechen. Eine richtige Antwort habe ich bislang noch nicht vernommen: Woher nehmen wir eigentlich die Gewissheit, dass Agilität der Weisheit letzter Schluss ist, sozusagen die ultimative Antwort auf gelungenes Wirtschaften und Zusammenarbeiten in komplexen Zeiten? In meiner Beobachtung standen wir schon hundertfach an genau dieser Stelle und waren felsenfest überzeugt, auf Öl gestoßen zu sein. Jetzt heißt der Methoden-Gral eben Agilität mit Vornamen. Oder leben wir bereits im post-agilem Zeitalter? Ein – wie erwähnt – sortierender, ganzheitlicher Blick sollte Klarheit verschaffen.

Ohne das abgedroschene Bilder von Säuen und Dörfern überstrapazieren zu wollen, ist der Aufstieg und Hype rund um Agilität schon beachtlich. Es gibt vermutlich kaum ein (größeres) Unternehmen in Deutschland, das sich diesem Trend bislang noch komplett verschlossen hat. Der Beratungs- und Seminarmarkt boomt, „agile everything" lautet die Devise, es wird agilisiert, was das Zeug hält. Die Kongruenz zur Entwicklung von NEW WORK ist derartig stark ausgeprägt, dass nicht Wenige glaube, es handele sich um ein und dasselbe Phänomen.

Wie lässt sich die Furore erklären? Einen Anhaltspunkt dazu liefert schon einmal der Name an sich. Programme, Methoden erweisen sich dann als besonders aussichtsreich, wenn ihr Name einen positiven Aufforderungscharakter in sich trägt. Wenn sie etwas versprechen, zu dem niemand „Nein" sagen kann. Und wer könnte ernsthaft etwas dagegen haben, als „agil" bezeichnet zu werden. Ein Blick in den Duden hilft. „Agil" steht für beweglich, wendig, anpassungsfähig, dynamisch und regsam – allesamt positive Zuschreibungen, die man sich als Person oder Organisation gerne zu eigen macht. Die Bedeutungsverdichtung und eine Präzisierung des Begriffs in die eingangs skizzierte Richtung haben sich noch nicht überall, in allen Unternehmen, in allen Köpfen durchgesetzt. Hier werden nach wie vor verschiedene Lesarten von Agilität miteinander vermischt.

Mit folgender Übung starte ich sehr häufig in meinen Seminaren und Workshops rund um das Thema „agiles Arbeiten". Die Übung dient der Verortung der teilnehmenden Personen hinsichtlich ihres Verständnisses und Erfahrungshintergrundes zu Agilität. Ich bitte dazu die Teilnehmer, sich aus einer Sammlung von Fotografien mit alltäglichen Situationen das Bild auszuwählen, das für sie das Thema Agilität am ehesten repräsentiert. Anschließend wird in Kleingruppen diskutiert, die Ansichten ausgetauscht und sich auf ein gemeinsames Bild verständigt. Fasst man die Erkenntnisse aus sehr vielen Runden dieser Art zusammen, lässt sich folgendes Muster destillieren: Während das eine „Meinungslager" beim Wort Agilität sehr stark den Teamgedanken, das Arbeiten auf Augenhöhe und die Selbstbestimmtheit in den Vordergrund ihrer Überlegungen stellt, fokussieren andere deutlich häufiger auf die Aspekte der „Dynamik", der „Eigenverantwortung", der Aktivierung. Die Beobachtung entbehrt einer streng-empirischen Überprüfung, doch sie weist tendenziell in folgende Richtung: Der zweite Aspekt, der Gedanke der Dynamik und Eigenverantwortung, kommt überzufällig häufig von Menschen mit Führungsverantwortung.

Noch ein Nebelwort: Agilität

Überspitzt ausgedrückt: Während also von den einen agil gleichbedeutend mit „Team-Wohlfühloase" übersetzt wird, verheißt für die anderen Agilität schlicht eine Effizienzsteigerung qua Dynamisierung. Vielleicht liegt genau in diesen wechselseitigen Zuschreibungen schon ein Grund verborgen, warum die an die „Einführung" von Agilität geknüpften Erwartungen so häufig mit der Realität kollidieren. Das Ergebnis sind mitunter heftige Reaktanzen, bei Mitarbeitern wie Führungskräften gleichermaßen. Das „Experiment Agilität" wird in der Konsequenz vorschnell als gescheitert erklärt. Genauso gut kann man argumentieren, dass schon der Versuch an sich, Agilität einzuführen, in die Irre leitet. Es geht nicht um Einführung. Es geht um ihr (Er)leben, Praktizieren und ihren reflektierten Einsatz.

Wir haben das Phänomen des Nebelwortes bereits am Beispiel von „hybrid" besprochen. Agilität schlägt eindeutig in eine ähnliche Kerbe. Es gibt – neben der dispersen Verwendung – eine Reihe von Kriterien, anhand derer sich Nebelwörter entlarven lassen. An erster Stelle ist ihre inflationäre und unreflektierte Verwendung zu nennen. Nebelwörter tauchen plötzlich aus dem gefühlten Nichts auf und begegnen uns in ähnlichen Kontexten immer und immer wieder. Kaum glaubt man, zum Kern des Begriffes durchgedrungen zu sein, findet er in einem Zusammenhang mit einer Beschreibung Anwendung, die unsere ursprüngliche, persönliche Definition über den Haufen wirft. Es ist diese eigentümliche Mischung aus vermeintlich einfach und vieldeutig zugleich, die uns Nebelwörter so schwer packen lassen.

Echte Nebelwörter suggerieren zudem häufig eine gewisse Alternativlosigkeit, eine Art Heilsversprechen und das Mittel für sämtliche Malaisen. Agil – das sei vorweggenommen – ist NICHT die richtige Antwort auf sämtliche Fragen nach Organisation und Formen von Zusammenarbeit. Mit der Alternativlosigkeit gehen in der Regel auch Heldenerzählungen einher, die das Narrativ des „So-und-nicht-anders" unterstützen. Auch davon kann „agil" ein Lied singen.

Torsten Groth ist Geschäftsführer der systemischen Beratung Simon, Weber und Friends, Autor zahlreicher Schriften und Bücher zu Themen der Organisationsentwicklung. Als systemisch denkender Mensch ist er dem Schwarz-Weiß-Denken abhold. Agilität als Paradigma begegnet ihm seit vielen Jahren in seiner Beratungs- und Forschungspraxis. Immer wieder wird er dabei mit der Beobachtung konfrontiert, dass Agilität zugleich Begeisterung und Widerstand bei den Menschen in Unternehmen erzeugt. Ganz ähnlich wie es im Eingangskapitel zum Thema New Work ausgeführt wurde.

Link zur Folge mit Torsten Groth

„Bei Agilität ist so, dass die klassische Organisation, also die hierarchische Organisation, oftmals als die eigentlich schlechtere Praxis dargestellt wird. Der rote Faden ist, dass dieses Konzept und die agilen Vorgehensweisen durch die Bank weg in allen Organisationen etwas bewegt haben. Und das ist ja gerade die große Leistung dieser agilen Bewegung. Überall gibt es Inseln der Erneuerung, gibt es Netzwerke. Es gibt große Diskussionen über Graswurzelbewegungen. Das ist etwas, was diese Bewegung geschafft hat. Und gleichzeitig hat das, was begeisterte, in der Summe am Ende dafür gesorgt, dass man doch nicht so übergreifend wirksam wurde. Das heißt, damit dass man bestimmte Kreise für das Neue begeistert hat, hat man den Widerstand gegen dieses Neue von dem Rest der Organisation miterzeugt … Widerstand kann man wunderbar erzeugen, indem man frisch daherkommt, agil geschult ist, überzeugt ist von allem, sich alle großen Bibeln angeguckt hat und sich als großer Sender dieses neuen Konzeptes in eine Organisation stellt und sagt: „Das ist jetzt das Beste und das, was ihr bisher gemacht habt, ist das Schlechtere." Besser kann man keinen Widerstand erzeugen."[119]

Es ist für Agilität höchste Zeit, sich vom Konstrukt des Nebelwortes zu emanzipieren und zumindest ein kernprägnantes Verständnis zu Inhalt, Zielsetzung, Möglichkeiten und Grenzen zu transportieren. Eine visuelle Darstellung kann möglicherweise Licht ins Dunkel bringen und den Zusammenhang zwischen gelebter Agilität und GOOD WORK herstellen.

Die agile Pyramide

Das Institut für systemische Beratung (ISB) in Wiesloch, allen voran sein Gründer und Vordenker Bernd Schmid, hat ein Modell zur Veranschaulichung von organisationalen Verantwortungsprozessen entwickelt. Es nennt sich: der Verantwortungsdialog. Verantwortung interpretieren die Kollegen vom ISB als die Fähigkeit und Verpflichtung, Antworten zu geben. Das Modell differenziert hinsichtlich einer Verantwortungsübernahme vier Dimensionen, die innerhalb eines Systems zu klären sind. 1. Die Frage nach dem Müssen – Wer muss Verantwortung übernehmen? 2. Die Frage nach dem Können – Wer kann Verantwortung übernehmen? 3. Die Frage nach dem Dürfen – Wer darf Verantwortung übernehmen? Und schließlich die Frage nach dem Wollen – Wer will Verantwortung übernehmen?[120]

Die Aussagen dazu sind dem Verantwortungsdialog gemäß eindeutig: Während das „Müssen" und das „Dürfen" auf der Ebene der Organisation festgelegt wird, steht das „Wollen" und das „Können" in Bezug auf eine Verantwortungsübernahme in der Macht des Individuums. Nur die Person kann für sich selbst entscheiden, ob sie willens und fähig ist, Verantwortung zu übernehmen. Über das „Dürfen" und das „Müssen" hat die Organisation zu befinden.

Agilität ist eines von vielen möglichen Arbeitsparadigmen, die – konsequent angewendet – sämtliche Belange und Aspekte organisationalen Handelns tangieren. Diese Überlegungen haben mich dazu veranlasst, Agilität analog zum Vorgehen im Verantwortungsdialog einer Analyse auf den vier Frageebenen zu unterziehen. Wenn wir über die Sinnhaftigkeit, Notwendigkeit, Legitimation und Befähigung diskutieren, sich dem Agilitätsparadigma zu nähern, können genau diese vier Fragen Orientierung bieten.

1. Müssen wir agil agieren?
2. Können wir agil arbeiten?
3. Dürfen wir agil arbeiten?
4. Wollen wir agil arbeiten?

Jede dieser vier Fragen verweist auf eine Dimension des Begriffs Agilität und gibt zugleich Aufschluss darüber, wie stark das Prinzip der gelebten Agilität sich bereits etabliert hat. Die Prämisse lautet: Gelebte Agilität ist ein Ausdruck von GOOD WORK.

Und das findet in der Spitze der Pyramide seine volle Entfaltung. Das folgende Modell der Agilitätspyramide dekliniert nicht allein Agilität über diese vier Entwicklungsstufen hinweg. Es geht auch der Frage nach, wer für welche dieser Entwicklungsstufen Sorge zu tragen hat: die Organisation oder das Individuum. Wir werden im Folgenden sehen, dass es sich in vielen Fällen um eine geteilte Verantwortung handelt.

Warum MÜSSEN wir denn agil arbeiten?

Die Frage nach dem „Müssen", der Notwendigkeit, agile Arbeitsprinzipien und Methoden zur Anwendung zu bringen, kann nur die Organisation selbst beantworten. Sie entscheidet in letzter Instanz darüber, ob, wann und in welchem Umfang agiles Arbeiten Einzug ins Unternehmen hält. Diese Entscheidung kann und sollte nicht einer individuellen Präferenz, sondern einer sachlichen Logik folgen. Bereits an dieser Stelle driften die Bemühungen jedoch mitunter in seichtes Gewässer ab. Nicht selten wird das Credo „Wir müssen agiler werden" ausgerufen, wenig reflektierend, was genau sich hinter dem Begriff verbirgt und welche Konsequenzen damit verbunden sind. Idealerweise leitet sich das „Müssen" nicht aus dem Aufmerksamkeitssog ab, den Agilität erzeugt, sondern ist die passgenaue Antwort auf zwei Fragen, die sich nach innen und außen richten. Innen: „Welche Art von Problem/Herausforderung liegt uns vor?" und Außen: „In welchem Umfeld bewegen wir uns?". Es erscheint trivial, wird dennoch immer wieder missachtet: Agile Ansätze sind vor allem dann hilfreich, wenn es darum geht, komplexe Aufgaben mit unklarem Ursache-Wirkungs-Zusammenhang zu bewältigen in einem dynamischen Umfeld mit einer Reihe von Unvorhersehbarkeiten. Nicht mehr, nicht weniger.

VUCA, BANI und die Legitimation zur Agilität

Als Legitimation für agile Ansätze wurde in der Vergangenheit sehr häufig auf ein Akronym zurückgegriffen, das ursprünglich aus einem militärischen Kontext stammt. Das Wort klingt entsprechend eher nach einem martialischen Kampfschrei als nach einer schmissigen Managementformel: VUCA. Der Begriff steht in seiner Langform für Volatility, Uncertainty, Complexity, Ambiguity und geht auf das Imperial War College zurück, das den Begriff Anfang der 1990er-Jahre einführte, um die politische Weltenlage nach dem Ende des Kalten Krieges zu beschreiben. Eine dichotome Unterscheidung der politischen Lager in Ost und West hatte spätestens zu diesem Zeitpunkt als Erklärungsmuster ebenso ausgedient wie eine rein territoriale Betrachtung politisch-ideologischer Kräfte. Die Aussage von VUCA lautet auf einen Punkt gebracht: Unsere Welt ist längst nicht mehr so einfach zu durchdringen.

Die Parallelen zur Businesswelt waren und sind augenfällig. Und so erweist sich die entliehene Formel für den Kontext der Organisationswelt bis heute noch als plakativ und griffig, um einen notwendigen Paradigmenwechsel einzufordern. Wenn Märkte und Netzwerke zunehmend komplex, mehrdeutig, unsicher und volatil agieren und reagieren, gehören alte Managementpraktiken zumindest überdacht, wenn nicht gar gänzlich ausgemustert. Komplexität lässt sich weder reduzieren noch in den Griff bekommen oder managen, lautet die schlichte, aber nach wie vor schwer verdauliche Botschaft dieser Argumentation. Agilität ist eine kluge Antwort, in einer VUCA-Welt zu handeln.

Seit 2020 ergänzt eine neue Folie die von Organisationsberatern fleißig aufgelegten VUCA Charts. Das Corona-Virus muss seitdem als eindrücklicher Beweis für die Richtigkeit dieser Zusammenhänge herhalten. Und gleichzeitig keimt genau seit dieser Zeit das Gefühl auf, dass die VUCA-Botschaft ein wenig abgegriffen, zu dünn daherkommt im Angesicht der akzelerierten, dystopischen Veränderungen unserer Welt. Das frischere Akronym BANI schickt sich an, VUCA zu verdrängen oder zumindest noch einen draufzusetzen. Dabei folgt es der gleichen Regellogik wie VUCA und dreht an den vier Schräubchen jeweils mindestens eine Umdrehung weiter in Richtung Dringlichkeit, Bedrohung, Chaos. Aus Volatilität wird Brüchigkeit, aus Unsicherheit gar Angst, Komplexität formiert sich zu Nicht-Linearität und Ambiguität – also Mehrdeutigkeit – steigert sich zu Unverständlichkeit (incomprehesible).[121] Während Agilität explizit als Handlungsmaxime für VUCA Zustände ausgerufen wird, taucht es auf den BANI-Charts nicht mehr als Bewältigungsstrategie auf. Hier fallen Begriffe wie Resilienz, Transparenz, Achtsamkeit und – nicht zuletzt – Adaption. Wenn wir im Folgenden das Phänomen der Agilität in seine Bestandteile – sprich: in seine Prinzipien und Werte zergliedern – werden wir jedoch feststellen, dass BANI mit großen Überschneidungen genau daran anknüpft. Denn Agilität beansprucht an vorderster Front unsere Adaptionsfähigkeit und die Bereitschaft zu transparentem Handeln.

Ob BANI oder VUCA – beide Ansätze richten den Blick nach außen auf das Spielfeld, auf dem sich die Organisation als Ganzes bewegt. Bei der Frage nach dem MÜSSEN von Agilität ist jedoch die Innenperspektive mindestens genauso entscheidend. Für diese Betrachtungsweise können wir beispielhaft das Modell Cynefin zu Hilfe nehmen. Der walisische Unternehmensberater Dave Snowden sorgte im Jahr 2007 mit der Präsentation dieses Frameworks im Harvard Business Review für viel Aufsehen. Bis heute gilt der Artikel als einer dem am meisten gelesenen Beiträge dieses Fachjournals.[122] In seinem Modell, das als sortierende Basis für eine Entscheidungsfindung dienen soll, differenziert er vier Kategorien von Problemen bzw. Aufgaben. Wenn man die vier Felder – einfache, komplizierte, komplexe und chaotische Aufgaben – und die dazugehörigen adäquaten Vorgehensweisen betrachtet, wird man im vorgeschlagenen Verfahren bei komplexen Sachverhalten exakt agile Ansätze erkennen.

Cynefin schlägt den Dreiklang ausprobieren, wahrnehmen und reagieren (im Original: probe, sense, respond) als probates Mittel vor, um sich in komplexen Situationen in Richtung Lösung vorwärtszubewegen. Ausprobieren beschreibt Snowden dabei als hypothesengeleitetes Experimentieren und entspricht damit dem empirischen Vorgehen eines agilen Frameworks. Denn an das „Ausprobieren" schließt sich nach Snowdens Modell die Phase der Auswertung an. Erst der dritte und finale Schritt führt zu einer Handlung im Sinne einer Maßnahme, einer Entscheidung. „Emergent" ist die Bezeichnung, die Snowden für jenen Dreiklang wählt. Es bedeutet so viel wie auftauchend. Damit präsentiert er ein Kontrastprogramm zu den vielbeschworenen Best Pratices, die in komplexen Umfeldern nur scheitern können. Dort, wo Ursache und Wirkung unverwandt nebeneinanderstehen, wo wir die Konsequenzen unserer Maßnahmen und Handlungen nicht antizipieren können, wird der Rückgriff auf Patentrezepte nicht zum Erfolg führen. Agilität ist so betrachtet eine Form des von Snowden skizzierten Vorgehens, das er für den Umgang mit komplexen Sachverhalten in den Ring wirft.

In der agilen Szene ist Cynefin ein häufig zitiertes Modell, das nicht nur überzeugte Anhänger hervorgerufen hat. Eine grundlegende Schwierigkeit besteht sicherlich darin, ein Projekt, eine Aufgabe hinsichtlich ihres Komplexitätsgrades richtig einzuschätzen. Die Abgrenzung zu einem hochgradig komplizierten, aber dennoch nicht komplexen Sachverhalt ist nicht leichtfertig vorzunehmen. Komplizierte Aufgaben sind die Domäne für Experten. Nur sie können mit Hilfe Ihres Fachwissens letzten Endes beurteilen, inwiefern Herausforderungen mit einer bekannten Regellogik oder mit emergenten Praktiken angegangen werden sollten. Diese Trennlinie ist nicht so scharf wie es auf den ersten Blick aussieht. In unserer Arbeitswirklichkeit stoßen wir sehr häufig auf Vorhaben, die ein Sammelsurium aus einfachen, komplizierten, komplexen und manches Mal auch chaotischen Aspekten bestehen.

Nehmen wir unser Beispiel der (Neu)gestaltung der Arbeitswelt. Nahezu sämtliche Unternehmen ringen derzeit mit der Frage, wie sich eine Mischung aus Präsenz- und Remote-Arbeit bestmöglich gestalten ließe. So formuliert verleitet die Frage rasch dazu, eine einfache Formel aus X-Tagen im Büro und Y-Tagen mobil arbeitend abzuleiten. Wir haben im Kapitel der flexiblen Strukturen die vielschichtigen Abhängigkeiten, die Ambivalenzen und Unwägbarkeiten dieser vermeintlich simplen Fragen auseinander klamüsert. Und sind dabei zu dem Schluss gekommen: Die Gestaltung eines „New Normal" ist komplex. Und gleichzeitig gibt es Elemente in diesem Kontext, die von einfacher oder allenfalls von komplizierter Natur sind. Sie erfordern nicht zwingend eine agile Herangehensweise. Allein der Aspekt der räumlichen Gestaltung neuer Bürowirklichkeiten ist sicherlich ein Prozess, der sehr gut mit agilen, nutzerzentrierten Ansätzen, mit empirischen Feedbackschleifen angegangen werden kann. Die schlussendliche Umsetzung, das Bestellen der Möbel jedoch folgt bekannten Gesetzmäßigkeiten aus Lieferzeiten, Angebote vergleichen, günstige Konditionen verhandeln etc. Hier würden agile Ansätze über das Ziel hinausschießen und ohne Not Komplexität in ein beherrschbares Thema bringen.

Auch auf die Gefahr hin, dass Modelle wie Cynefin oder ähnliche Ansätze die Kategorisierung von Projekten trivialisieren, bieten sie dennoch eine nützliche Perspektive. Sie sind bei aller Unschärfe eine Art Navigationshilfe, das eigene Vorgehen abgestimmt auf Umfeld und Güte der Fragestellung anzupassen. Das bedeutet im Umkehrschluss: Es gibt etliche Fragestellungen, für die agile Arbeitsweisen schlicht nicht adäquat sind. Niemand von uns wünscht sich auf seiner Flugreise vermutlich einen agilen Landeanflug oder am Monatsende eine agile Gehaltsabrechnung, um zwei Beispiele für Vorhaben zu benennen, die wir gerne in den Händen bewährter Regelmechanismen wissen. Hier liegen Ursache und Wirkung in glasklarem Zusammenhang, ein empirisches Vorgehen ist folglich nicht angebracht. Noch weniger brauchen wir elaborierte, agile Methoden, um triviale Aufgaben in den Griff zu bekommen. Das MÜSSEN hinsichtlich agiler Arbeitsweisen sollte mit einer sachlich-inhaltlichen Brille auf der Nase von der Organisation erörtert werden.

(Wie) KÖNNEN wir agil arbeiten?

Die meisten Organisationen starten sinnigerweise nicht gleich mit dem ganz großen Wurf des kompletten Umbaus der Organisation, sprich: der agilen Transformation. Sie sorgen zunächst für einen Zugang zu agilen Denk- und Arbeitsweisen. Die Speerspitze der Agilisierung bilden daher häufig methodische Fingerübungen in Form von Seminaren und Workshops zu beispielsweise Design Thinking, SCRUM oder auch Kanban und ähnlichen Ansätzen. Je nach Branche oder inhaltlicher Ausrichtung des Geschäftsmodelles sind das die gängigen Blockbuster der Agilitätscharts, die in den Organisationen rauf und runter gespielt werden. In manchen Unternehmen bleibt es bei diesen methodischen Annäherungsversuchen. Oft folgen jedoch die ersten agilen Piloten, Übungsprojekte zum Schwimmen im eiskalten Wasser. Unter Aufbietung eigens ernannter Teams und Begleitung durch Agile Coaches wird die agile Pyramide logischerweise von der Basis her konstruiert.

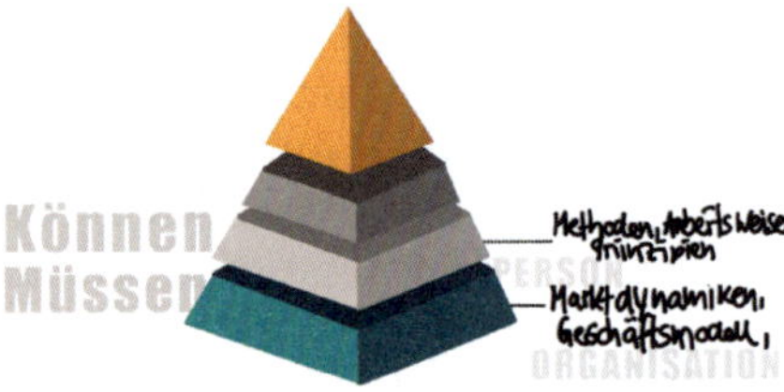

Agile Methoden haben allesamt ihre spezifischen Stärken und Berechtigungen und selbstredend ihre Grenzen, auf deren inhaltliche Diskussion aus genannten Gründen hier verzichtet wird. Methoden und Tools repräsentieren in der agilen Pyramide den Aspekt des „KÖNNENs". Spannend gestaltet sich die Frage danach, wer für die Erlangung einer agilen Kompetenz, oftmals als Skillset beschrieben, verantwortlich ist. Diese Verantwortung teilen sich Organisation und Person gleichermaßen. Das von Unternehmensseite implizit oder explizit ausgesprochene Lernangebot, sich weiterzuentwickeln, entspricht idealerweise der Neugier und dem Willen der Mitarbeitenden, ihre eigene Lernreise zu starten. Die Entscheidung liegt in letzter Konsequenz beim Mitarbeitenden.

Unabhängig von der Verantwortlichkeit für das KÖNNEN wird die Diskussion um Agilität und die Befähigung dazu häufig genau auf jene Methodenkompetenz verkürzt. Das führt nicht selten zu ideologisch aufgeladenen Auseinandersetzungen um die richtige Methode und ihr richtiges Praktizieren. Gerade in den letzten beiden Jahren vor Corona war dieser Fokus in der Organisationswelt deutlich zu spüren. Torsten Groth und seine Mitautoren sprechen in diesem Zusammenhang von einer Mittel-und-Zweck-Verschiebung. Wenn der Streit um die geeignete Methode zum Selbstzweck verkommt, gerät das aus dem Blick, was eigentlich in den Kern gehört: Die Fragen nach dem Sinn und Zweck, jenen Ansatz einzuführen.[123] Echtes KÖNNEN im Sinne der agilen Pyramide bedeutet mehr als das korrekte Anwenden von Frameworks. Eine derartige Verkürzung der Perspektive bringt folgende weitere unliebsame Nebenwirkung mit sich.

Eine Überhöhung der Bedeutung von Methoden und ihrer exzellenten Beherrschung erzeugt bei Mitarbeitern nicht selten eine gewisse Ehrfurcht. Bin ich überhaupt schon gut genug, diese Methode anzuwenden? Habe ich schon die notwendige Expertise oder fehlt mir noch die erforderliche Zertifizierung? Diese Befürchtungen drücken aus, wohin eine Mittel-Zweck-Verschiebung im Extremfall führen kann: Die Mitarbeitenden stehen im Dienst ihrer Werkzeuge. Wir sollten an dieser Stelle einen Schritt zurücktreten und uns folgendes in Erinnerung rufen: Methoden stehen uns als Hilfsinstrumente zur Seite, um die Arbeit effizienter, effektiver und angenehmer zu gestalten. KÖNNEN im Sinne der agilen Pyramide muss daher über die Grenzen von Methoden-Know-How hinausgehen und allgemeine agile Arbeitsweisen in den Blick nehmen. Das beinhaltet in der Konsequenz auch den bedachten und souveränen Einsatz von Methoden. Die Überwindung von Aversionen und Ängsten gegenüber methodischen Ansätzen ebenso wie ihr reflektierter und maßvoller Einsatz.

Radikale Veränderungssituationen sind bisweilen heilsame Erfahrungen, um Dynamiken wie Mittel-Zweck-Verschiebungen hinter sich zu lassen. Es setzt sich ein gesunder Pragmatismus durch, der sich den faktischen Notwendigkeiten beugt und das Wesentliche ins Blickfeld rückt. So hat auch das Phänomen Agilität und agiler Kompetenzen im Zuge der Coronapandemie einen Reifungsprozess erfahren.

Agile Arbeitsweisen als GOOD WORK Vorgehen

Ein besonders markantes Beispiel für diese Schlussfolgerung liefert die Personalvorständin Julia Merkel der R+V Versicherung in Wiesbaden. Sie beschreibt, wie es der Organisation zu Beginn der Pandemie gelungen ist, innerhalb von wenigen Tagen Tausende von Mitarbeitenden ready-for-remote ins Homeoffice zu verabschieden und gleichzeitig alle Prozesse am Laufen zu halten. In ihren Ausführungen liefert sie ein lupenreines Exempel für agiles Vorgehen.

„Wir haben bereits Ende Februar ein Lagezentrum eingerichtet für unser Business Continuity Management, worüber die Konzernsicherheit alles organisiert hat … An das Lagezentrum waren alle Bereiche angeschlossen und jedes

Link zur Folge mit Julia Merkel

Ressort hat eine Vertreterin, einen Vertreter entsandt. Wir haben jeden Tag zwei Lagecalls durchgeführt, einen am Morgen, einen am Abend. Damit hatten wir einen guten Überblick über die Situation zu den Coronaregeln und den Verlauf in Deutschland insgesamt, aber auch darüber, was das für unser Unternehmen bedeutet. Wir haben dann die Informationen aus den Ressorts zusammengetragen. Und so konnten wir schnell einen gemeinsamen Plan erarbeiten. Am Nachmittag um fünf Uhr haben wir uns dann wieder zusammentelefoniert oder geskypt und besprochen: „Was hat funktioniert? Was nicht? Wo besteht noch Regelungsbedarf?“ Wir konnten eben unsere Erfahrungen austauschen. Wir haben übergreifend zusammengearbeitet, z. B. mit der IT, dem Betriebsrat … Ich glaube, der Schlüssel war wirklich, so frühzeitig das Lagezentrum einzurichten. Die kurze Taktung aus zwei Calls, einmal am Morgen, einmal am Abend, die schnellen und klaren Absprachen und dann einfach die gemeinsame Diskussion. Und am Ende: ausprobieren, einfach ausprobieren, was funktioniert, was nicht.“[124]

Interdisziplinäres Arbeiten, kurze Taktung von Absprachen, Feedbackzyklen und permanentes, dynamisches Anpassen von Vorgehensweisen – besser kann man Zusammenarbeit nach agilen Prinzipien nicht beschreiben als es Julia Merkel in ihren Schilderungen gelungen ist. Dabei ist eine Sache bemerkenswert: Sie nimmt nicht ein einziges Mal das Wörtchen agil in den Mund. In den GOOD WORK Interviews häufen sich Berichte von Unternehmern, Menschen in Anstellung oder auch Solo-Selbständigen, die im Sinne von Prinzipien sich selbst oder ihre Organisation hochagil durch die Krise gesteuert haben. Ohne den Aufkleber „agil“ dabei jemals zu verwenden. Gelebte Agilität ist in seiner Endstufe genau dadurch gekennzeichnet, dass sie sich von Begrifflichkeiten und von einer engen Methodenauslegung emanzipiert. Je weiter wir die Pyramide in Richtung Spitze emporkraxeln, umso mehr gelebtes Agilitäts-KÖNNEN und damit GOOD WORK kommen zum Vorschein.

Die pragmatische Übersetzung von agilen Methoden ist die Ableitung von eben jenen Prinzipien und Arbeitsweisen. Iteratives, selbstorganisiertes, ergebnisoffenes und kundenzentriertes Arbeiten – um nur einige, wesentliche agile Prinzipien zu nennen – sind losgelöst von dem jeweiligen Methodenansatz generische Arbeitsweisen, die wegweisende Impulse für Veränderungen in der Zusammenarbeit setzen. Es sind genau jene erhellenden Momente in Workshops und Trainings, im praktischen Tun, wenn Mitarbeitende erkennen, dass sie nicht zwingend den gesamten Methodenkoffer in Anwendung bringen müssen. In manchen Fällen genügt ein Aspekt, ein Tool, ein Prinzip, das sich als unterstützend und tauglich für einen Transfer in den eigenen Arbeitsalltag erweist. Ein echter GOOD WORK Ansatz im Sinne der gelebten Agilität besteht in der professionellen Rosinenpickerei.

DÜRFEN wir agil arbeiten?

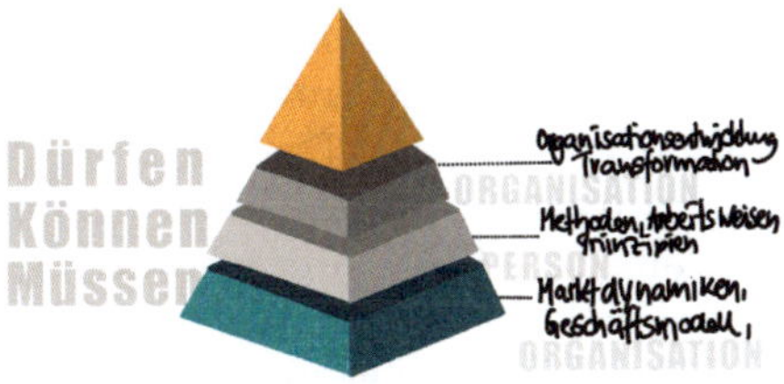

Mit zunehmender agiler Kompetenz und positiven Erfahrungen zu den entsprechenden Methoden und Arbeitsweisen wächst in vielen Unternehmen die Einsicht oder auch das Bedürfnis, Agilität als grundsätzliches Arbeitsparadigma zu begreifen und in Anwendung zu bringen. Am besten organisationsübergreifend. Mit anderen Worten: Eine agile Transformation klopft lautstark an die Unternehmenstür. Um Einlass gewährt zu bekommen, braucht sie das dezidierte Plazet durch die Organisation. Denn eine vollständige agile Transformation ist niemals ein Zufallsprozess und auch kein persönlicher Willensakt. Es ist ein Vorgehen, das zutiefst in die Strukturen der Organisationsphysik eingreift. Das braucht die Legitimation.

Somit ist die Frage nach dem DÜRFEN noch haariger als die Frage nach dem KÖNNEN. Woran würde man eine Organisation erkennen, die ihren Mitarbeitenden erlaubt, agil zu arbeiten? Die Anzahl an Hierarchieebenen gibt nur bedingt Auskunft darüber, inwieweit in diesem Unternehmen bereits erfolgreich agil gearbeitet wird oder künftig gearbeitet werden kann. Die sichtbaren, formalen Strukturen eines Unternehmens – visualisiert in einem Organigramm – täuschen über die Mannigfaltigkeit der tatsächlichen Wertschöpfungs- und Entscheidungswege hinweg. Einer Anekdote gemäß, die der Wissenschaftstheoretiker und Begründer der Strukturaufstellungen Matthias Varga von Kibéd seinem systemischen Kollegen Gunter Weber zuschreibt, hat dieser auf die Frage in einem Beratungskontext: „Arbeiten Sie auch mit Organigrammen?“ wohl geantwortet: „Sehr gerne, ich arbeite sehr gerne mit Organigrammen. Welche der vielen in ihrem System existierenden wollen wir denn betrachten?“[125]

Die Macht informeller Strukturen, der faktisch befolgten Organigramme ist kaum zu überschätzen, wenn es um die Etablierung neuer Arbeitsparadigmen wie beispielsweise der Agilität geht. Die Initiative für agiles Arbeiten zu ergreifen, kann demzufolge kein alleiniges Privileg der Führung sein. Es braucht das Mittragen, zumindest die Zustimmung aus der Mitte der Organisation ebenso wie das Plazet auf der Entscheiderebene. Ohne Letztere wird eine umgreifende Transformation nicht gelingen können. Eine unternehmensüberspannende Ermächtigung zur Agilität drückt sich in genau diesen beiden Strömungen aus. Die Legitimation von „oben", die Partizipation von allen. Und diese Partizipation kann viele Gesichter haben. Sie reicht von einem kurzen inneren Abnicken, über aktives Einbringen und Mitgestalten bis hin zu Eigeninitiative ergreifen. Die stark steigende Anzahl an sogenannten Graswurzelinitiativen, jenen „freien, radikalen" Bewegungen, die sich aus der Mitarbeiterschaft ohne dezidierten Auftrag formieren und auf den Weg der Veränderung begeben, kann durchaus als Indikator für eine vermehrt gelebte Agilität gewertet werden.[126]

Wechselwirkung zwischen Aufbau- und Ablauforganisation

In Unternehmen, die sich auf den Weg machen, das Stadium der reinen agilen Befähigung hinter sich zu lassen und eine umfassende Transformation anzugehen, sind allenthalben spannende Dynamiken zu erkennen. Die Wandlungsfähigkeit von Individuen und sozialen Systemen sorgen für Wechselwirkungen zwischen Aufbau- und Ablauforganisation. Selbst die starrsten Aufbauorganisationen – das hierarchische Gerüst eines Unternehmens – lassen grundsätzlich Raum zum Experimentieren. Und solche Leuchtturmprojekte setzen wiederrum wichtige Impulse für die Aufbauorganisation und sind häufig der Start für umgreifende Wandlungen. Ein konkretes Beispiel: Unternehmen transformieren ihre in der Linie geführten Produktmanagement- und Produktentwicklungsabteilungen sukzessive hin zu interdisziplinären Customer Experience Units und verankern dies als neue Einheit in ihren Organigrammen. Beispiele wie dieses zeigen eine Möglichkeit auf, wie aus agilen Projekten definierte Arbeitsabläufe übernommen und schließlich neue Einheiten formiert werden, die das alte Silodenken überwinden. Mit solch neu geschaffenen Einheiten entwickeln sich unweigerlich eine andere Art der Zusammenarbeit, der Ausrichtung des Handelns auf Kundennutzen und damit eine Sinnkomponente. Agile Transformationen starten häufig mit einem Projekt, mit einer Initiative und münden in einem kompletten Veränderungsprozess, der sämtliche Teile der Organisation tangiert. Ein solches Unterfangen ist mit reiner Projekt-Logik wohl kaum zu gestalten, erst recht nicht als To-Do zu betrachten.

Agile Transformation

Jörg Staff ist Vorstand des Ressorts People & Business Services bei Atruvia, dem IT-Servicedienstleister für Unternehmen und Zentralinstitutionen der genossenschaftlichen Finanzgruppe. Atruvia hat genau einen solchen Umbauprozess angestoßen und sein Organisationsdesign schrittweise neugestaltet. Ausgehend von einer Initiative haben sich sukzessive neue Formen der Zusammenarbeit in konzentrischen Kreisen über das Unternehmen hinweg etabliert. Die ersten Schritte – so das Resümee von Jörg Staff – waren zunächst noch ein wenig wackelig. Doch die anfängliche Skepsis der Mitarbeitenden im Umgang mit neuen Rollenmodellen wich zunehmend ihrer Begeisterung. Leichtfertig lässt sich vom Augenhöhenprinzip sprechen. Es ist jedoch eine gänzlich andere Erfahrung, im täglichen Tun zu erleben, dass sich plötzlich Vertreter verschiedener Managementebenen und Mitarbeitende mit gleichem Stimmrecht gegenüberstehen. Für beide Seiten kein triviales Unterfangen. Jörg Staff beschreibt sehr authentisch das Wechselbad an Gefühlen und Erfahrungen, das sowohl innerhalb als auch außerhalb des Teams zu beobachten war.

Link zur Folge mit Jörg Staff

„Es gab zu Beginn sicherlich eine sehr große Skepsis, ob das denn so funktionieren kann. Und das Schöne war, dass nach diesen zwei Monaten regelmäßig der Effekt auftrat, dass die Menschen geradezu enthusiastisch waren. Sie haben plötzlich gemerkt: ‚Mensch, da passiert etwas. Wir arbeiten auf Augenhöhe mit Führungskräften zusammen.' Denn die hatten ja kein anderes Stimmrecht als das restliche Team. Und auch andere Menschen, die vorher funktional gar nicht so tief in der Sache eingebunden waren, haben im Team guten Input geliefert und zu einer guten Lösung beigetragen. Am schönsten war, dass die Menschen gelernt haben, dass sie eigenverantwortlich Themen lösen können, ohne dass es vorher durch ein Gremium muss, ohne dass man Entscheidung von außen herbeiführen muss. Und dass man über diese cross-funktionale Zusammenarbeit ein noch ein viel besseres Ergebnis erreichen kann als es vielleicht der funktionale Bereich selbst hätte erzielen können."[127]

Mit der Ermächtigung des Teams und damit der Erlaubnis, Entscheidungen dorthin zu verlagern, wo ihre Konsequenzen beurteilt werden können, wird nicht weniger als ein Paradigmenwechsel vollzogen. Entscheidungen „eigenmächtig" im Team, ohne Absicherungsschleifen über viele Instanzen zu treffen, ist – gerade für Mitarbeitende in klassisch-strukturierten Unternehmen – ein großer Schritt. Er kann zunächst Ehrfurcht einflössen. Und setzt – wie wir im Kapitel der digitalen Balance gesehen haben – ein enormes Vertrauensvolumen voraus. Wird der Schritt jedoch mit Erfolg gesetzt, hinterlässt er einen Fußabdruck von enormer Tiefe: Das Gefühl von Wirksamkeit.

Wirksamkeit, Begeisterung, Kommittent im Team sind gewiss essenzielle Erfolgsfaktoren für das Gelingen einer agilen Transformation. Doch was passiert derweil in der restlichen Organisation? Überhöhung von Erfolgsgeschichten, neues, selbstbestimmteres Arbeiten erzeugen potenziell Neugier, Motivation zur Nachahmung, aber auch Reaktanzen. Die Gefahr des Auseinanderdriftens innerhalb eines Unternehmens ist eine Dynamik, die es gut im Auge zu behalten gilt. Auch in dieser Hinsicht schildert Jörg Staff seine Erfahrungen und seine Beobachtungen aufrichtig im Podcast GOOD WORK. Und teilt auch gleich noch mindestens einen entscheidenden Erfolgshebel.

Link zur Folge mit Jörg Staff

„Zu Beginn – das muss man fairerweise sagen – saß das übrige Unternehmen auf der Zuschauertribüne und hat sich erst einmal angeschaut, was da passiert … Ein wichtiges Element bei so einem Prozess ist, dass alles transparent ist, was in den Teams passiert. Darauf haben die Teams von Anfang an sehr großen Wert gelegt. Über eine Community konnte jeder Mitarbeiter, jede Mitarbeiterin im Unternehmen jederzeit in das Thema reinschauen und sehen, an was gerade gearbeitet wird und was die Erkenntnisse sind. Diese völlige Transparenz war sicherlich ein ganz wesentlicher Schlüssel zum Erfolg … Natürlich hat es in einer fortgeschrittenen Phase der Transformation, in der wir in bis zu zehn Initiativen mit je fünfzehn Menschen parallel an der Zukunft gearbeitet haben, zu einer Reflexion in der übrigen Mannschaft geführt. Dort gab es Überlegungen in dem Sinne ‚Wir arbeiten im Alten und dann gibt es andere, die sind bevorzugt und arbeiten an der Zukunft.' Damit muss man natürlich auch umgehen und sicherstellen, dass es im Unternehmen immer beides braucht: Du musst sowohl den „Run" professionell gestalten als auch den „Change"."

Das Aufeinanderprallen von „alten" und „neuen" Arbeitsweisen ist eine fundamentale Klippe, an der nicht wenige agile Transformationen zerschellen. Dieser Mechanismus kann auf unheilvolle Weise ganze Unternehmensteile voneinander separieren. Das Konzept der Ambidextrie – aus dem Lateinischen übersetzt bedeutet es so viel wie: Beidhändigkeit – ist der Versuch, genau diese Kluft wertschätzend zu moderieren. Es stellt die Notwendigkeit von beiden Ressourcen – das Fortführen der klassischen Abläufe und des Regelbetriebes ebenso wie die Notwendigkeit der Neu- und Weiterentwicklung von Strukturen, Prozessen, Leistungen – gleichberechtigt nebeneinander.[128]

Atruvia ist der Balanceakt zwischen Alt und Neu gut gelungen. Sie haben mit ihrer iterativen Transformationsreise neue Formen der Zusammenarbeit nicht nur verprobt, sondern beständig eingeführt. Das neue Zusammenarbeitsmodell organisiert das gesamte Unternehmen in cross-funktionale Teams mit je 40 bis 50 Personen. Damit einhergehen unter anderem zwei neue Führungsrollen, die die Teamarbeit als Führungstandem auf fachlicher und persönlicher Ebene unterstützen: Zum einen gibt es den Tribe Lead, eine Rolle, die für das fachlich-professionelle Arbeiten und den Einsatz der passenden Methoden verantwortlich ist. Ihr Fokus ist am Ende die Entwicklung passgenauer Lösungen und damit die Kundenzufriedenheit. Dem Tribe Lead ist gleichberechtigt der People Lead an die Seite gestellt, der für das Recruiting und die persönliche Weiterentwicklung der 40 Menschen in den Units verantwortlich ist.

Eigenverantwortung, Transparenz und Partizipation sind somit inzwischen zentrale Elemente ihrer Unternehmenskultur. Die Mitarbeitenden honorieren die Entwicklung und zeigen sich sehr zufrieden.

„Es ist sehr schön zu sehen, dass wir mit der Transformation auch massiv die Zufriedenheit unserer Mitarbeitenden gesteigert haben. Sie ist sogar exponentiell gestiegen. Die Zufriedenheit messen wir regelmäßigen zweimal im Jahr mit Puls-Checks. Also dieses große Einbinden der Menschen in den gesamten Veränderungsprozess hat sich das wirklich ausgezahlt. Und das ist auch quantitativ und qualitativ messbar."

Link zur Folge mit Jörg Staff

Man kann sagen: Atruvia hat eigenen GOOD WORK Pfad gefunden. Jörg Staff wurde in 2021 vom Personalmagazin als Chief Human Ressource Officer – kurz: CHRO – des Jahres ausgezeichnet und reicht gedanklich und folgerichtig den Preis sogleich an seine Mannschaft weiter.

Paradoxien im Kontext von Agilität

Nicht immer wird das Ringen um Prozesserhaltung versus Neugestaltung zwischen Unternehmensbereichen, Teams oder Individuen ausgetragen. Häufig streiten diese beiden Kräfte in ein und derselben Person miteinander. Insbesondere Führungskräfte in hierarchisch strukturierten Unternehmen finden sich im Zuge agiler Transformationen in Situationen wieder, die mit ambidextrischen oder agilen Methoden allein nicht in den Griff zu bekommen sind. Ein Großteil der organisationalen Prozesse – und damit auch der Führungsprozesse – ob Bezahlung, Karriereplanung, Zielerreichung – werden stark von Automatismen gesteuert und folgen somit einer klassischen Regellogik. In einem solchen Umfeld agile Arbeitsweisen nachhaltig zu etablieren, gestaltet sich für Mitarbeitende und für Führungskräfte anspruchsvoll. Denn sie erleben an vielen Stellen strukturelle Paradoxien. Für Torsten Groth stellen Paradoxien eine elementare Herausforderung dar, die im Kontext von Organisationsentwicklung seiner Meinung nach noch zu wenig Berücksichtigung findet:

„Paradoxie entsteht immer dann, wenn Entscheidungs-situationen auftauchen, in denen zwei Sachen sich gegenseitig ausschließen. Das heißt, wenn ich jetzt agil bin und es agil richtig mache, dann mache ich es falsch im Sinne der klassischen Organisation. Und wenn ich etwas „richtig" im Sinne der klassischen Organisation mache, dann mache ich es „falsch" im agilen Sinne. Das ist die Grunderklärungen für viele Dynamiken, die wir immer wieder beobachten. Und diese Phänomene sieht nur derjenige, der jeweils die agile und die klassische Welt nebeneinanderstellt und dann sieht, dass beide Welten für sich genommen Richtigkeitsvorstellungen haben, die sich gegenseitig ausschließen."[129]

Link zur Folge mit Torsten Groth

Das klingt nach einer verzwickten Schwarz-Weiß-Falle und dem Gegenteil von GOOD WORK: einem agilen Dogmatismus. Torsten Groth verrät eine gleichermaßen nützliche wie entlastende Perspektive, die man vor allem Führungskräften anbieten kann, die sich in einer Paradoxie aus klassischen und agilen Ansätzen verstrickt haben.

„Was ich total frappierend finde, ist, dass alleine das Benennen einer solchen Situation als paradox extrem hilfreich ist für die Beteiligten. Sie haben sozusagen wieder einen Grund unter den Füßen … Wir sagen dann: ‚Lass uns doch mal kreativ überlegen, ob wir die agilen Methoden jetzt strikt anwenden müssen oder ob wir sie adaptieren können. Vielleicht können wir irgendwie mal eine Ausnahme machen und lassen das klassische System weiterlaufen' … Es ist wie im Leben: Da können wir die Dinge ja auch mal links liegen lassen, das „richtige" Framework tatsächlich einmal verlassen. Das kriegt man alles dann hin, wenn man die Erlaubnis und eine Erklärung dafür hat, dass etwas Halbgares, etwas, was „wischi-waschi", mal halb-agil, mal halb-klassisch eingeführt wird, nicht unprofessionell ist, sondern an sich die intelligenteste Art und Weise darstellt, wie man zwei Welten zusammenbringt. Diese Neubewertung von Vermischungen, die Neubewertung von Halbeinführungen versuche ich, ab und zu mal Personen näherzubringen, die Agilität als Heiligtum betrachten."

Link zur Folge mit Torsten Groth

WOLLEN wir agil arbeiten?

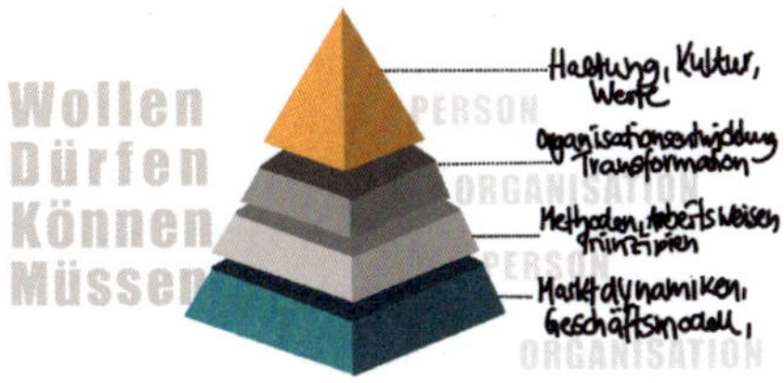

Spätestens an dieser Stelle haben wir die Spitze der agilen Pyramide erreicht. Die Haltung und ein gelebtes, agiles Werteset entscheiden in letzter Konsequenz nicht nur darüber, ob eine agile Transformation gelingt. Sie entscheiden darüber, ob sich wirksame, sinnstiftende und robuste Arbeitsformen und eine zukunftsfähige Arbeitskultur in einer Organisation nachhaltig verstetigen oder nicht. Entgegen vieler marketingträchtiger Versprechungen von Unternehmensberatungen lässt sich ein agiles Mindset jedoch nicht antrainieren oder gar einstudieren wie eine Turnübung. Es ist allenfalls das Ergebnis von praktischem Erleben und dessen Reflexion. Das lässt sich vorzüglich am Beispiel der beiden agilen Werte Transparenz und Verantwortung verdeutlichen.

Transparenz und Verantwortung

Mareike Buckmann ist zum Zeitpunkt des GOOD WORK Interviews Agile Coach bei Vodafone und gleichermaßen erfahren wie auch methodisch hervorragend geschult. Als eine der Prozessverantwortlichen für die agile Transformation moderiert sie den anspruchsvollen Übertritt der Projektteams in die reine Remote-Arbeit vor dem Hintergrund der Pandemie. Einmal mehr illustriert ihre Schilderung aus dem Maschinenraum des Unternehmens, wie eng verzahnt die Rädchen Transparenz und Verantwortung im agilen Getriebe ineinandergreifen.

Link zur Folge mit Mareike Buckmann

„Ich arbeite Gott sei Dank in einem Team, das wirklich ein Team ist und nicht nur eine Gruppe von Menschen, die zufällig im gleichen Kästchen stecken. Wir hören einander zu, arbeiten wirklich zusammen und fühlen uns als Team gemeinschaftlich für das Gesamtergebnis verantwortlich. Es gibt eine große Herausforderung bei einem solchen Programm wie dem, an dem wir gerade arbeiten: Wir brauchen eine maximale Transparenz, damit das, was wir in den einzelnen Teams erarbeiten, hinterher auch zusammenpasst. Denn wir arbeiten (parallel) in 35 unterschiedlichen Teams auf ein gemeinsames Ergebnis hin. Und wenn das am Ende nicht zusammenpasst, ist das wirklich schwierig. Man muss also vorher schon die gegenseitigen Abhängigkeiten erkennen. Und dieses Maß an Transparenz ist in Zeiten, in denen man sich nicht sieht, nochmal schwieriger … Was uns geholfen hat, war die Erfahrung, die wir vorher schon gesammelt hatten. Wir wussten, dass jedes Team nicht im luftleeren Raum sitzt und es Abhängigkeiten gibt. Und uns war bewusst, wie wichtig es ist, die Aufmerksamkeit auf diese Abhängigkeiten zu richten, weil sonst auch das einzelne Teamergebnis nicht funktionieren wird … Wir durchlaufen das Programm jetzt schon seit zwei Jahren und leben allmählich das agile Werteset. Wir haben es umgesetzt und verinnerlicht. Und dabei geht es darum zu verstehen, dass die gelungene Zusammenarbeit der entscheidende Erfolgsfaktor ist."[130]

Selbstorganisation im agilen Sinne meint weniger die individuelle Bereitschaft und Fähigkeit, sich in seinem beruflichen Tun selbständig und eigenverantwortlich zu organisieren. Selbstorganisation ist kein Synonym für Selbstbestimmtheit. Sie koppelt sich vielmehr an die Kompetenz und Einsicht, das eigene Handeln mit den Belangen des Teams und der gesamten Organisation in Einklang zu bringen. Selbstorganisierte, agile Teams sind nahezu das exakte Gegenteil von autonomen Spaßinseln, wie es manche klischeebehafteten Assoziationen vermuten lassen.

Selbstorganisation und Vertrauen

Dort, wo sie gelingt, kann sich Führung auf ihre vornehmliche Arbeit konzentrieren und Entscheidungen und Verantwortung ins Team verlagern. Doch hier stellt sich für viele Führungskräfte das typische Huhn-Ei-Dilemma. Wie kann ich mehr Verantwortung delegieren, wenn das Team noch nicht dafür „bereit" ist? Verantwortung ist das Scharnier, über das Führung und Zusammenarbeit miteinander in Verbindung stehen. Im Falle von Agilität muss dieses Scharnier bestens geölt sein, von beiden Seiten. Transparenz als Schlüssel zur Selbstorganisation und als Ausdruck von Verantwortung für ein gemeinsame Ziel schafft Vertrauen für und in alle Beteiligten. In diesem Sinne steigt die Reife eines Teams mit jeder erfolgreich übernommenen Verantwortlichkeit. Und dafür braucht es die Chance, entsprechende Erfahrungen sammeln zu dürfen. Genau dann stellt sich der Regelkreis aus Vertrauen und Verantwortung ein.

Transformation als Lernreise

Eine Befähigung und Bereitschaft, agil zu arbeiten, manifestiert sich auf vielen Ebenen und schließt persönliche Kompetenzen mit ein. „Auf Knopfdruck agil" ist ein Irrglaube. Ihm hängen allenfalls Weiterbildungsanbieter an, die Agilität vornehmlich als Geschäftsmodell betrachten.

Der Hessische Rundfunk bezeichnet seine Transformation hin zu einem digitalen Medienunternehmen folgerichtig als Lernreise. Agile Formen der Zusammenarbeit sind über die gesamte Organisation hinweg anzutreffen. Das Unternehmen erkennt die Herausforderungen, die die Veränderung insbesondere auch für die Führungsebenen mit sich bringen, sehr genau und reagiert darauf mit einem grundlegenden Neuausrichtung der Führungsentwicklung.

Link zur Folge mit Barbara Müller-Geskes

„Ich sage immer: Agilität braucht nicht weniger, sondern mehr Führung, nur anders. Es braucht nicht mehr die hierarchische Führung, sondern Begleitung von Menschen in der Agilität. … Wir haben jetzt gerade entschieden, dass wir das Thema Führungsentwicklung komplett auf neue Beine stellen. Und zwar werden wir horizontales und vertikales Lernen miteinander kombinieren. Was meint das? Es gibt das schöne Bild des Smartphones, auf das wir alle gucken. Das eine meint „Wir packen mehr Apps drauf", im Sinne von mehr Wissen, Tools und Methoden. Das andere meint aber das Thema Persönlichkeitsentwicklung. Und das bedeutet tatsächlich, ein komplett neues System draufzuladen. Und ich glaube, dass tatsächlich beides sehr notwendig ist … Wir verabschieden uns damit von dem klassischen Seminarkanon, den wir früher für Führungskräfte an den Start gebracht haben. Und wir werden jetzt alle unsere Führungskräfte in hierarchie- und bereichsübergreifende Zehner-Gruppen zusammensetzen, wo sie gemeinsam im Sinne der kollegialen Beratung, begleitet von bestimmten Angeboten, gemeinsam diesen Weg von horizontalem und vertikalem Lernen gehen können. Das ist einfach noch mal ein ganz neuer Ansatz, der für alle eine andere Chance bietet, sich diesen neuen Herausforderungen zu stellen."[131]

Gelebte Agilität bringt im Ergebnis ein neues Verständnis von Lernen hervor. Niemand wird agile Basiswerte wie Vertrauen, Offenheit und Transparenz in Frage stellen. Spannend bleibt es zu beobachten, wie das Umdenken initiiert, begleitet oder gefördert werden kann. Gelebte Agilität gelingt dort, wo die Einsicht Einzug gehalten hat, dass Haltung ein „inside job" ist, den zunächst jeder für sich selbst zu verrichten hat. Agile Organisationen sind demzufolge keine Erziehungsanstal-

> „Arbeiten am System und arbeiten mit den Menschen, nicht andersherum.

ten, sondern soziale Systeme, in denen Menschen miteinander und nicht aneinander arbeiten. Arbeiten am System und arbeiten mit den Menschen, nicht andersherum. Nur der Mitarbeitende, die Führungskraft selbst können darüber entscheiden, ob und welche organisationalen Werte sie mittragen und -gestalten möchten. Sie sind am „Drücker", wenn es um das WOLLEN geht. Doch die Organisation teilt sich auch hier ein Stück der Verantwortung. Sie hat für den lebendigen Dialog im Unternehmen zu Werten und der eigenen Kultur anzubieten und zu führen.

GOOD WORK und gelebte Agilität

Gelebte Agilität ist eines der fünf GOOD WORK Prinzipien, das sehr deutlich auf Tuchfühlung geht mit den weiteren vier Prinzipien. In der aktuellen Diskussion um Organisation unserer Arbeitswelt hat es seinen expliziten Platz verdient. Womöglich wird das Phänomen der Agilität jedoch immer mehr seine Funktion als reines Schlagwort verlieren und stärker als Paradigma Einzug in die Organisationswelt halten. Die Zeichen der Märkte, unserer gesamten Welt deuten in die Richtung, dass sich die Ära der klassischen Managementpraktiken dem Ende zuneigen.

Im Sinne von GOOD WORK stecken so viele Ansatzpunkte in dieser Entwicklung, die sich prägnant zusammenfassen lässt. Inwieweit in einem System das Prinzip der gelebten Agilität funktional wirkt, lässt sich anhand folgender, beispielhafter Kriterien erkennen:

Verständnis von und Legitimation zur Agilität

- Es gibt ein gemeinsames, zumindest kernprägnantes Verständnis darüber, was Agilität bedeutet.
- Es wird von Versuchen, Agilität „einzuführen" oder gar anzuordnen, abgesehen. „Zwangsmissionierungen" finden nicht statt.
- Die Organisation entscheidet kontext-, situations- und aufgabenbezogen, ob und in welchem Umfang agile Arbeitsweisen und Methoden sinnstiftend Anwendung finden können.
- Anregungen von „oben", agile Arbeitsweisen zumindest zu erproben, treffen auf Initiativen aus der Mitte der Organisation.
- Im Unternehmen werden alle vier Ebenen der agilen Pyramide beleuchtet und bearbeitet.
- Die Legitimation und Verantwortlichkeiten hinsichtlich Agilität sind klar umrissen.

Umgang mit agilen Methoden und Arbeitsweisen

- Das Unternehmen überwindet die Phase des agilen Dogmatismus. Methoden werden nicht ideologisch überhöht, sondern mit Maß und Ziel angewandt.
- Strukturelle Paradoxien bei der Etablierung von agilen Arbeitsweisen werden als solche erkannt, besprochen und nach Lösungen für ihre Bearbeitung gesucht.
- Es findet keine Mittel-Zweck-Verschiebung hinsichtlich der Methoden statt. Methoden bleiben Hilfsmittel.
- Agile Arbeitsweisen finden – je nach Relevanz – auch in Bereichen Anwendung, die eher klassisch strukturiert in der Linienorganisation eingebunden sind.
- Die Organisation stellt Räume – zeitlich und physisch – für Experimente und kreative Kollaboration zur Verfügung.

Agile Transformation

- Der Organisation gelingt es, keinen Graben zwischen agilen und klassischen Arbeitsweisen entstehen zu lassen. „Alte" und „neue" Formen der Zusammenarbeit stehen sich wechselseitig ergänzend nebeneinander.
- Die Organisation regt nicht nur horizontalen, sondern auch vertikalen Dialog über Fragen der Führung und Zusammenarbeit an.
- Nachhaltige Veränderungen in der Ablauforganisation finden ihren Ausdruck in einer Anpassung der Organisationsphysik. Das Organisationsdesign ist nicht in Stein gemeißelt.
- Partizipation ist ein gelebtes Prinzip, ebenso die zunehmende Selbstorganisation von Teams.
- Entscheidungen werden entlang der Wertschöpfungskette und der inhaltlichen Expertise getroffen, nicht entlang von Hierarchien.

Agile Kulturentwicklung

- Angebote zu persönlichen und organisationalen Kompetenzen regen den Dialog und die Reflexion zu agilen Werten und ihrer praktischen Bedeutung an.
- Die Verantwortlichkeit, mit Angeboten Mitarbeitende zur persönlichen Weiterentwicklung einzuladen, liegt bei der Organisation. Die Verantwortung, dieses Angebot zu nutzen und sich auf eine persönliche Weiterentwicklungsreise einzulassen, liegt beim Mitarbeitenden selbst.
- Das Unternehmen verzichtet auf agile Mindset-Schulungen und pädagogisierende Veranstaltungen.
- Der Zusammenhang zwischen Transparenz und Verantwortung ist nachvollziehbar und im Handeln der Organisation erkennbar.

- Dynamik und Schnelligkeit sind kein Selbstzweck. Anpassungen an verändertes Marktgeschehen und Nutzerbedürfnisse finden permanent statt und sind als handlungsleitenden Maxime spürbar.

Perspektivisch mag das GOOD WORK Prinzip der gelebten Agilität als Fußnote im Prinzip der flexiblen Strukturen aufgehen. Der logische nächste Schritt der gelebten Agilität führt zu seiner selbstverständlichen Auflösung in der Organisation. Eine reife, agile Organisation erkennt man vor allem daran, dass man das Wort Agilität – ob in den Fluren, den Kantinen, den Meetings oder den Videokonferenzen – kaum noch hört.

GOOD WORK Fragen zu diesem Prinzip lassen sich simpel aus den oben aufgeführten Kriterien ableiten. Sie stellen eine strukturierte Handreichung für eine Bestandsaufnahme in puncto gelebter Agilität dar. Eher eine sortierende Grundlage, weniger eine Reifegrad-Analyse. Denn Reifegrad-Analysen transportieren erneut die Illusion eines expliziten, finalen und wünschenswerten Zielzustandes. Im Sinne einer wahrhaftig gelebten Agilität kann es diesen nicht geben. Was es geben kann und sollte, ist der anhaltende organisationale Dialog zu wertschöpfenden, sinnhaften, hilfreichen Vorgehensweisen, Praktiken, Haltungen und Strukturen.

Und dieser Dialog sollte auf allen Ebenen geführt werden, in Teams, in Bereichen, in Projekten, über das gesamte Unternehmen hinweg. Mit allen, zwischen allen.

3.6 Fünftes GOOD WORK Prinzip: Denken in Möglichkeiten

Denken in Möglichkeiten nimmt in mehrerlei Hinsicht eine Sonderrolle ein in der Familie dieser fünf Prinzipien. Es hat den Anschein, als ziele dieses Prinzip auf eine rein psychologische Dimension ab. Zugegeben: Der Bezug zur Zusammenarbeit ist nicht so offensichtlich wie bei den anderen vier Kriterien. Denken ist nun mal in erster Linie eine Individualsportart. Und positive Psychologie schickt sich ohnehin an, die Agenda von Personalentwicklung ordentlich zu dominieren, begleitet vom Gigathema der Sinnsuche.

Wann immer psychologische Faktoren auf soziale Systeme treffen, ist man schnell geneigt, über Mindset zu schwadronieren. Die Gegenüberstellung Fixed Mindset versus Growth Mindset ist dafür symptomatisch. In dem Konzept prallen Risikoaversion, Veränderungsvermeidung, Schwächenorientierung (Fixed Mindset) auf u. a. Chancenausrichtung, Potenzialentfaltung und Mut (Growth Mindset) aufeinander.[132] Inhaltlich trifft diese Dichotomisierung ins Schwarze und greift relevante, psychologische Aspekte auf. Und gleichzeitig lassen uns solche Darstellungen nicht selten mit dem schalen Gefühl zurück: „Und nun?". Insbesondere dann, wenn sie zu Fragen der Organisationsentwicklung zur Hand genommen werden.

Mindset hat Konjunktur

Irgendwie scheint zurzeit alles im Kontext von guter Zusammenarbeit im Container Mindset zu landen und damit auf eigentümliche Weise den Diskurs kleinzureden. An dessen Ende finden wir uns zunehmend in einer zirkulären Betrachtung wieder, in der sich die Verantwortung für Veränderung hin- und hergeschoben wird. Es möge sich – vor allem – ein Anderer erst einmal – in seinem Denken – verändern. Wahlweise der Mitarbeitende oder die Führungskraft, je nach Perspektive. Die „richtige" Haltung sei entscheidend, damit Transformation gelänge. Deshalb sei dort zu starten. Mindset-Diskussionen laufen mitunter Gefahr, in einer moralisierenden Dauerschleife genau das zu unterdrücken, was sie ursächlich hervorzubringen versuchen: Eine hilfreiche, handlungsleitende Einstellung.

Barbara Müller-Geskes weiß aus der Heldenreise des Hessischen Rundfunks durch die Wogen der Transformation, dass man diese Klippe begrifflich besser umschifft. Sie fasst den Kern des Gedankens in ihre eigenen, klaren Worte und erteilt der impliziten Übergriffigkeit eine klare Absage.

Link zur Folge mit Barbara Müller-Geskes

„Meine Übersetzung zum Thema Mindset heißt, es geht um eine Offenheit gegenüber Neuem, gegenüber anderen Haltungen und Perspektiven, eine Offenheit gegenüber anderen Menschen, die in anderen Zusammenhängen unterwegs sind. Und das möchte ich auf gar keinen Fall als einen Erziehungsprozess – um Gottes Willen – begriffen wissen. Ich finde, das wäre von der Haltung her falsch und genau kontraproduktiv. Denn es wäre genau das Gegenteil von dem implizieren, was wir eigentlich meinen. Was wir brauchen, ist ein Dialog zu diesem Thema und es besprechbar zu machen."[133]

Worum geht es also beim Thema Denken in Möglichkeiten? Individuum oder Organisation? Business-Esoterik oder unternehmerisches Denken? Kontemplation oder Handeln?

Denken in Möglichkeiten ist ein handlungsorientiertes Prinzip, das das gesamte Kaleidoskop aus unternehmerischem Denken, Kreativität, Pioniergeist und visionärer, sinnhafter Ausrichtung umklammert. „An ihren Taten (Früchten) sollt ihr sie erkennen“, steht bereits in der Bibel geschrieben. Und so ist das fünfte GOOD WORK Prinzip noch mehr getragen von den persönlichen Erlebnissen und Berichten als von theoretischen Modellen und Konstrukten. Jene werden auch in diesem Kapitel genau dort herangezogen, wo ihre Struktur einen erklärenden Rahmen bereitstellen können. Die Stories handeln von Soloeinsätzen wie kollektiven Unternehmungen gleichermaßen. Denken in Möglichkeiten emanzipiert sich somit vom Status eines reinen Selbstmanagementtools. Es taugt auf der Ebene der Organisation genauso gut wie auf all seinen Subsystemen.

Es ist ein probates Vorgehen, erfolgreichen Menschen und Teams bei der Arbeit – bildlich gesprochen – über die Schulter zu schauen und aus deren Handlungen eine Regelhaftigkeit zu erkennen. Die Sammlung an Geschichten und Transformationserfahrungen im Rahmen von GOOD WORK sind ein großer Fundus an Erfolgsgeschichten und Bewältigungsstrategien. Sie sind prädestiniert für diesen Ansatz. Wir picken uns im Folgenden ein paar exemplarische Erzählungen heraus und illustrieren damit die fünf Schritte des Prinzips Denken in Möglichkeiten. An der ein oder anderen Stelle werden wir Bezug nehmen zum Kapitel „Phasen der Anpassung“ in diesem Buch. Hier sind unzählige Ansätze für Denken in Möglichkeit bereits beschrieben und Wirkbezüge hergestellt. So ist im Abschnitt „Zeit der Schwebe und Zeit der Neugestaltung“ ausgeführt, welcher Regelhaftigkeit Prozesse der Entwicklung unterliegen. Alles beginnt noch lange vor dem eigentlichen Gestalten. Mit dem Prinzip Denken in Möglichkeiten bohren wir das Vorgehen detailliert auf.

Erster Schritt: Achtsamkeit für Chancen

Wenn wir vom Denken ins Handeln gelangen wollen, müssen wir unseren wachen Verstand nutzen. Manches Mal folgt das (Nach) Denken dem intuitiven Handeln. Denken in Möglichkeiten nimmt die Intuition freundschaftlich in die Arme. Und doch können wir unserer Wahrnehmung ein Stück weit auf die Sprünge helfen. Ob als psychologischer Trick oder als gemeinschaftliche Suchsportaufgabe: Die wache, aufmerksame Beobachtung des eigenen Umfelds ist der Chancen-Maximierer schlechthin. Diese Ausrichtung sollten wir uns auch dann zunutze machen, wenn uns aktuell nicht ohnehin eine größere oder kleinere Krise in diesen Modus befördert. Achtsamkeit im Sinne einer unternehmerischen, innovationsfreudigen Haltung ist folglich weniger auf innere Prozesse gerichtet. Sie hat nicht allzu viel gemein mit den Ableitungen und Implikationen der Achtsamkeitsbewegung. Es geht im Kern darum, eine höhere Sensibilität und Sensitivität für Zusammenhänge zu entwickeln, aus denen sich nutzbare Chancen ergeben können.

Kathrin Martin führt als Schreinermeisterin einen eigenen kleinen Betrieb mit drei Angestellten. Ihre Schreinerei hat sich auf den Innenausbau von Kindertagesstätten spezialisiert. Die Flure der Einrichtungen ihrer Kunden sind zum Zeitpunkt des GOOD WORK Interviews gespenstisch still. Kinder wie Erziehende sitzen im Zuge der Lockdown-Verordnungen zu Hause. Der Stuhlkreis bleibt leer. Die Maßnahmen treffen Kathrin Martin in einem empfindlichen Moment: Sie hat den Betrieb erst vor kurzem übernommen und findet sich noch mitten im Unternehmensaufbau. Doch sie besinnt sich und nutzt die Gunst der bedrohlichen Stunde, ihren Betrieb bestmöglich weiterzuführen.

Link zur Folge mit Kathrin Martin

„Wir haben natürlich, als die Kitas und die Schule zumachten, kurz die Luft angehalten und kurz gedacht: Oh je, was jetzt? Und dann habe ich sofort am ersten Tag der Schließung an alle unsere Kunden eine E-Mail geschickt mit dem Hinweis: Leute, die Kitas sind zu, lasst uns doch jetzt Projekte umsetzen, die sonst immer störend sind, die aber lange schon mal umsetzt werden müssten.“ Und es kam auch ein guter Rücklauf. Das war eigentlich insgeheim einer meiner ersten Gedanken. Mir wurde dann aber klar, dass wir das mal ernsthaft angehen sollten. Wir haben ganz viele Angebote seit Monaten, zum Teil seit Jahren, draußen, bei denen die Gelder nicht genehmigt werden, oder für die die Zeit nicht da ist, weil man Kindergärten eben nicht einfach mal so schließen kann. Deshalb habe ich mir dann Gedanken gemacht und diese E-Mail geschrieben.“[134]

Lösungsorientiertes Handeln setzt voraus, dass wir nicht im Tunnel der Problemfokussierung verharren und uns selbst den Weg nach draußen verschließen. Es ist wie ein unablässiges Suchprogramm, das unser Gehirn absolviert mit der permanenten, unterschwelligen Frage: Wo sind Möglichkeiten versteckt? Druck und Not sind unbeliebte und gleichermaßen sehr effektive Gehilfen für diese Haltung. Wir sollten diesen Zusammenhang jedoch nicht als Ausrede dafür missbrauchen, die Abwesenheit von Krisen zum Chancenkiller zu erklären.

Lukas und Jule Bosch bezeichnen sich selbst als Unternehmensaktivisten. Sie mögen den Gedanken des aktiven Gestaltens. Ihre akademische Prägung haben die beiden Kulturwissenschaftler mit einem Master in Design Thinking am Hasso-Plattner-Institut gekrönt. Die in beiden angelegte Neugier und Kreativität hat unentwegt angepocht und nach Gelegenheiten gesucht, endlich sich in eine Form gießen zu lassen. Nach Jahren in der Zukunftsforschung und Unternehmensberatung wird ihr Drang danach, nicht mehr nur Geburtshelfer zu sein, sondern selbst etwas in die Welt zu setzen, immer größer. Gleichzeitig sind ihr Handeln und Entscheiden getragen von einem tiefen Bedürfnis, gut zu leben und nicht zu schaden. Ein Zufallsfund in den sozialen Medien bringt den entscheidenden Impuls, der zur späteren Gründung ihres unkonventionellen Delikatess-Start-ups Holycrab führen soll. Lukas schildert den „What-the-Fuck-Moment". So bezeichnen die beiden jene Erkenntnismomente, die die Tür zu einem Möglichkeitsraum aufstoßen können.

„Mich sprang auf Facebook dieser Zeitungsartikel an, in dem beschrieben wurde, dass eine invasive Flusskrebsart, der rote amerikanische Sumpfkrebs, im Berliner Tiergarten sein Unwesen treibt. Die Krebse spazierten bei der spanischen Botschaft auf dem Gehweg auf und ab und bereiteten dem Senat Kopfzerbrechen. … Der Senat hatte sich schon lose damit beschäftigt, dass man die Tiere ja auch als Lebensmittel begreifen könnte. Es gab auch Untersuchungen zur Lebensmittelqualität und einen Fischer, der beauftragt wurde, die Tiere aus dem Gewässer zu holen. Wir haben dann angefangen zu recherchieren, aber nichts gefunden. Man konnte die Sumpfkrebse nirgendwo kaufen … Was uns in dem Artikel eigentlich gecatcht hat, war die Aussage, dass invasive Arten keine Fressfeinde im neuen Ökosystem haben. Aber wenn man als Nicht-Biologe draufguckt, dann lautet die Frage schon: Wie kann es eigentlich sein, dass ein essbares Wildtier hier in Berlin keine Fressfeinde hat?"[135]

Link zur Folge mit Jule und Lukas Bosch

Inzwischen haben die beiden nicht nur ihr Unternehmen Holycrab, das sich mit der Produktion von hochwertigen Lebensmitteln aus invasiven Arten befasst, auf die Beine gestellt. Die Art der Gründung und Fragestellung eines nachhaltigen Geschäftsmodells ist zum Suchfilter für ihre eigene Forschung geworden. In ihrem Buch Ökonomie berichten sie über beispielhafte Unternehmungen. Aus dieser Metaperspektive blickt Jule Bosch noch einmal auf ihre eigenen inneren Prozesse, als sie sich initial mit Gedanken einer möglichen Lösung für die Sumpfkrebs-Story beschäftigten.

„Man hat da so eine ganz spezielle Brille auf, die nicht offen sucht, aber die immer wieder Punkte findet und dann sagt: Ah, okay, das könnte man doch machen, das müsste doch mal jemand tun. Und: Wäre es nicht gut, wenn wir hier irgendetwas machen? Wir hatten bis zu dem Zeitpunkt, an dem wir an Holycrab gedacht haben, wirklich viele Impulse, doch nichts hat uns so richtig langfristig gepackt. Bei dieser Sache war es eben anders … Ich glaube, man muss einerseits ein bisschen einen vorbereiteten Geist haben und erstmal auch Chancen suchen. Eine wirkliche Chance zu erkennen, heißt auch, sie abzugleichen mit dem, was einen selbst begeistert. Und das ist auch der Grund, warum wir diese Idee dann weiterverfolgt haben. Wir waren einfach so angefixt von der Absurdität eines Fleisch- und Fischkonsums, der plötzlich gut für die Natur ist. Das hat uns so gepackt. Das ging gar nicht anders, wir mussten das machen.“[136]

Link zur Folge mit Jule und Lukas Bosch

Mit der Brille und der klaren Umsicht auf Möglichkeiten fängt jedes kreative Unternehmertum an. Diese Gläser sollten immer geputzt sein, nicht nur dann, wenn Durchblick zur Existenzbedingung wird.

Zweiter Schritt: Fokus auf eigene Stärken und Ressourcen

Es ist eine Sache, Gelegenheiten zu erkennen und vom Feuer der Kreativität ergriffen zu werden. Es ist eine völlig andere Geschichte, den Ball ernsthaft aufzunehmen und ins Gestalten zu kommen. Zahlreiche Lehrbücher zu Innovation raten an dieser Stelle, ein klares Zielbild zu entwickeln. Die Managementdenke – ob klassisch geprägt oder agil gelebt – ist von dieser Idee beherrscht. Zu Recht. Denn ohne Vision geht jeder Idee früher oder später die Puste aus. Doch oft taugt eine erste vage Idee, die zarte Vorstellung eines Problems und seiner adäquaten Behebung, noch nicht wirklich für facettenreiche Zielgemälde. Dies gilt um so mehr, wenn wir von komplexen Herausforderungen und Zuständen sprechen. Eine gedankliche Umkehr kann ein intelligenter Schachzug sein, die Umsetzung tatsächlich anzugehen.

Es gibt einen Ansatz, der diesen Zusammenhang berücksichtigt. Saras Sarasvathy ist amerikanische Expertin für Kognitionswissenschaften und Professorin für Entrepreneurship und Ethik. In ihrem Herkunftsland Indien hat sie mehrere Unternehmen gegründet. Kurz: Erfolgreiches Unternehmertum treibt sie um, theoretisch betrachtet wie praktisch verprobt. Die von ihr begründete Effectuation-Theorie leitet sich aus der Beobachtung von Menschen ab, die bereits mehrfach mit Erfolg Unternehmen gegründet haben. Ihrer Forschung gemäß folgen echte Entrepreneure – ob bewusst oder unbewusst – bestimmten Regeln, die so manche Management-Weisheit Lügen strafen. Die Kernaussagen von Effectuation lassen sich für ein erstes Verständnis auf vier Leitsätze zusammenführen: 1. Verschiebung von der Ziel- zur Mittelorientierung, 2. Der leistbare Einsatz 3. Die Rolle des Zufalls 4. Denken in Partnerschaften und Vereinbarungen. Zusammengefasst lässt sich Effectuation als eine gestaltende Logik des Entscheidens, Machens, Handelns beschreiben, die hilft, Neues in die Welt zu bringen.

Denken in Möglichkeiten hat sehr viele Parallelen zu Effectuation. Vor allem das erste Handlungsprinzip aus der Effectuation-Lehre – die Umkehrung von der Ziel- zur Mittelorientierung – beschreibt exakt das, was mit Fokus auf eigene Stärken und Ressourcen gemeint ist.

Der österreichischen Organisationsberater Michael Faschingbauer ist im deutschsprachigen Raum so etwas wie der inoffizielle „Effectuation-Beauftragte". Für ihn bringt die Methode in Innovationsprojekten häufig den entscheidenden Durchstoß. Sich auf vorhandene Mittel statt auf weit entfernte Ziele zu fokussieren, hat ihn vollends überzeugt, Effectuation nicht nur zu predigen, sondern selbst anzuwenden.

„Meine Erleuchtung war tatsächlich, erstmals schwarz auf weiß aus Forschungsergebnissen zu sehen, dass erfahrene, erfolgreiche Entrepreneure, zunehmend darauf verzichten, das Mittel der Vorhersage einzusetzen, bevor sie ins Handeln gehen … Bei Effectuation starte ich quasi am anderen Ende und frage mich: Was ist da? Was steht mir zur Verfügung? Wer bin ich? Was weiß ich? Was kann ich? Wen kenne ich? Und wie kann ich all das nutzen, um Effekte und Ergebnisse zu erzielen."[137]

Link zur Folge mit Michael Faschingbauer

Es gibt unzählige mehr oder weniger prominente Beispiele für eklatante Fehleinschätzungen bei der Bewertung von großen Innovationen. Angefangen bei einem Internet, das sich niemals durchsetzen werde (Bill Gates), dem vorhergesagten Scheitern von Musik-Abo-Modellen (Steve Jobs) bis hin zur prophezeiten Bedeutungslosigkeit von Auto, Erdöl und Computern – echte Disruptionen begreifen wir erst, wenn sie längst unsere Gesellschaft durchdrungen haben. Das Potenzial einer Idee mit all seinen

Verstrickungen einzuschätzen, kann zum lähmenden Prozess werden. Die Fokussierung auf bestehende Ressourcen hingegen setzt unmittelbar Energien für Aktivität und Umsetzung frei.

Die folgende Geschichte könnte direkt einem Lehrbuch für Effectuation entspringen. Sie ist aber eine von vielen GOOD WORK Stories, die Zeugnis darüber ablegen, wie stark das Prinzip Denken in Möglichkeiten gerade in Krisenzeiten sein Gesicht gezeigt hat.

Ulrich Wittur ist Geschäftsführer des Frischeparadies am Standort Frankfurt. Es ist eines jener 12 kulinarischen Feinkostmärkte, die sowohl die Top-Gastronomie beliefern als auch für private Feinschmecker ihre Tore öffnen. Den Löwenanteil des Umsatzes bescheren dem Unternehmen ganz klar die Restaurants, die mit edlem Fisch, Fleisch und anderen Genießer-Lebensmitteln beliefert werden. Doch dieser Umsatz fällt während der Lockdowns nahezu vollständig aus. Zeitgleich platzt das Ladenlokal aus allen Nähten. Deutschland schlemmt sich durch die Krise, so gut es geht. Ulrich Wittur steht in der Folge nicht nur vor der unternehmerischen Aufgabe, den wegbrechenden Umsatz irgendwie zu kompensieren. Er ist zugleich mit der Managementaufgabe konfrontiert, die bestehende Logistik und die zuständigen Mitarbeiter für die Belieferung der Restaurants möglichst sinnvoll auszulasten. Keine einfache Aufgabe. Als Ausweg besinnt er sich der Ressourcen, Fähigkeiten und Möglichkeiten, auf die das Unternehmen unmittelbar zurückgreifen kann.

Link zur Folge mit Jan-Hendrik Goldbeck

„Das sind genau die zwei Extreme, die ich gerade erlebe, in ein- und dergleichen Firma, in derselben Branche. Auf der einen Seite liegt alles brach, auf der anderen Seite, keine zwanzig Meter weiter, im Abholmarkt, kommen wir gar nicht hinterher, die Regale einzuräumen.… Wir haben uns daher entschieden, über die gesamte Firma Kurzarbeit anzumelden. Das heißt, derjenige, der jetzt weniger zu tun hat, muss nun auch im Markt mithelfen. Den Telefonverkauf haben wir über Ostern einmal ganz anders aufgestellt. Wir beliefern jetzt auch Privatkunden nach Hause. Und das ist ein völlig neues Geschäftsmodell, das wir innerhalb von wenigen Tagen aus dem Boden gestampft haben. Das, was wir vorher mit der Gastronomie gemacht haben, bieten wir jetzt auch unseren Privatkunden. Das heißt, der Telefonverkehr sitzt am Telefon, die Privatkunden bestellen, können sich beraten lassen und bekommen am anderen Tag ihre Ware geliefert. Das ist super angekommen. Wir haben aus dem Stand pro Tag zwischen 70 und 100 Kunden beliefert. Das ist natürlich eine völlig andere Logistik. Um das einmal kurz zu erklären: Der Gastronom bestellt zehn Kilo Lachs, zehn Kilo Roastbeef, zehn Kilo Sahne. Das ist schnell gepackt. Der Privatkunde bestellt viel kleinteiliger: Ein

Bund Schnittlauch, eine Seezunge, ein Becher Joghurt, ein Becher Eis. Da braucht man viel mehr Hände, um das zu packen. Die Kunden waren sehr, sehr zufrieden, weil wir einfach sehr schnell waren."[138]

Bestehende Logistik, Partnerschaften, Kompetenzen und Netzwerke zu nutzen, birgt mehr innovative Sprengkraft als es auf den ersten Blick scheint. Große Projekte scheitern sehr häufig daran, dass der Zugang genau dazu schlicht fehlt. Sie scheitern aber auch daran, dass Ziele nicht richtig definiert werden oder zu abstrakt formuliert sind. Und diese Gefahr potenziert sich, wenn eine Visionsarbeit zwar sehr früh angegangen, aber im Prozess nicht weiter fortgeführt wird. Ressourcen- und Mittelfokussierung bedeuten im Umkehrschluss demnach nicht, dass man ziellos mit dem startet, was vorhanden ist. Es ist vielmehr eine zweckdienliche Perspektive, die in der empfindlichen Phase der Umsetzung für eine Priorisierung und damit Aktivierung sorgt.

Die Ausrichtung der Wahrnehmung auf Chancen, Potenziale und Herausforderungen, die beobachtbar sind, ist der Startpunkt des Denkens und Handelns in Möglichkeiten. Bereits mit diesem Schritt wird implizit eine erste vage Vision entwickelt, die sich idealerweise im Verlauf der Umsetzung sukzessive mit Leben anreichert. Teams und Unternehmen, die sich gleich zu Beginn eines Vorhabens komplett der kontemplativen Visionssuche hingeben, werden jedoch die Ziellinie mutmaßlich nie überschreiten. Erfahrung bringt Erkenntnis. Nicht umgekehrt. Der Fokus auf vorhandene Möglichkeiten anstatt des Schielens auf weitgesteckte Ziele ist eine Heuristik, um den Erfahrungsraum möglichst rasch zu betreten. Als Ergebnis dieser zweiten Phase herrscht Klarheit darüber, welche Ideen es – für den Moment – wert sind, umgesetzt zu werden. Innovationen sind auch die Erzählung von Entscheidung.

Entscheidungen zu treffen – noch dazu im komplexen Umfeld – ist ein Unterfangen, das ganz eng gekoppelt ist an eine gute Fehlerkultur. Die anhaltenden Diskussionen zu diesem Thema beleuchten, wie weit wir dahingehend gediehen sind: bedauerlicherweise nicht sehr weit. Noch immer wird eine gute Fehlerkultur viel zu oft als die Aufforderung, mit Nachsicht auf Fehler zu reagieren, interpretiert. Was für ein Holzweg.

Der Denkfehler in der Fehlerkultur

Jan-Hendrick Goldbeck führt gemeinsam mit seinem Bruder in der zweiten Generation das gleichnamige Familienunternehmen. Die Firma Goldbeck ist einer der größten, deutschen Systembau-

Anbieter mit milliardenhohen Umsätzen. Sie planen, errichten und betreuen Gewerbeimmobilien, schlüsselfertig, im ganz großen Stil. Innovationen gehören zu ihrem Tagesgeschäft. Das bedingt allein ihre Branche und auch ihr unternehmerisches Selbstverständnis. Im GOOD WORK Interview legt Jan-Hendrick Goldbeck dazu auch gleich mal mit einem lakonischen Statement los.

„Größe, Wachstum, Rendite – das alles sind Themen, die unternehmerisch eigentlich ziemlich egal sind. Das hört sich jetzt vielleicht nach Polemik oder einer kleinen Provokation an. Was ich damit meine, ist, dass diese Dinge im Grunde genommen einfach Resultate sind, die entstehen, wenn man ein gutes Geschäftsmodell mit einer guten Unternehmenskultur kombiniert. So einfach, so prägnant, so richtig."[139]

Link zur Folge mit Jan-Hendrik Goldbeck

So unendlich herausfordernd, mag man gedanklich ergänzen. Denn an der Ausgestaltung der Unternehmenskultur strampeln sich sehr viele Organisationen gehörig ab. Goldbeck hat für sich ein paar zentrale Prinzipien definiert. Der sinnvolle Umgang mit Fehlern gehört dazu. Und Jan-Hendrick Goldbeck liefert gleich seine persönliche Sicht darauf, wie dieser aussieht.

„Fehlerkultur ist nur dann legitim, wenn ich nicht den Fehler an sich feiere, sondern das Lernen aus den Fehlern. Das finde ich manchmal bei dieser Überspitzung dieser Fuck-up-Nights so ein bisschen seltsam. Der Fehler als solches, sozusagen dieses explizite Vor-den-Türpfosten-laufen, ist in keiner Weise cool. Es macht keinen Spaß und bis zu diesem Punkt gibt es daran überhaupt nichts Positives. Fehlerkultur zeigt sich dann, wenn ein massiver Reflexionsprozess einsetzt und man überlegt: Was kann ich denn jetzt sinnvoll besser machen, damit es das nächste Mal funktioniert?"[140]

Link zur Folge mit Jan-Hendrik Goldbeck

Fehlermachen um des Fehlerwillens ist ein riesiger Fehler. Scheitern um jeden Preis vermeiden zu wollen, ist sein ähnlich dämlicher Gegenspieler. Aus welchen Gründen auch immer: Der Unterschied zwischen einem verzeihbaren Irrtum und einem vermeidbaren Fehler hat sich noch nicht überall rumgesprochen. Irrtümer sind treue Wegbegleiter von Innovationen. Sie

> Fehlermachen um des Fehlerwillens ist ein riesiger Fehler.

ausschließen zu wollen, ist töricht. Fehler hingegen sind falsches Handeln wider besseres Wissen. Ihr Aufkommen im Zaum zu halten – nicht ihr Negieren – entspricht dem Bemühen um Exzellenz und somit um GOOD WORK. Wir brauchen für beides – für Fehler und Irrtümer – einen adäquaten Umgang. Denn wir werden – so sehr wir uns auch bemühen – beide Phänomene nicht gänzlich verhindern können, im Fall des Irrtums auch nicht verhindern dürfen. Was die beiden eint, ist ihre potenzielle Lernerkenntnis und eine Kurskorrektur, die sich anschließt. Gute Fehlerkultur beschäftigt sich bei Fehlern auch mit der unpopulären Frage nach angemessenen Konsequenzen. Die Bearbeitung von Irrtümern verlangt nach einem (selbst)kritischen Blick auf die zuvor getroffenen Annahmen. Wo sind wir falsch abgebogen? Was haben wir unter- oder überschätzt? Welche Randbedingungen haben wir übersehen oder falsch interpretiert?

Zehn oder etwas mehr Jahre gefeierte Start-up-Szene in Deutschland sind mutmaßlich nicht genug, um die Vokabel „Scheitern" aus ihrer Schmuddelecke herauszuholen. Die Abscheu steckt – zumindest in der deutschen Seele und Sprache – zu tief. Da hilft auch das schöne Wort Mut nur bedingt, wenn wir darüber sprechen, wie wir unsere Aversion gegen unliebsame Ergebnisse überwinden können.

Vielleicht steckt hier eine Portion GOOD WORK versteckt. Die Angst vor Irrtümern ist Ausdruck einer radikalen Ergebnisorientierung. In einer Welt von beherrschbaren Prozessen und Abläufen sicherlich ein hilfreiches Prinzip. Im komplexen Umfeld ist Ergebnisorientierung nicht der cleverste Modus. Er verleitet dazu, allzu schnell von scheinbaren Erfolgen geblendet oder kleineren Tiefschlägen niedergerungen zu werden. Und dabei übersehen wir das, was wir im Falle von Neugestaltungen wirklich brauchen: Die Fähigkeit und Bereitschaft, uns von unseren eigenen Wahrheiten lösen zu können. Wenn wir diese Kompetenz an die Stelle von Ergebnisorientierung rücken, haben wir einen großen Beitrag zu unserem eigenen Denken in Möglichkeiten geleistet.

Mit jedem neuen Projekt, mit jeder Gründung, jeder Innovation gehe ich potenziell das Risiko des Scheiterns ein. Unternehmertum erfordert Risikokompetenzen. Und die schließen den Umgang mit Fehlern und Irrtümer unmittelbar ein. Prof. Gerd Gigerenzer ist eine Koryphäe auf dem Gebiet der Risikoforschung. Seine Forschung und zahlreichen Publikationen rücken die Frage des rationalen und pseudo-rationalen Verhaltens in den Mittelpunkt. Dabei entlarvt er einige Defizite im Umgang mit Risiken. Prof. Gerd Gigerenzer beobachtet zunehmend eine Entwicklung, die seiner Ansicht nach einen unmittelbaren Bezug zum Umgang mit Fehlern in einem System hat. Er sieht in der Gesellschaft – aber auch in vor allem größeren Unternehmen – die Entwicklung von der Leistungskultur hin zu einer Begründungskultur. Diese sucht in erster Linie die Absicherung und steht damit Innovationen fundamental im Weg. Im GOOD WORK Interview berichtet er von einer unorthodoxen Methode zur Bearbeitung einer ungünstigen Fehlerkultur. Von diesem Trick und seinem wirkungsvollen Einsatz hatte ihm einst die Vorständin eines Pharmaunternehmens berichtet, die er in Fragen der Risikobearbeitung beriet.

„Wie bricht man diese Struktur auf, dass Führungskräfte Angst haben, ein Risiko für die Firma einzugehen? Wenn sie denken, dass sie dran sind, wenn etwas schiefgeht und sie mit dieser Einstellung alles verlangsamen und in der Folge wenig Innovationen zulassen? Die Methode, die diese CEO angewandt hat, hat etwas mit Monopoly zu tun. Man kann bei Monopoly ins Gefängnis kommen und für diese Situation gibt es eine „Gefängnis-frei-Karte", die vom spielerischen Strafvollzug befreit. Die CEO hat an alle Führungskräfte je eine „Gefängnis-frei-Karte" verteilt mit der Aufforderung bzw. Erklärung: „Wenn Sie eine für die Firma riskante Entscheidung treffen und es geht schief, geben Sie ihre Gefängnis-frei-Karte ab." So ein Vorgehen dreht die ganze Kultur um, denn plötzlich wird den Führungskräften erlaubt, ein Risiko einzugehen, anstatt es immer nur als ein Risiko für sich selbst zu sehen. Und vor allen Dingen dreht es auch die ganze Situation um, denn wenn eine Führungskraft jahrelang auf Ihrer Karte sitzen bleibt, stellt man sich eine andere Frage, nämlich: „Warum hockst Du noch auf deiner Karte, hast Du nichts ausprobiert?"

Link zur Folge mit Gerd Gigerenzer

Diese smarte Perspektivenumkehr ist ein Paradebeispiel dafür, wie Denken in Möglichkeiten entfacht werden kann. Die Absurdität von Risikoaversion im Kontext unternehmerischer Entscheidung führt dieses Re-Framing den handelnden Akteuren unmittelbar vor Augen.

Dritter Schritt: Gestalten und Durchhalten

Ideen entwickeln, sich für Neues begeistern, drängende Herausforderungen erkennen – als das ist der „sexy" Part von Innovation. Menschen, die mit großer kreativer Denkleistung, mit einer guten Beobachtungsgabe und Begeisterungsfähigkeit für das Neue gesegnet sind, können in einem solchen Umfeld all ihre Fähigkeiten ausspielen. Es braucht – wie im Schritt zwei soeben beschrieben – anschließend immer einen Prozess des Fokus, des Sortierens, des

Priorisierens, des Entscheidens schlicht: – der Konvergenz. Die Phase der Konvergenz ist im Vergleich dazu zäh und schwergängiger. Sie liefert im Kreativprozess einen Vorgeschmack auf jene Prüfungen, die uns bei der sich anschließenden eigentlichen Umsetzung und Ausgestaltung erwarten. Unterwegs begegnen uns häufig Durststrecken und nervenaufreibende Situationen, die bisweilen das gesamte Projekt, die komplette Unternehmung in Frage stellen.

Kathrin Martin ist Schreinermeisterin mit Leidenschaft. Das innewohnende Wortspiel aus „Leiden" und „schaffen" verkörpert sie in Reinform. Denn ihr Beruf ist mindestens so sehr Berufung, wie es sie schon das ein oder andere Mal an den Rand ihrer Möglichkeiten befördert hat. Schon ihr Berufsstart war dornenreich. Er begann mit einem Burnout. Und in einer ganz anderen beruflichen Realität. Als erfolgreiche IT-Unternehmensberaterin war sie Sicherheit, ein volles Bankkonto und alle Insignien einer beachtlichen Karriere gewohnt. Das alles konnte sie jedoch nicht darüber hinwegtrösten, dass etwas Entscheidendes in ihrem beruflichen Dasein fehlte: die Freude und Sinnhaftigkeit in ihrem Tun. Sie besann sich auf ihre langgehegte Passion der Holzarbeit und machte sich auf die Suche nach Einstiegsmöglichkeiten.

Als zwischenzeitlich alleinerziehende Mutter von drei Söhnen und Anfang Vierzig war dies herausfordernd und bedurfte all ihren Muts. Sie sprang ins eiskalte Wasser, absolvierte in Windeseile ihre Schreinerlehre, stieg in einem Betrieb mit Aussicht auf Geschäftsübernahme ein. Den notwendigen Meisterbrief erwarb sie mit Auszeichnung „nebenbei". Einige Irrungen und Wirrungen später hatte sie im Jahr 2017 endlich ihr Ziel des eigenen Schreinerbetriebs mit Angestellten erreicht. Nächste Station: Corona. Plötzlich scheint alles, was sie sich mühsam aufgebaut hat, auf der Kippe zu stehen. Es ist eine echte Prüfung für sie und ihre Angestellten, wie ernst es ihr wirklich ist. Echtes Unternehmertum zeigt sich im Spiegel von bewältigten Krisen.

Link zur Folge mit Kathrin Martin

„Es gab schon auch eine Zurückhaltung der Kunden. Das habe ich sehr stark gemerkt. Und so kam ich an den Punkt und stellte mir die Frage: Wenn im Zuge von Corona die Firma den Bach runtergeht, was mache ich dann? Und meine Antwort war spannend für mich zu sehen. Sie lautete: Ich fange nicht noch einmal von vorne an. Ich habe erst ein bisschen geschluckt, aber dann wurde es für mich sehr klar. Ich wusste, wenn das nicht laufen sollte, dann fange ich nicht noch mal an. Auf der anderen Seite habe ich aber auch gemerkt: Zum Aufgeben bin ich noch nicht bereit, noch nicht. Noch haben wir haben genügend Mittel, Wege und Ideen, was wir machen können. Wir werden definitiv kämpfen."[141]

Denken in Möglichkeiten zieht eine Vielzahl an Optionen in Betracht. Dazu gehört eben auch die Option, Projekte nicht fortzuführen. Oder einen gänzlich anderen Weg einzuschlagen als ursprünglich angedacht. Der amerikanische Start-up-Connaisseur Eric Riess beschreibt in seinem Innovationsansatz Lean Start-up dieses Abbiegen als „Pivotieren".[142] Es gehört zum Tagesgeschäft jeder Unternehmensgründung und jedes Innovationsprojekts. Es ist zugleich die logische Konsequenz eines Vorgehens, das permanentes Feedback aus der Kunden- bzw. Nutzerperspektive in den Gestaltungsprozess einfließen lässt. Wenn fortwährend abgeglichen wird, ob die Lösung als Antwort auf ein drängendes Problem für eine hinreichend große Gruppen an Menschen taugt. Und diese Anpassung gelingt nur dann, wenn die Grundsatzfrage in all seiner Radikalität offen ausgesprochen werden darf. Zu jedem Zeitpunkt, von jedem Beteiligten. Sollen wir weitermachen oder sollen wir hier aufhören? Die Unternehmensaktivisten Jule und Lukas Bosch haben sich diese Frage mehr als einmal gestellt.

Link zur Folge mit Jule und Lukas Bosch

„Was uns sicherlich über den Verlauf von dem Jahr, in dem wir mit dem Foodtruck unterwegs waren, ganz stark über Wasser gehalten hat, war dieser irre Drang, immer wieder neue Sachen auszuprobieren. Das war quasi die bewusste Setzung zu sagen: Wir machen jetzt nicht noch zwei oder drei Jahre Konzeptphase und eröffnen dann ein Restaurant oder bringen dann die Produkte in den Einzelhandel. Sondern die Überlegung zu sagen: Wir nehmen uns jetzt ein verhältnismäßig leichtes Vehikel – im wahrsten Sinne des Wortes – und geben uns dieses Jahr Zeit, um ganz viel auszuprobieren und leichtfüßig mit verschiedenen Kundengruppen in Berührung zu kommen. Und dieses Feedback von den verschiedenen Leuten hat uns wahnsinnig inspiriert und motiviert weiterzumachen."[143]

Wir haben eingangs gesehen, wie aktivierend gerade zu Beginn ein wacher Geist, der sich auf Chancen ausrichtet, und ein Fokus auf eigene Ressourcen und Netzwerke sein können. Und gleichzeitig gibt es bei jeder Gründung, jedem Start einen Motivationstreiber und eine Art Zielkorridor, den man ansteuert. Ziel- und Mittelorientierung sind keine Gegensätze. Sie kommen nur mit unterschiedlicher Akzentuierung innerhalb des Gestaltungsprozesses zum Tragen. Das Ziel konkretisiert sich im Laufe der Umsetzung, wie erwähnt. Doch was passiert, wenn die Pläne durch externale Veränderungen durchkreuzt werden?

Vierter Schritt: Von Zielen und Visionen

Der Hochleistungssport ist ein beliebtes Revier, in dem gerne nach Analogien für Business-Kontexte gewildert wird. Vieles spricht dafür. So sind die Bilder überaus plastisch und lassen sich ohne größere gedankliche Mühe in den beruflichen Alltag transferieren. Und sie nähren unserer aller Sehnsucht, greifbare, konkrete Ziele konsequent zu verfolgen und zu erreichen. Sie taugen damit als Inspiration für mentale Bewältigungsstrategien, insbesondere für krisenbehaftete Phasen.

Die Olympionikinnen Anna und Lisa Hahner teilen nicht nur Geburtstag-, -ort und -stunde, sie teilen auch ihre berufliche Passion: das Laufen, schnell und ausdauernd. Schon einmal sind die Zwillinge bei den Olympischen Spielen für die ur-olympische Disziplin des Marathons für Deutschland angetreten. Das ernüchternde Ergebnis 2016 in Rio hat sie noch mehr angespornt, es vier Jahre später erneut zu versuchen. Mit noch mehr Entschlossenheit, mehr Vorbereitung, mehr Biss. Doch Corona macht ihren Ehrgeiz und ihre persönlichen Ziele mit einem Schlag zunichte.

Für sie stellt sich die Grundsatzfrage jeden Tag, denn ihre Uhr tickt. Das Zeitfenster für den aktiven Hochleistungssport ist klein, die Hürden für eine Olympiateilnahme in Zeiten einer Pandemie unkalkulierbar hoch. Wie motiviert man sich für ein Ziel, dessen Bestand mit jedem Tag fraglicher erscheint? Sie verraten im GOOD WORK Interview etwas über ihren ganz persönlichen Umgang mit dem Thema Zielausrichtung.

Link zur Folge mit Anna und Lisa Hahner

„Uns hilft es extrem, uns kleine Ziele oder Zwischenziele zu setzen. Denn es ist schwer, sich jetzt für eine harte Trainingseinheit zu motivieren, wenn man weiß, dass die Olympischen Spiele erst in gut einem Jahr sind. Da kann man schnell denken: Naja, wenn ich die heute nicht mache, was hat das für Auswirkungen für den Wettkampf in 14 Monaten oder noch später? Da ist es besser, sich kleine Ziele zu setzen. Für uns bedeutet das konkret, dass wir unseren Trainingsplan für eine Woche anschauen und versuchen, das Training so gut wie möglich hinzubekommen. Wenn das gelingt, setzt das dann auch wieder Glückshormone frei, weil man das Ziel erreicht hat. Das Fernziel schwebt zwar über einem, aber irgend etwas Greifbares muss man sich näher heranholen. Dafür sind normalerweise kleinere Wettkämpfe auch sehr gut geeignet, aber die finden zurzeit ja auch nicht statt. Und gleichzeitig: Wir laufen ja nicht nur für Wettkämpfe. Wir laufen vor allem, weil uns das Laufen Spass macht. Unser Ziel ist es: Jeden Tag selbst besser zu werden. Wir challengen uns mehr mit uns selbst als mit von außen vorgegebenen Zielen. Denn das ist ja das, was ich beeinflussen kann, mir ein Ziel zu setzen und das zu erreichen. Und das Ziel kann mir dann auch niemand mehr wegnehmen."[144]

Zwischenzeitlich ist der olympische Traum für beide geplatzt. Die Begeisterung für das Laufen und für alles, was mit mentaler Vorbereitung zu tun hat, ist bei den Hahnertwins umso größer. So unterstützen die beiden heute Menschen sehr erfolgreich darin, sich und ihren persönlichen Lauf- und Lebensstil zu optimieren. Der Gedanke, dass eigen gesteckte Ziele gegen äußere Übergriffe wappnen, ist für sie nach wie vor zentral. Sie beschreiben das Wechselspiel zwischen selbst gesetzten kleinen Zwischenzielen und der großen Vision. Daraus speist sich nicht nur eine kurzfristige Motivation, die vielleicht schon nach kurzer Zeit aufgebraucht ist. Es entsteht das Gefühl der Selbstwirksamkeit.

Strategisches Handeln besteht genau in diesem Hin- und Herspringen zwischen taktischen Zwischensprints und einer sich stetig konkretisierenden Vision, wie wir bereits in den Kapiteln zum Phasenmodell gesehen haben. Und dabei tritt zutage, was sich als besonders hilfreich erweist: Es ist die Vorbereitung, weniger die Planung, die uns durch unvorhersehbare Zeiten navigiert. Der E-Bike Hersteller Riese & Müller investiert sehr viel in die Zukunftsfähigkeit seines inhabergeführten Unternehmens. Der Mehrwert, diese Perspektive strukturiert und nachhaltig einzunehmen, zeigt sich in Zeiten des unternehmerischen Drucks überdeutlich. Für Dr. Sandra Wolf, die Geschäftsführerin des Unternehmens, hat sich die weitsichtige Vorbereitung in der Krise ausgezahlt.

Link zur Folge mit Sandra Wolf

„Was uns sehr stark geholfen hat, ist, dass wir uns als Unternehmen schon seit ein paar Jahren mit einem großen Team mit dem Thema Zukunft beschäftigt haben. Wir haben eine eigene Innovationsabteilung, die sich nicht nur mit einem neuen Fahrradkonzept oder mit neuen Bauteilen auseinandersetzt. Sondern wir haben den Blick immer in die Zukunft gewandt und auf Themen wie Digitalisierung, Konnektivität und der Frage, was Mobilität mit den Menschen macht, gerichtet. Wie arbeiten wir? Wir haben agile, iterative Arbeitsweisen gelernt. Dennoch haben wir (vor Corona) manches Mal vielleicht nicht den richtigen Anwendungsfall dafür gefunden, weil wir eben selbst noch zu sehr in unserer eigenen Logik verstrickt waren. Ich sehe inzwischen schon, dass wir dann sehr schnell in der Lage waren, das vorher Geübte in die Realität umsetzen zu können. Wir konnten viele neue Ideen, die wir schon in der Hinterhand hatten, direkt anwenden. Als Beispiel kann ich das Thema Verkauf ohne einen stationären Handel anführen, denn der Handel war ja vorübergehend komplett geschlossen. Unsere Frage war: Wie können wir den Fahrradhandel darin unterstützen, weiter Fahrräder zu verkaufen und den Betrieb am Laufen zu halten? Die Ergebnisse daraus sind für mich ein klarer Output von schnellem, gedanklichem Umschwenken. Wir waren deshalb zu keiner Zeit in einer Schockstarre, die uns in einen Panikmodus hat verfallen lassen."[145]

Schritt 5: Den Sinn erkennen

Viele Jahre lang suggerierten uns einschlägige Sachbücher und Business-Propheten, dass Strategiearbeit die Königsdisziplin unternehmerischen Handelns und Ausdruck höchster Managementkompetenzen sei. Inzwischen wurde sie vom Sockel gestoßen und durch ein noch gewichtigeres Thema ersetzt: den Purpose, auf Deutsch: den (Unternehmens)sinn. Allein die Frage, ob Unternehmen einen Sinn oder einen Zweck verfolgen, ist raumfüllend. So oder so: Strategie war gestern, heute geht es um die Sinnsuche. Seit der amerikanische Autor Simon Sinek vor einigen Jahren die Sache mit dem „WHY" ins Spiel brachte, hat die Arbeitswelt praktischerweise auch gleich eine Gebrauchsanweisung für die Frage nach dem WARUM an die Hand bekommen. Ob Selbstpositionierung, Projektstart oder Unternehmensgründung: Die sogenannten „Golden Circles", jener Dreiklang aus den drei Fragen 1. Warum, 2. Wie und 3. Was, die laut Sinek strikt in dieser Reihenfolge mental zu durchdringen sind, hatte zwischenzeitlich den Status eines Gründungs-Katechismus errungen. Zu bestechend, zu einfach ist seine Logik. Mittlerweile ist dieser Furor ein wenig abgekühlt. Doch die Suche nach dem Purpose ist lebendiger denn je. Die Diskussionen darum nicht minder. Der Organisationssoziologe Prof. Stefan Kühl ist bekannt für seine spitze Feder und schreibt den Hype um Purpose in Grund und Boden. „In ein, zwei Jahren wird kaum noch jemand über Purpose sprechen."[146] Seine Prognosefrist ist fast abgelaufen, seine Vorhersage nicht ganz eingetroffen.

Und doch: Die Kritik an der Sinnsuche, wie sie derzeit betrieben wird, ist in Teilen berechtigt. Denn nicht wenige Menschen haben in ihren Organisationen leidvoll erfahren, wohin es führen kann, wenn man die Purpose-Suche am Start zur heiligen Sache erklärt. Es führt mitunter in eine dunkle Sackgasse. Es ist wie im Leben: Wer vor lauter Kontemplation und Reflexion die Aktion vergisst, wird sich – zwar um einige Erkenntnisse reicher – dauerhaft beim eigenen Leben zuschauen. Gleichzeitig hat die altbekannte Dynamik eingesetzt, wenn sich Trends ins allgemeine Bewusstsein drängen. Beratungshäuser – groß wie klein – bieten für ihre Kundenorganisationen Sinnsuchen und Purpose-Quests an. Für deren Notwendigkeit verweisen sie auf gesellschaftliche Verwerfungen, die Begrenztheit eines reinen Wachstumsparadigmas und auf heranwachsende Generationen, die mit Dienstwagen und gutem Gehalt allein nicht aus den Startlöchern beruflicher Erfüllung zu locken sind. Von den einen als Esoterik verunglimpft, von den anderen als Megatrend und Kernthema zukünftiger Arbeitswelten ausgelobt – das Thema Sinn trifft auch im organisationalen Kontext offenbar einen empfindlichen Nerv.

Zur besseren Einsortierung und Bewertung verfolgen wir diesen Nervenstrang doch einmal kurz zu seinem Ursprung. Das Thema der Sinnsuche ist selbstverständlich weder neu noch die Erfindung eines amerikanischen Bestseller-Autors oder gar einer findigen Beratungsagentur. Die Suche nach dem Sinn im Tun ist vermutlich so alt die Menschheit selbst. Wer sich von einer theoretischen Warte aus mit der Suche nach Sinn beschäftigt, wird früher oder später auf einen Namen stoßen: Viktor E. Frankl. „Wer ein Warum zum Leben hat, erträgt fast jedes Wie."[147] lautet eines von unzähligen weisen Zitaten aus dem Mund des Wiener Psychiaters. Viktor E. Frankl (1905–1997) ist Begründer der sogenannten Logotherapie, die das Streben nach Sinn in ihren Kern rückt. Das Zitat ist im Lichte seiner Biografie von besonderer Bedeutung: Viktor Frankl überlebte als junger Mann mehrere (Konzentrations) lager. In dieser Extremerfahrung erkannte er, dass der Mensch nicht nur fähig, sondern immanent willens ist, jeder Situation, jeder Herausforderung, jedem Handeln einen Sinn zu verleihen. Und seien die Rahmenbedingungen noch so abstrus und aussichtslos. Viktor Frankl war davon überzeugt, dass der Wille zum Sinn unser Leben bestimmt. Er konkretisierte dies mit jenen viel zitierten Ausführungen: „Der Mensch ist erst dann Mensch, er kommt erst dann zu seiner Existenz, seiner eigentlichen Seinsweise, wenn er sich selbst überschreitend einem anderen Menschen oder einer Sache, anderen Dingen, Ideen, Sachverhalten, Aufgaben und anderem Wertvollem selbstvergessend hingibt. Je mehr er sich hierbei vergisst, desto mehr verwirklicht er sich."[148] Er folgerte daraus: „Wer Menschen motivieren will und Leistung fordert, muss Sinnmöglichkeiten bieten." Es braucht demnach eine Aufgabe, einen Gedanken, der größer ist als man selbst, dem man sich zugleich hingeben kann.

Die Profession und Lebensgeschichte von Viktor Frankl galt der menschlichen Psyche, nicht der Seele von Organisationen. Dennoch rekurrieren nahezu sämtliche Überlegungen und Betrachtungen zum Thema Purpose im Kontext unseres beruflichen Schaffens auf die Zusammenhänge der Franklschen Sinnsuche.

Denn im Sinn, im Purpose liegen die Wurzeln für das, was wir gemeinhin mit Motivation verwechseln, und eine immense Identifikationsleistung versteckt. Die Suche nach dem Sinn ist nicht etwa Symptom einer saturierten Gesellschaft, die am oberen Ende ihrer Bedürfnispyramide angelangt ist. In diesem Punkt entzweien sich die Wege von Frankl und Maslow, der die Sinnerfüllung an die Spitze menschlicher Bedürfnisse packte. Die Suche nach dem Sinn ist Triebfeder für unser individuelles Handeln und somit auch im Lichte unserer Wertschöpfung von zentraler Bedeutung.

Timo Lehne, Geschäftsführer der Personal- und Unternehmensberatung SThree, hat einen gleichermaßen klaren wie weiten Blick darauf, welche Fragestellungen der Zukunftsfähigkeit gerade heiß in den Organisationen diskutiert werden. Das Thema Purpose ist nach seiner Einschätzung neben den Aspekten des nachhaltigen Wirtschaftens und dem zunehmenden Fachkräftemangel insbesondere für Berufseinsteiger entscheidend. Unternehmen sollten sich aufgefordert sehen, den Corporate Purpose authentisch benennen zu können. Marketinglastige Purpose-Broschüren hingegen werden von Mitarbeitenden wie Bewerbern als plumpe Employer-Branding-Versuche naserümpfend abgetan.

Link zur Folge mit Timo Lehne

„Studien zeigen, dass Menschen, die den Sinn in ihrem täglichen Arbeiten sehen, bessere Leistung abliefern. Das ist der eine Punkt. Aber ich glaube, der Purpose ist auch sowas wie ein Unternehmenskompass, der dem Unternehmen die strategische Richtung gibt. Wenn man weiß, warum man eigentlich existiert, warum man als Unternehmen da ist, und die Mitarbeiter daran auch mit ausrichten kann, dann werden die strategisch unternehmerischen Entscheidungen entlang dieses Kompasses gefällt. Den größten Fehler, den man aber machen kann und den wir auch permanent sehen, ist es, das Thema Purpose zum Projekt zu machen. Dann ist es eigentlich schon fehlgeschlagen. Meiner Meinung nach muss das im Unternehmen wirklich authentisch gelebt werden. Das bedeutet, weniger über Purpose zu reden, sondern mehr über das, was man macht, warum man existiert und wofür das Unternehmen steht, in den Mittelpunkt zu rücken und dann auch wirklich Taten folgen lassen. Ich glaube, dann merkt auch die Belegschaft, dass es ernst gemeint ist. Plötzlich sieht man auch, dass Mitarbeitende sich in einer anderen Art und Weise für ihren Job, ihre Kunden auch interessieren. Und das ist schön zu sehen."[149]

Noch klafft in der Unternehmenswirklichkeit eine Lücke zwischen der wahrgenommenen Relevanz des Themas Purpose einerseits und dem konsequenten Fokus darauf. Nicht nur im Kampf um zukünftige Talente wird die Fragestellung zum Zünglein an der

Waage. In einer empirischen Erhebung der Unternehmensberatung Hays in Kooperation mit dem Rheingold Institut im Jahr 2021 bestätigt sich dieser Widerspruch in den Daten. Die befragten Führungskräfte packen die Aspekte der Nachhaltigkeit (19 %) und Sinnorientierung (9 %) ans untere Ende des Kriterienkatalogs bei der Suche nach einem neuen Arbeitgeber.[150] Diese Missachtung könnte sich auf lange Sicht rächen.

Denken und Handeln in Möglichkeiten sind unweigerlich gekoppelt an ein sinnerfülltes Tun. Allein stellt sich die Frage: Wie offenbart sich dieser Sinn? Gibt er sich sogleich zu erkennen? Oder kann ich ihn – nach bester New-Work-Manier – mit einem Sinn-Canvas in Workshoprunden erschließen? Wohl kaum. Der Sinn unseres Handelns erschließt sich im Tun. Ganz besonders im gedankenversunkenen, hingebungsvollen Schaffen. In dessen Prozess entblättert sich, Schicht für Schicht, das Eigentliche, das Wesentliche. Übertragen auf unseren Kontext der Zusammen-Arbeit, des organisationalen Handelns, muss daher die Maxime lauten: Schafft einen Rahmen, der sinnerfülltes Arbeiten ermöglicht. Hört nicht auf zu versuchen, das Wesentliche zu entdecken. Tut dies, indem ihr eure Arbeit mit Exzellenz und Hingebung fortführt. Und: Versucht den Zweck eurer Handlungen zu beschreiben. Denn Purpose wird weder gebildet noch erforscht. Er existiert von Anfang an. Die Herausforderung besteht darin, ihn in Worte zu fassen. Das gelingt um so besser, je mehr wir uns ihm durch produktives Arbeiten nähern.

Im Purpose fließen Wirksamkeit und Wesentlichkeit unmittelbar ineinander. Es ist der altbekannte Wunsch, einen Unterschied zu machen, mit dem eigenen Wirken eine positive Spur in der Welt zu hinterlassen. Das meint im Kern auch Nachhaltigkeit. Insofern nimmt es nicht Wunder, dass Diskussionen um den Purpose sehr häufig im Spiegel einer sozial und ökologisch wünschenswerten Zukunft diskutiert werden. Nachhaltigkeit ist nicht die Generalantwort auf die Frage nach dem Sinn. Die enge, innere Verknüpfung zwischen beiden sind jedoch die logische Konsequenz.

Das finale Zitat im fünften GOOD WORK Prinzip ist dieser Wechselbeziehung gewidmet. Lukas und Jule Bosch, die beiden Unternehmensaktivisten beschreiben ihre turbulente Reise bis an jenen Punkt, an dem sie den Sinn in all ihren Handlungen erkannt haben.

„Ich glaube, was uns am Ball gehalten hat, war einerseits unser Zusammenhalt. Wir wollten aber auch beweisen, dass diese neue Art zu wirtschaften funktioniert. Wir wussten noch nicht ganz genau wie, aber wir spürten:

Link zur Folge mit Jule und Lukas Bosch

Es gibt da so eine Vision, an der wir dran sind, die wir mitgestalten wollen. Wir müssen es jetzt einfach machen und neue Dinge ausprobieren. Irgendwann wird sich so ein Modell finden, das auch für uns funktioniert. Ich glaube, das ist ganz wichtig, dass man so einen Fixpunkt hat, einen eher groben Fixpunkt, worauf man hinauswill, und dass man in dieser krassen Phase aufeinander zählen kann....

Wir haben über die Arbeit an dem Konzept immer mehr festgestellt, an was für einer großen Sache wir eigentlich dran sind. Dass es nicht nur um invasive Arten und unseren Umgang damit geht, sondern dass es eigentlich um das Überthema Biodiversität geht und dass wir an einem Geschäftsmodell arbeiten, das regenerativ funktioniert. Diese ganze regenerative Wirtschaft ist gerade jetzt dabei, sich selbst zu erfinden und wir sind sozusagen Teil davon. Wir können ein Geschäftsmodell in die Welt bringen, was Gewässer-Ökosysteme regeneriert. Das ist eine Umkehr der üblichen Logik, ein Perspektivwechsel. Das ist eben dieser Gedanke, statt „ein bisschen weniger schlecht zu sein" tatsächlich einen positiven Netto-Impact zu haben, indem wir mit einem Geschäftsmodell am Ökosystem so arbeiten, dass es dem Ökosystem am Ende dadurch besser geht. So betrachten wir das Ökosystem nicht nur als Ressource, sondern werden wir zu einem konstruktiven Teil darin. Das ist unser „Why", der Sinn unseres Tuns. Und die Strategie dorthin ist eben – wie wir unterwegs festgestellt haben – nicht so sehr, gastronomische Produkte in die Welt zu setzen, sondern eher Handelsprodukte."[151]

Es kommt einem magischen Moment gleich, wenn Menschen, wenn Teams, wenn Unternehmen ihrem Purpose ganz dicht auf der Spur sind und glauben, ihn entdeckt zu haben. Plötzlich ergeben alle Bemühungen, alle Irrungen und Abzweigungen Sinn. Plötzlich fließt alles zusammen. Plötzlich ist das, was als Möglichkeit gedacht wurde, Wirklichkeit geworden.

GOOD WORK und Denken in Möglichkeiten

Denken in Möglichkeiten ist die zukunftsgerichtete Perspektive auf GOOD WORK. Dort wo es uns gelingt, in Möglichkeiten nicht nur zu denken, sondern sie auch wertschöpfend und sinnstiftend zugleich zu ergreifen, ist uns ein großer Schritt in Richtung eines nachhaltigen Wirtschaftens – im Sinne des Wortes – gelungen.

Dieses Denken und Handeln beginnt mit einem vorbereiteten Geist, mit einer erhöhten Wachheit für Chancen und Herausforderungen im eigenen Umfeld. Es ist an uns, die impliziten Aufforderungen darin zu erkennen. Das Wissen um eigene Kompetenzen,

Ressourcen und Netzwerke wird dabei zum Erfüllungsgehilfen, drängende Aufgaben anzugehen und in die Umsetzung zu starten. Denn dort warten eine Reihe von Prüfungen und Durststrecken auf uns. Diese können wir mit einer guten Vorbereitung und dem abgestimmten Hin- und Herpendeln zwischen einer weit gesteckten Vision und den täglich zu bewältigenden Aufgaben wirkungsvoll begegnen. Dafür brauchen wir einen gnädigen Umgang mit Irrtümern, ein konsequentes Behandeln von Fehlern.

GOOD WORK bedeutet mehr als das erfolgreiche Abarbeiten. GOOD WORK strebt in letzter Konsequenz nach Wesentlichkeit und nach Wirksamkeit. Diese erfahren wir nur, wenn wir den Sinn in unserem Schaffen erkennen. Das gilt für Unternehmen wie für Individuen gleichermaßen. Und dieser Sinn ist Ziel und Ergebnis unseres Tuns.

GOOD WORK Fragen zu Denken in Möglichkeiten

- Welches Verständnis von unternehmerischem Denken und Handeln haben wir/habe ich?
- Woran zeigen sich in unserer Organisation unternehmerisches Denken? Auf welchen Ebenen wird unternehmerisches Denken adressiert? Ist dies ein Privileg, eine besondere Anforderung an Führung? Oder wird diese Kompetenz von allen Mitarbeitenden erwartet? Woran macht sich diese Erwartungshaltung fest?
- Wie werden Mitarbeitende in unserem Unternehmen unterstützt, ihr eigenes a) unternehmerisches b) kreatives c) innovatives Denken weiterzuentwickeln?

Achtsamkeit für Chancen

- Wie häufig besprechen wir Probleme und Herausforderungen, die wir beobachten können und auf die wir eine Antwort hätten bzw. entwickeln könnten?
- In welchen „Gremien" werden solche Beobachtungen gesammelt und besprochen? In welcher Art und Weise schärfen wir unsere Beobachtungsgabe für Herausforderungen?

Fokus auf eigene Stärken und Ressourcen

- Sind wir bei Projekten, neuen Vorhaben eher ziel- oder eher mittelorientiert unterwegs?
- Stellen wir uns systematisch die Fragen: 1. Wen kennen wir? 2. Was können wir? 3. Was haben wir?

Fehlerkultur

- Differenzieren wir zwischen Fehlern und Irrtümern?
- Wie gehen wir mit beiden um? Sprechen wir über Konsequenzen, für beide Fälle? Gibt es diesbezüglich eine Systematik bzw. eine Verbindlichkeit?
- Woran würden wir in unserer Organisation bemerken, dass wir experimentierfreudig sind?
- Welches Verständnis von Exzellenz haben wir? Sprechen wir hinreichend über Ambitionsniveaus?

Gestalten und Durchhalten

- Sind wir bereit, Fehlabzweigungen bei größeren Projekten einzugestehen und im Zweifelsfall die Grundsatzfrage zu stellen?
- Wie gut gelingt uns, zwischen dringend und wichtig zu unterscheiden?
- Wie gehen wir vor, wenn wir priorisieren müssen? Wer ist involviert?
- Sehen wir Tendenzen zu einer Absicherungskultur in unserer Organisation? Woran macht sich diese bemerkbar?

Von Zielen und Visionen

- Verfolgen wir eher das Prinzip des Planens oder des Vorbereitens? Wie sieht unsere Vorbereitung aus?
- Wie gut können wir zwischen großen Visionen und kleinen Teilschritten vermitteln? Wie gelingt es uns, die große Vision in übersichtliche, kleine Zielkorridore herunterzubrechen?

Den Sinn erkennen

- Gibt es in unserer Organisation eine lebendige Diskussion zu unserem Unternehmenszweck? Wer führt diese Diskussion? Wer ist daran beteiligt? Wie wird darüber gesprochen?
- Verfolgen wir den Gedanken, dass der Unternehmenszweck in die Zuständigkeit einzelner Menschen gehört? Oder sehen wir uns alle dafür verantwortlich?
- Haben wir ein klares Bild zu unserem Unternehmenszweck? Teilen wir das gemeinsame Verständnis?
- Wird über Purpose mehr gesprochen als er authentisch gelebt wird? Woran spüren wir, dass wir unseren Purpose kennen?

4 Gastbeitrag: New Work – ein Megatrend, von Stephan Grabmeier

„Hast Du noch kurz Zeit Stephan?" so nahm mich mein damaliger Geschäftsführer in der HypoVereinsbank nach einem Managementmeeting mit einem Griff am Arm zur Seite. „Morgen Abend besucht mich ein langjähriger Freund aus den USA und er wird ein paar Tage bei mir wohnen. Hast Du Lust am Abend zum Essen und auf ein Glas Wein zu kommen? Er will mir von seiner Idee „Neue Zentren der Arbeit", die er in USA aufgebaut hat berichten und wie er diese nach Deutschland bringen will. Ich dachte das ist für Dich sicher auch sehr spannend."

Es war im Frühjahr 1999. Der damalige Geschäftsführer und mein Chef heißt Franz Baur. Fritjof Bergmann war sein Gast. Ich nahm die Einladung dankend an. Ich war zu der Zeit in meiner ersten HR Rolle in einem IT Tochterunternehmen in der HypoVereinsbank mit 750 Mitarbeiter:innen, verantwortlich für die die HR Arbeit in der Schnittstelle zum Konzern. Der Abend war großartig, Franz ist nicht nur ein sehr guter Koch und Weinkenner, sondern einer der intelligentesten und kreativsten Menschen, die ich zu dieser Zeit kannte. Er ist Mathematiker und hat Theaterwissenschaften studiert – neuronal entstehen bei ihm Synapsen, die anderswo so schnell nicht entstehen.

Und dann war da Fritjof Bergmann, von dem ich noch nie etwas gehört hatte, ein etwas kauziger Typ, der von seiner Utopie des „Systems Neue Arbeit" und seiner Idee Drei-Teilung der Arbeit, die er in den Neuen Zentren der Arbeit in Flint (Michigan) Mitte der 1970er Jahre aufbaute philosophierte.

Die drei Elemente in seinem Verständnis von Arbeit sind

Lohnarbeit: ein festes Einkommen bei einem Arbeitgeber oder als Selbständiger.

Eigenarbeit: Selbermachen von kleinen Dingen, die man braucht. Eine Renaissance der kleinen Werkstätten.

Calling: Tue das, was Du wirklich, wirklich willst. Deiner Berufung nachgehen, anstatt nur einen Job zu erledigen.

Ich saß als Rookie mit Ende 20 zwischen diesen beiden Menschen und durfte zuhören, dabei sein, Fragen stellen und war dankbar für diesen Abend. Habe ich damals alles verstanden? Nein. Hat der Abend mein Leben beeinflusst? Ja. Und wie.

Seit dieser Zeit, und ich habe Fritjof danach nochmal getroffen, hat sich mein Blick und meine Haltung zum System Arbeit fundamental geändert. Die Verwirklichung von Neuen Zentren der Arbeit hat er in Deutschland und Österreich nie in der Form geschafft, wie er sich das vorstellte. Somit verschwand die Präsenz seiner Idee auch langsam wieder in meinem Kopf und die Jahre vergingen.

Ich fasse Fritjofs Philosophie, die Theorien, das Mindset und die praktischen Umsetzungen für mich in einem Satz zusammen.

„Vom Leben aus die Arbeit denken."

Die Begegnungen mit Fritjof haben mein Engagement seit 1998 in dem Personalerverband Initiative Wege zur Selbst GmbH geprägt. Der Verband wurde von Prof. Heinz Fischer, damals Personalvorstand Deutsche Bank und Thomas Sattelberger, damals Bereichsvorstand bei der Lufthansa ins Leben gerufen. Ich bin bis heute Mitglied und habe den Verband als Vorstand rund zehn Jahre mit-gestalten dürfen. Die Kernaufgabe der Selbst-GmbH liegen in der Stärkung der Employability – der Arbeitsmarktfähigkeit von Menschen im System Arbeit. Im Kern dessen, was jeder Mensch möchte, was Politik ermöglichen soll und wofür Unternehmen Verantwortung tragen. Der Anspruch der Selbst GmbH ist ein perfect Match mit der Idee von neuer Arbeit im Fritjofschen Sinne.

Heute gibt es den Begriff New Work, den es damals nicht gab. Zu Beginn der 2000er Jahre wurde damit eine semantische Leerstelle besetzt. Heute ist New Work, wie es Prof. Carsten Schermuly beschreibt, ein Containerbegriff, weil er für alles benutzt wird, ohne eine eindeutige Definition zu haben. Jeder wirft seine Themen, passend zu seinem Kontext in den New Work Container und versucht andere von seiner Sicht zu New Work zu missionieren.

In den letzten fünf bis zehn Jahren wurde New Work von Beratern, Geschäftsführerinnen und Personalern zu oft instrumentalisiert und zum Spielball von mikropolitischen Interessen genutzt. Bin ich als CEO davon überzeugt, dass mein Unternehmen zu viele Führungsebenen hat, dann wird die Reduktion von Hierarchien zu New Work. Gerne wird auch mal ein Downsizing der Organisation als progressive New Work Entwicklung verkauft. Sehen Sozialpartner eine soziale Ungerechtigkeit zwischen New Work und Basic Work wird die Keule der Ungleichheit bedient. Verdiene ich mit einer Beratung zu Holokratie, Soziokratie, Pfirsich Modellen o. ä. mein Geld, dann definiere ich Selbstorganisation und dezentrales Organisationsdesign als New Work. Habe ich mich gerade mit dem Angebot an Achtsamkeitstrainings selbstständig gemacht, dann wird Yoga, Meditieren, Inner Work und gezieltes Atmen zu New Work. Stelle ich Büromöbel her oder bin ein Technologieunternehmen, dann geht bei New Work alles um Räume und technische Infrastruktur. Und manche New-Work-Verfechter legen sich gar nicht fest. In dieser missionierenden Community wird New Work auf eine Metaebene gehoben und zur „Haltung" gemacht und als „Mindset" deklariert. Mit der Ebene Mindset hat man dann die höchste Form der New Work-Beliebigkeit erreicht und sich einen missionarischen Freifahrtschein ausgestellt, um sich mit seinen Interessen im Unternehmen durchzusetzen.

In diesem Buch geht die Autorin auf die Instrumentalisierung und Beliebigkeit von New Work ein und zeigt, wie aus New Work das wird, wozu es eigentlich gedacht ist: gute Arbeit. Denn was würde passieren, wenn wir Arbeit wirklich vom Leben aus denken?

Als Future Designer u. a. als Partner am Zukunftsinstitut, einem der wichtigsten Think Tanks in Europa, beschäftige ich mich mit Megatrends (1) – den wichtigen Veränderungsdynamiken in Wirtschaft und Gesellschaft.

Megatrends sind eine Kernkatgeorie in der Betrachtung von komplexen Zusammenhängen und sie zeichnen sich durch vier Attribute aus:

1. **Halbwertszeit:** diese liegt bei Megatrends zwischen 30–50 Jahren
2. **Ubiquität:** Megatrends finden in allen Lebensbereichen statt
3. **Globalität:** die Veränderungsdynamiken sind globale Phänomene
4. **Komplexität:** Megatrends sind hochkomplexe systemische Strömungen

Das Forschungsteam des Zukunftsinstitut beobachtet 12 Megatrends und rund 140 Subtrends. Diese setzen wir immer wieder in verschiedene Kontexte und untersuchen, wie sich die Veränderungsdynamiken von Menschen auf Gesellschaft und Wirtschaft auswirken. Meine Expertise liegt darin, diese Entwicklungen für Unternehmen zu übersetzen und Ihnen dabei zu helfen die richtigen Entscheidungen zu treffen z.B. in der Strategie, in der Nachhaltigkeit, in der Innovation, bei Visionen und Zukunftsbildern oder in der HR Arbeit. Diese Form des Future Designs nenne ich trendbasierte Strategiearbeit.

New Work – New Status

Lassen Sie uns einen näheren Blick aus der Beobachtung der Megatrends auf den Entwicklungen zu New Work werfen. Die rationale Leistungsgesellschaft des Industriezeitalters mit Überstunden, Konkurrenzkampf, Umweltzerstörung und Präsenzzeiten hat sich als nicht zukunftsfähig erwiesen. Mit der Corona-Krise als Beschleuniger setzen sich New-Work-Modelle nun rasanter durch als je zuvor.

Um die Veränderungskraft des Megatrends New Work zu veranschaulichen, lohnt zuerst ein Blick zurück. Denn keine Zukunft ohne Herkunft: In westlichen Agrargesellschaften war die Arbeit von Männern und Frauen gleichwertig. Beide Geschlechter trugen zum Überleben der gesamten Hofgemeinschaft bei. Erst mit der Industrialisierung entstanden Arbeitsplätze, die außerhalb des Hauses oder Hofes lagen. An die Stelle der Hofgemeinschaft trat die Kleinfamilie, und Männer wie Frauen begannen einer außerhäuslichen Erwerbstätigkeit nachzugehen. Die Hausarbeit fiel jedoch in dieser Zeit vermehrt in die Hände der Frauen – als zusätzliche Belastung neben der Erwerbsarbeit. Fortan konzentrierten sich politische, gesellschaftliche und wirtschaftliche Entwicklungen nur noch auf die Arbeit, die mit einem Einkommen verbunden war. Dieses Verständnis von Arbeit ist also noch recht jung – und wandelt sich derzeit wieder massiv.

Das Leben wird heute nicht mehr so stark in Arbeit und Freizeit unterteilt. Arbeit wird im Ganzen als die Summe aller Tätigkeiten betrachtet – ganz gleich, ob diese bezahlt sind oder ehrenamtlich geschehen, ob sie aus Interesse, Pflicht oder Freude verrichtet werden. Das hängt auch mit einem neuen Blick auf den Stellenwert und Zweck des Wirtschaftens zusammen: Insbesondere den jungen Generationen, der Generation Y und Generation Z, ist bewusst, dass das bislang Lebenssinn gebende Mantra vom ewigen

Wirtschaftswachstum und dem Überkonsum nicht erfüllt werden kann, wenn dabei die Lebensgrundlage aller – der Planet Erde und dessen Ressourcen – zugrunde gewirtschaftet wird.

Sinn Ökonomie – der Gamechanger für enkelfähiges Wirtschaften

Sind wir Teil des Problems oder Teil der Lösung? Welche Probleme und welche Zukunftsaufgaben können unsere Produkte oder Dienstleistungen lösen? Welche Haltung nehmen wir ein – als Marke und als Mitarbeitende. Das sind die Sinnfragen, die sich jedes verantwortungsvolle Unternehmen stellt. Diese zahlen auch auf die Unternehmensidentität ein, die immer wichtiger wird: Nur wer diese Fragen beantworten kann, der schafft ein attraktives Arbeitsumfeld für die wachsende sinnsuchende Arbeitnehmerschaft. Arbeitnehmer, die ihre Arbeit als sinnstiftend wahrnehmen, sind zudem seltener krank, haben eine höhere Bindung zur Marke, kooperieren besser im Team, schaffen disruptivere Innovationen und bilden mehr Wert.

Die Sinn-Ökonomie impliziert ein verändertes Verständnis von Wachstum, bei dem das beste und nicht das neueste Produkt das Wertvollste ist. Dabei definiert sich das beste Produkt nicht mehr allein über qualitativ hochwertige Materialien oder die angenehmste User Experience, sondern ergibt sich aus einer Kombination aus ökologischen, ökonomischen und sozialen (ethischen) Werten. Diese müssen nicht mehr unmittelbar mit dem Produkt zu tun haben. So haben die rund 5.000 B-Corporations, eine globale Unternehmerbewegung für besseres Wirtschaften ihre Vision wie folgt beschrieben: Wir wollen nicht die besten Unternehmen der Welt, sondern für die Welt sein. Die B Corps sind die Speerspitze von kollektiven Identitäten zu der sich enkelfähige Unternehmen zusammenschließen und einer gemeinsamen Vision folgen. Die Gemeinwohlökonomie, die Net Positive Bewegung, Conscious Capitalism oder jüngere Kollektive wie Entrepreneurs for Future oder Leaders for Climate Change zeigen: es sind nicht einzelne Unternehmen, sondern tausende, die sich auf den Weg gemacht haben Wirtschaften im Einklang einer ökologischen, ökonomischen und sozialen Balance zu verstehen.

Corporate Social Responsibility (CSR) und ESG Strategien sind keine Lippenbekenntnisse mehr, den sich Unternehmen als nice-to-have leisten und in der Kommunikationsabteilung parken, sondern sie beinhalten signifikante Wirtschaftsvorteile – und ermöglichen zugleich eine Win-Win-Win-Situation für Gesellschaft, Unternehmen und Planeten. Zusätzlich zu dem Vorteil, sich als verantwortliches Unternehmen positionieren zu können und damit attraktiv für Arbeitnehmende im umkämpften Markt um Fachkräfte zu werden, erhöht eine solche Reputation auch die Kundenbindung und damit die Resilienz des Unternehmens. Zugleich bedeutet nachhaltiges Wirtschaften Energie- und Ressourceneffizienz und neben Umweltschutz damit auch eine Kostenreduktion.

Work-Life-Learn Blending statt Work Life-Balance

Arbeitnehmende sehnen sich nach Arbeitsformen, die Beruf und Freizeit harmonisch ineinandergreifen lassen. Zudem wird in einer New Work atmenden Organisation Lernen als fester Bestandteil gelebt. Statt einer Aufteilung der Zeit zwischen Job, und Freizeit oder Lernen heißt das neue Lebensmotto „Work-Life-Learn Blending“: Ein fließender Übergang zwischen Arbeits- und Privatleben auf Augenhöhe verbunden mit der individuellen Entwicklung ermöglicht Arbeitnehmenden, flexibel auf private Umstände zu reagieren, selbstbestimmt zu arbeiten und zu lernen und damit produktiver zu sein.

Arbeitszeit- und Ortsautonomie sind im radikalen Wandel begriffen. Die Corona-Pandemie hat gezeigt: Remote Work ist ein wichtiger Bestandteil von New Work – und funktioniert. Ob Vanoffice, Workation, Co-Working, Café oder Hüttenbüro: Remote Work erlaubt es, konzentriert dort zu arbeiten, wo man einen Teil seiner Freizeit verbringen möchte. Gerade in der Gig Economy, dem wachsenden Arbeitsmarkt aus Selbstständigen, Freiberuflern und Menschen, die in Gelegenheitsjobs oder nur projektbezogen arbeiten, wird Arbeiten auch immer häufiger mit Reisen verbunden. Unter all den Aspekten, die im Container New Work gebündelt werden, sind die Arbeitszeit- und Ortsautonomie seit Corona die am häufigsten genannten New Work Maßnahmen im New Work Barometer 2021 (vgl. Prof. Schermuly New Work Barometer 2021).

Das Büro ist tot, lang lebe das Büro!

Wenn alle zu Hause oder anderswo arbeiten, wozu braucht es dann noch ein Büro? Diese Frage stellen sich durch Corona viele Arbeitgeber, als sie 2020 in menschenleeren Büroräumen standen. Doch während die Menschen es zu Beginn der Corona-Pandemie noch genossen hatten, gemütlich zu Hause zu sitzen, vermissten sie im Verlauf des andauernden Lockdowns den Tapetenwechsel und die nicht-virtuellen Begegnungen mit Kollegen und Kolleginnen. Die zwischenmenschlichen, spontanen Kontakte, den inspirierenden Zufall, den kurzen Austausch und das gemeinsame Kreieren vor Ort kann auch eine gut funktionierende Remote-Arbeitskultur nicht ersetzen.

Das Büro wird mitnichten irrelevant. Mit den neuen Erfahrungen der Pandemie wandeln sich allerdings die Anforderungen an Büroräume: Sie werden vom Ort der Arbeit zur Kulturmeile des Unternehmens: Hier werden die Werte des Unternehmens sichtbar, entsteht die Identität der Belegschaft und werden Beziehungen spürbar. Hier finden Kollaboration und Co-Creation physisch und haptisch statt.

Das Büro der Zukunft ist also auch ein Ort, an dem realer und digitaler Raum nahtlos ineinander übergehen und an dem Kollegen und Kolleginnen sich unkompliziert mit Teammitgliedern in Remote Work verbinden können. Denn wer sich im physischen Raum verbunden fühlt, der kann auch gut im digitalen zusammenarbeiten.

Digital Literacy

Die Digital Literacy von Unternehmen ist seit 2020 durch den verstärkten Einsatz von Tools zur Kommunikation, zur Kollaboration, zum Projekt- und Wissensmanagement steil nach oben geschnellt. Das Gefühl der anfänglichen Überforderung angesichts der vielen neuen Werkzeuge wird künftig verschwinden. Auf das zunächst digitale Improvisieren folgt eine Normalisierung: Gelerntes wird gelebt und nahtlos in den Arbeitsalltag einfügt. Work – Life – Learn at its best.

Im Gegentrend zeigt die Digitalisierung einen enormen Anstieg analoger Kulturtechniken. Wurde Digital Detox vor 2020 noch der Digital Boheme aus dem Silicon Valley zugeschrieben, etablierten sich mehr und mehr analoge Formate durch eine digitale Erschöpfung über den Globus. Eine Flucht aus der Digitalität hin zur realen Welt. Der Trend RealDigital beschreibt dieses Phänomen.

BANI hat VUCA abgelöst

Um Veränderungen in der Welt zu verstehen, nutzen wir gerne Modelle. Ein Modell oder auch frameing genannt ist der Versuch in einem vereinfachten Abbild die Wirklichkeit zu erklären. Das VUCA-Konzept begleitete uns zuverlässig seit vielen Jahrzehnten. Es beschreibt die Welt als V:olatile (volatil), U:ncertain (unsicher), C:omplex (komplex) und A:mbiguous (mehrdeutig). Doch wir befinden uns seit einigen Jahren in einer Zeitenwende und stehen an der Schwelle zu einer Welt, die von Chaos geprägt ist. VUCA liefert uns daher immer weniger nützliche Erkenntnisse. Im Gegensatz dazu ist BANI ein neues, auf die Situation angepasstes Modell. Echtes New Work findet in einer BANI Welt statt und nur in neuen Geschäftsmodellen, die in einer Sinnökonomie Zukunft haben. Wer New Work jetzt und für die Zukunft definieren will, muss Veränderungsdynamiken in der Welt verstehen. Dazu braucht es die Fähigkeit und das Mindset, die menschlichen Bedürfnisse hinter den komplexen Veränderungen zu beobachten, um darauf basierend bessere Entscheidungen zu treffen. Wenn Ihnen das gelingt, dann wird aus New Work auch Good Work.

„Die Gesellschaft der Zukunft wird eine Gesellschaft sein, in der alles, alles stärkt!" (Fritjof Bergmann)

Quellen:

(1) Megatrendmap Zukunftsinstitut

(2) BANI vs VUCA

5 Epilog: Nach vorne mit der Vergangenheit

Die Uhr zeigt 9.07 Uhr. Allmählich füllt sich der Raum im Mertsh. In der Mitte steht eine lange, breite Holztafel. Spuren auf der Tischoberfläche zeugen von durchzechten Nächten. Überall liegen Legosteine und Whiteboardstifte verstreut rum. Es hat mal wieder niemand aufgeräumt. An der Wand zählt ein digitaler Countdown stoisch im Sekundentakt runter. Noch fünf Minuten und dreiundzwanzig Sekunden.

Am Tisch sitzen Emil und Paul, zwei jüngere Kollegen. Sie sind im Gespräch vertieft. Die eintreffende Kollegenschar nimmt Platz. Eine nach dem anderen ziehen sie ihre Brille auf. Das Mertsh-Board ist schon vollgepflastert mit Post-its, Links und skizzierten Workflows. „Hat jemand das Desinfektionsspray gesehen?". Seit der „großen Pandemie" – zwischenzeitlich gab es noch mehrere kleine epidemiologische Ereignisse – reagieren die Menschen mit ziemlicher Sensibilität auf Hygienemängel. Im Hintergrund shuffelt sich die Playlist von einem Electro Bossa Nova zum nächsten. Leonie betritt den Raum: „Kann jemand bitte mal das entsetzliche Fahrstuhl-Gedudel abstellen?! Es nervt!" Seit der holokratische Zirkel für Meetingkultur beschlossen hat, dem Thema „Atmosphäre gestalten in Begegnungssituationen" mehr Aufmerksamkeit zu schenken, lässt Leonie keine Gelegenheit aus, Stimmung dagegen zu machen. „Können wir bitte heute mal wirklich um 9.13 Uhr wie abgesprochen anfangen. Selbst die Bahn ist ja pünktlicher als wir mit unseren Meetings. Und, Leute, bitte kein verdammtes Warm-up."

Emil und Paul nehmen keine Notiz von Leonies Ausbrüchen. Sie unterhalten sich weiter angeregt über die explodierenden Preise für Grundstücke im Metaverse. „Verrückt, mittlerweile kostet bei Decentraland ein Hektar Streuobstwiese so viel wie vor einem Jahr ein ganzer Wald", entrüstet sich Emil. „Was willst Du denn mit einer Streuobstwiese?", fragt Paul. „Na, für unser GOOD WORK Festival. Wir wollen doch das mit der Apfelernte durchziehen und gemeinsam Apfelmost keltern. Ich hab' schon eine Kelterei klar gemacht." Paul nickt. Stimmt. Die Apfelernte. Das GOOD WORK Festival. Das war ja das Thema ihres heutigen Meetings. Die Vorbereitung auf das große Unternehmensevent, das zwei Mal im Jahr stattfindet. Es gibt ein paar Prinzipien für das Festival, aber nur eine einzige Regel: Alle Menschen treffen sich in Präsenz. Virtuelles wird bei Bedarf integriert.

Jetzt also Apfelernte. Anfangs war die Teamrunde skeptisch. „Nicht schon wieder eine Food-Story, Permakultur oder Handwerk", maulten die üblichen Verdächtigen. Doch nach der letzten Brauerei-Simulation hat es bei vielen „Klick" gemacht. Auch Leonies Gesichtszüge entspannen sich. Seit Jahren engagiert sie sich im Zirkel für nachhaltiges Wirtschaften. Gemeinsam mit zwei weiteren Kolleginnen hat sie bereits zwei neue Geschäftsmodelle zum Thema Kreislaufwirtschaft und Biodiversität erfolgreich umgesetzt. Der echte Durchbruch für ihre Teamprozesse kam aber erst nach dem GOOD WORK Festival mit der Brauerei-Simulation.

9.11 Uhr. Mit einem leisen „Pling" kündigen sich Valentina, Thilo, Alex und Ranjid an. Sie nehmen neben Emil und Paul Platz. Thilos Shirt wirkt am Rand etwas ausgefranst. Valentina ruft ihm zu: „Pixelalarm, Thilo!" Thilo verlässt spurlos den Platz und erscheint einige Sekunden später wieder an Ort und Stelle. „5 G lässt grüßen. Hier hinterm Deich leben wir noch im LTE-Zeitalter." Immer mehr Menschen im Unternehmen haben sich ihren persönlichen Traum verwirklicht und ihren Lebensmittelpunkt dorthin verlagert, wo für sie gutes Leben möglich ist. Die Welt des Teams ist zusammengerückt. Ranjid sitzt in Bangalore, Valentina in Cartagena, Kolumbien. Die virtuelle Spracherkennung macht es möglich, dass alle in ihrer Muttersprache kommunizieren können. Das Virtual-Voice-Over übersetzt nicht nur, es nutzt auch die Originalstimmen. Auch Kollegen aus Produktion und Instandhaltung sind dank Virtual-Reality-Lösungen räumlich wesentlich flexibler unterwegs. Kollegialer Neid auf autonome Arbeitsrealitäten ist Schnee von gestern.

Torben hat im Meeting-Dashboard sein Avatar auf rot „busy" gestellt. Im Kommentarfeld hat er eingegeben: „Sorry, Leute, sind im letzten Loop. Ich kann heute eh keinen Input leisten. Wünsch euch ein erfolgreiches Meeting." Auf der Liste der „Random Guests" haben sich zwei spannende Teilnehmende angekündigt. Einmal pro Monat lädt sich die Teamrunde externe Gäste ein. Interessenten melden sich mit einem kurzen Video über Slack an. Der Zirkel „Beziehungsgestaltung" trifft die Auswahl der Gäste. Sie müssen nur eine Frage im Vorfeld beantworten: „Was will ich von Euch lernen?".

Das Potpourri an augmentierten und real anwesenden Menschen ist fast vollständig versammelt. Aus Alex Ecke strömt ein intensiver Kaffeeduft in den Raum. Seit sie sich intensiver mit Neuroscience beschäftigt, ist sie dem Thema Emotionen und Geruch dicht auf der Spur. Kein Wunder. Der Geruchssinn ist schließlich der einzige Sinn, der seine Botschaften unmittelbar ans emotionale Zentrum im Gehirn sendet. Das Team musste schon einige experimentelle Schleifen von Alex mitdrehen. Veilchen, Lavendel, Mandarine, Hanf, grüner Tee – die Liste an missglückten Ausflügen in die Geruchsküche ist lang und qualvoll. Kaffee ist der einzige olfaktorische Anker, auf den sie sich gemeinsam verständigen konnten. Mitten in den Kaffeedunst dröhnt ein Schlag. Thilos Handfläche klatscht auf den Tisch. „Scheiße, Leute, schon wieder eine Malaria-Mücke. Hier im Rheiderland in Ostfriesland. Verdammt." Unter seinem Handrücken verbirgt sich: Nichts. Ranjid schaltet sich prustend ein: „Hey, Thilo, relax, die saß bei mir. Und wir sind zum Glück inzwischen alle geimpft."

Jasper kommt – wie so oft – als letzter in den „Besprechungsraum". Unter seinem Arm hat er ein klobiges Gerät geklemmt. „Ich habe ein altes Laptop bei mir im Keller gefunden. Es funktioniert sogar noch." Jasper pustet den Staub vom Gerät. „Muss so aus den frühen 20er Jahren sein. Und wisst Ihr, welche App ich darauf gefunden haben?" Achselzucken durch die gesamte Runde. „Na, sag schon," fordert ihn Leonie auf. „ZOOM. Kennt Ihr noch ZOOM?". Die älteren Mitarbeitenden schmunzeln: „Dass das überhaupt noch funzt?!". „Damit haben wir damals Home-Schooling durchgestanden. Wir waren die einzige Schule, die ZOOM überhaupt nutzen durfte." Gelächter geht durch den Raum. Der übliche Kanon stimmt ein: „Ja, ja, damals in der Pandemie. Gleich erzählt Jasper wieder von seinem Corona-Abitur...."

Die heutige Retro steht unter dem Motto: „Wenn uns das mal jemand gesagt hätte?" Nach unzähligen Zukunftswerkstätten und Visions-Workshops hat das Team festgestellt, dass der Blick auf das Heute durch die Brille von gestern schon häufig den entscheidenden Durchbruch gebracht hat. „Arbeiten ohne Mertsh" hängt als einsames Post-it am Board. Mertsh. Wahnsinn. So selbstverständlich, dass sich kaum noch jemand der Anwesenden seine Arbeitswelt ohne die virtuelle Holo-Plattform vorstellen kann. Die jüngeren Kollegen verdrehen entnervt die Augen, wenn die GenZ-ler mal wieder ihre Leidens- und Heldengeschichten aus den hybriden Tagen zum Besten geben. So viele Menschen hatten sich – als die erste hybride Euphorie verflogen war – auf den Weg in die Selbständigkeit oder hin zu einer anderen Organisation gemacht. Die Unternehmenskultur verkümmerte wie eine vernachlässigte Topfpflanze auf einem Fensterbrett an der Südseite. Es brauchte dringend ein Gewächshaus. Das war die Geburtsstunde des Festivals. Alle Mitarbeiter, physisch anwesend, an drei aufeinanderfolgenden Tagen. Das Motto: „Die Zeit zu lernen ist jetzt."

Alex greift nochmal das Post-it mit Mertsh auf und die Erinnerung an die Erosion der Unternehmenskultur. „Aber warum habt ihr sowas wie das Mertsh und das Festival nicht schon damals eingeführt. Bevor die Leute das Weite gesucht haben? Ihr wusstet doch genau, was euch erwartet, wenn ihr weiter so digital rumstümpert."

Leonie winkt ab: „Du weißt doch, wie es ist: Es gibt halt keine präventive Disruption."

Quellen

6

1 Statista 2021: Anteil der im Homeoffice arbeitenden Beschäftigten in Deutschland vor und während der Corona-Pandemie 2020 und 2021
2 Elisabeth Kübler-Ross: „On Death and Dying". 1969.
3 GOOD WORK Folge 1 vom 16. März 2020 mit Ingo Scheidweiler. https://humiq.de/podcast-good-work/cc02-ingo-scheidweiler-vorstand-odonovan-unternehmensberatung/
4 GOOD WORK Folge 17 vom 26. März 2020 mit David und Edina Hillmer. https://humiq.de/podcast-good-work/cc17-edina-und-david-hilmer-doppelt-von-corona-getroffen-als-weddingplanerin-und-agile-coach/
5 GOOD WORK Folge 8 vom 20. März 2020 mit Maren Spiller. https://humiq.de/podcast-good-work/cc08-maren-spiller-deutsche-lufthansa-ag/
6 GOOD WORK Folge 15 vom 25. März 2020 mit Dr. Boris Steinhart. https://humiq.de/podcast-good-work/cc15-dr-boris-steinhart-niedergelassener-internist/
7 GOOD WORK Folge 15 vom 25. März 2020 mit Dr. Boris Steinhart. https://humiq.de/podcast-good-work/cc15-dr-boris-steinhart-niedergelassener-internist/
8 GOOD WORK Folge 12 vom 22. März 2020 mit Markus Orth. https://humiq.de/podcast-good-work/cc12-markus-orth-geschaeftsfuehrer-lufthansa-city-center/
9 https://rettetdiereisebranche.de, siehe auch: https://www.fvw.de/touristik/vertrieb/reisebuero-krise-aktionsbuendnis-ruft-zum-dialog-mit-politikern-auf-210417?crefresh=1
10 Zeit-Online: „Leere Stühle: Gastronomen weisen auf prekäre Lage hin", 24. April 2020. https://www.zeit.de/news/2020-04/24/leere-stuehle-gastronomen-weisen-auf-prekaere-lage-hin
11 Bandura, A. (1977). Self-efficacy: Toward a unifying theory of behavioral change. Psychological Review 84 (2), 191–215.
12 Hartmut Rosa: Resonanz. Eine Soziologie der Weltbeziehung. Berlin 2016.

13 https://weltbeweger.uni-erfurt.de/2019/10/04/hartmut-rosa-selbstwirksamkeit/
14 GOOD WORK Folge 92 vom 10. Juli 2020 mit Bodo Janssen. https://humiq.de/podcast-good-work/cc92-bodo-janssen-unternehmer-hotelier-mensch-begruender-des-upstalsboom-weges-10-7-2020/
15 Statista: Statistik zu Podcast-Nutzung in Deutschland zwischen 2016 und 2021 https://de.statista.com/statistik/daten/studie/876487/umfrage/nutzung-von-podcasts-in-deutschland/
16 Walter B. Cannon: Wut, Hunger, Angst und Schmerz: eine Physiologie der Emotionen. Aus d. Engl. übers. von Helmut Junker. Hrsg. von Thure von Uexküll. Urban und Schwarzenberg, München/Berlin/Wien 1975. Erste engl. Ausgabe 1915
17 GOOD WORK Folge 27 vom 2. April 2020 mit Christine Radtke. https://humiq.de/podcast-good-work/cc27-christine-radtke-betriebsstaettenleiterin-umb-gmbh-inkassounternehmen/
18 GOOD WORK Folge 83 vom 8. April 2020 mit Mareike Lüken. https://humiq.de/podcast-good-work/cc83-mareike-lueken-women-in-mobility-marketing-managerin-scheidt-bachmann/
19 GOOD WORK Folge 54 vom 26. April 2020 mit Peter Martin. https://humiq.de/podcast-good-work/cc54-peter-martin-geschaeftsfuehrer-martin-et-karczinski-holistische-markenberatung/
20 Quentin Lichtblau: Spazieren während Corona: „Wenn's sein muss, 14 Uhr am Scheißfluss?". In: Zeit-Online vom 30. November 2021. https://www.zeit.de/entdecken/2021-11/spazieren-corona-pandemie-lockdown-winter
21 https://ourworldindata.org/covid-google-mobility-trends
22 https://www.gstatic.com/covid19/mobility/2022-01-06_DE_Mobility_Report_de.pdf, zuletzt aufgerufen am 7. Januar 2022
23 Hannes Leitlein: „Es hat sich eine Art Corona-Biedermeier etabliert". In: Zeit-Online vom 15. August 2020. Interview mit Stephan Grünewald vom Rheingold Institut. https://www.rheingold-marktforschung.de/es-hat-sich-eine-art-corona-biedermeier-etabliert/
24 GOOD WORK Folge 60 vom 6. Mai 2020 mit Ines Imdahl. https://humiq.de/podcast-good-work/cc60-ines-imdahl-dipl-psychologin-und-geschaeftsfuehrerin-rheingold-salon/
25 GOOD WORK Folge 66 vom 12. Mai 2020 mit Diane Siegloch. https://humiq.de/podcast-good-work/cc66-diane-siegloch-initiatorin-bewegung-eltern-in-der-krise-in-hessen/
26 https://humiq.de/podcast-good-work/cc26-dr-sandra-wolf-geschaeftsfuehrerin-riese-mueller-premium-e-bike-hersteller/ Folge GOOD WORK CC26 Sandra Wolf am 1. April 2020
27 GOOD WORK Folge 60 vom 6. Mai 2020 mit Ines Imdahl. https://humiq.de/podcast-good-work/cc60-ines-imdahl-dipl-psychologin-und-geschaeftsfuehrerin-rheingold-salon/
28 Richard von Frankenberg: Hohe Schule des Fahrens. 6. Auflage, Motor-Presse-Verlag, Stuttgart 1961.
29 Wolf Lotter „Zusammenhänge – Wie wir lernen, die Welt wieder zu verstehen", Hamburg 2020, S. 30
30 GOOD WORK Folge 87 vom 2. Juli 2020 mit Mark Gevers. https://humiq.de/podcast-good-work/mark-gevers-business-development-tecosim-gmbh-virtuelle-produktentwicklung/
31 https://www.personio.de/ueber-uns/presse/repraesentative-umfrage-von-personio-zeigt-fehlende-personalstrategie-waehrend-der-pandemie-sorgt-fuer-drohende-kuendigungswelle-und-produktivi-

taets-flaute/. Die gesamte Studie steht kostenfrei zum Download zur Verfügung.
32 https://de.statista.com/infografik/22990/umfrage-zum-jobwechsel-in-zeiten-von-corona/
33 GOOD WORK Folge 121 vom 16. Juli 2021 mit Raphael Gielgen. https://humiq.de/podcast-good-work/121-raphael-gielgen/
34 GOOD WORK Folge 116 vom 11. April 2021 mit Christian Friedrich https://humiq.de/podcast-good-work/christian-friedrich/
35 GOOD WORK Folge 68 vom 16. Mai 2020 mit Julia Merkel https://humiq.de/podcast-good-work/cc68-julia-merkel-personalvorstaendin-rv-versicherung/
36 https://www.weser-kurier.de/bremen/wirtschaft/wegen-corona-strandkorbmanufaktur-mit-rekordumsaetzen-doc7e4izi6521ebv1fm1sg
37 https://humiq.de/podcast-good-work/121-raphael-gielgen/
38 Heinrich Zankl: Die Launen des Zufalls. Wissenschaftliche Entdeckungen von Archimedes bis heute. Wissenschaftliche Buchgesellschaft, Darmstadt 2002.
39 Tim Brown, Barry Katz: Change by Design. Wie Design Thinking Organisationen verändert und zu mehr Innovationen führt, Vahlen, München 2016
40 Daniel Hornuff: „Design Thinking – Lasse tuns denken". In: Brand-Eins Ausgabe 09/2017. https://www.brandeins.de/magazine/brand-eins-wirtschaftsmagazin/2017/lernen/lasset-uns-denken
41 GOOD WORK Folge 86 vom 30. Juni 2020 mit Thomas Gutberlet https://humiq.de/podcast-good-work/cc86-thomas-gutberlet-geschaeftsfuehrer-tegut/
42 GOOD WORK Folge 68 vom 16. Mai 2020 mit Julia Merkel https://humiq.de/podcast-good-work/cc68-julia-merkel-personalvorstaendin-rv-versicherung/
43 Nele Graf, Denise Gramß, Frank Edelkraut: „Agiles Lernen – Neue Rollen, Kompetenzen und Methoden im Unternehmenskontext", Haufe Verlag, 2017.
44 Paul Watzlawic, Janet H. Beavin, Don D. Jackson: „Menschliche Kommunikation – Formen, Störungen, Paradoxien." (Originaltitel: Pragmatics of Human Communication. A Study of Interactional Patterns, Pathologies, and Paradoxes. W. W. Norton & Company, New York 1967.) in deutsch: Huber, Bern 1969. (13., unveränderte Auflage. Hogrefe, Bern 2017.
45 Eric Ries: „Lean Startup", Redline Verlag, 2014.
46 Georg Büchmann (Begründer): Geflügelte Worte. Der klassische Zitatenschatz. 43. Auflage, neu bearbeitet von Winfried Hofmann, Walter Robert-Tornow [und 6 weitere]. Ullstein, Frankfurt am Main/Berlin 2015 (Erstausgabe 1864).
47 https://arbeitdigital.de/wirtschaftslexikon/prinzipien/
48 Jörg Preußig: Agiles Projektmanagement. Haufe Verlag 2018.
49 Martin Buber: Das dialogische Prinzip. 1986 Gütersloh. 16. Auflage 2021.
50 Niklas Luhmann: Soziale Systeme. Suhrkamp 1987 (Erstauflage).
51 GOOD WORK Folge 115 vom 2. April 2021 mit Dr. Martin Andrée. https://humiq.de/podcast-good-work/martin-andree-placebo-effekt/
52 Brené Brown: Verletzlichkeit macht stark. 2013. Im Original: Daring Greatly. 2012.
53 GOOD WORK Folge 114 vom 1. April 2021 mit Diana Kinnert. https://humiq.de/podcast-good-work/114-diana-kinnert-2/

54 https://www.microsoft.com/en-us/worklab/work-trend-index/hybrid-work
55 Mark Granovetter: The Strength of Weak Ties. In: American Journal of Sociology 78 1973.
56 Küpper, Hans-Ulrich: Ablauforganisation, Stuttgart 1981.
57 J. J. Sutherland: Das Scrum-Praxisbuch. Campus 2020.
58 Georg Franck: Ökonomie der Aufmerksamkeit: Ein Entwurf. Hanser 1998.
59 GOOD WORK Folge 124 vom 19. September 2021 mit Fritz B. Simon. https://humiq.de/podcast-good-work/fritz-b-simon/
60 Christian Keysers: Unser empathisches Gehirn. Warum wir verstehen, was andere fühlen. Bertelsmann 2013.
61 Studie Work Reworked von Microsoft, KPC und Boston Consulting Group. https://news.microsoft.com/de-de/studie-work-reworked-warum-empathie-die-wichtigste-fuehrungskompetenz-in-der-hybriden-arbeitswelt-ist/
62 Hartmut Rosa: Resonanz. Suhrkamp 2016, S. 352.
63 Fritz B. Simon: Meine Psychose, mein Fahrrad und ich. Carl-Auer-Verlag, 14. Auflage 2017.
64 GOOD WORK Folge vom 19. September 2020 mit Christian Obad. https://humiq.de/podcast-good-work/bonus-track-corona-chroniken-2-christian-obad-innovangelist/
65 GOOD WORK Folge 88 vom 3. Juni 2020 mit Antonia Jennewein. https://humiq.de/podcast-good-work/bonus-track-corona-chroniken-2-christian-obad-innovangelist/
66 Bernd Schmid: „Systemische Organisationsentwicklung. Schäffer-Poeschel 2014.
67 Florian Becker: Teamarbeit, Teampsychologie, Teamentwicklung: So führen Sie Teams! Springer 2016.
68 GOOD WORK Folge 100 vom 4. September 2020 mit Matthias Horx. https://humiq.de/podcast-good-work/matthias-horx-cc100/
69 David Bohm, Der Dialog. Das offene Gespräch am Ende der Diskussionen, Klett-Cotta 1999.
70 GOOD WORK Folge 128 vom 14. November 2021 mit Barbara Müller-Geskes. https://humiq.de/podcast-good-work/barbara-mueller-geskes-2/
71 Niklas Luhmann. Soziale Systeme. S. 179. Suhrkamp 1987.
72 Fredmund Malik: Führen, Leisten, Leben. Campus 2014. Oder auch: Reinhard Sprenger: Mythos Motivation. Campus 2014.
73 GOOD WORK Folge 113 vom 6. März 2021 mit Eva Schulte-Austum. https://humiq.de/podcast-good-work/eva-schulte-austum/
74 GOOD WORK Folge 38 vom 20. April 2020 mit Conny Dethloff. https://humiq.de/podcast-good-work/cc38-conny-dethloff-organisationsdesigner-otto-group/
75 GOOD WORK Folge 97 vom 6. August 2020 mit Benjamin Jaksch. https://humiq.de/podcast-good-work/cc97-benjamin-jaksch/
76 GOOD WORK Folge 91 vom 8. Juli 2020 mit Prof. Gerald Hüther. https://humiq.de/podcast-good-work/cc91-gerald-huether-hirnforscher-und-autor/
77 GOOD WORK Folge 92 vom 11. Juli 2020 mit Bodo Janssen. https://humiq.de/podcast-good-work/cc92-bodo-janssen-unternehmer-hotelier-mensch-begruender-des-upstalsboom-weges-10-7-2020/
78 Blogartikel von David Chromy zum Auftritt im Frühstückssalon am 22. März 2019 auf der Website von Quäntchen & Glück. https://qundg.de/der-schontag-beim-fruehstuecksalon/

79 https://www.adac.de/verkehr/verkehrsinformationen/staubilanz/
80 Blogartikel „Zoom Fatigue – Videokonferenzen sorgen für Erschöpfung und Müdigkeit" auf T2 Informatik. https://t2informatik.de/wissen-kompakt/zoom-fatigue/
81 Fitbit (2020) The Impact Of Coronavirus On Global Activity. https://blog.fitbit.com/covid-19-global-activity/ (Stand: 06.05.2020)
82 Ergebnisse der DAK Studie zum Zusammenhang zwischen Homeoffice und Bewegungsmangel. Im Download erhältlich unter: https://www.dak.de/dak/bundesthemen/bewegungsmangel-und-gewichtszunahme-im-homeoffice-2452394.html#/
83 Keith Ferrazzi, Tahl Raz: Never Eat Alone, Expanded and Updated: And Other Secrets to Success, One Relationship at a Time. Random House 2014.
84 Der große Unterschied zwischen Kaffeepausen in Deutschland und Schweden. In „Die Welt" vom 20.3.2022 https://www.welt.de/iconist/partnerschaft/article237574709/Glueck-und-Zufriedenheit-durch-die-Kaffeepause-am-Arbeitsplatz.html
85 Sara Peschke: „Wie ich im Homeoffice verlernte, Pausen zu machen." Artikel im Magazin der Süddeutschen Zeitung am 23. Februar 2021. https://sz-magazin.sueddeutsche.de/abschiedskolumne/homeoffice-pause-89914
86 Rupi Kaur: „Home Body". Simon & Schuster 2020.
87 https://www.stellenanzeigen.de/careeasy/mythen-des-homeoffice-produktivitaet-und-krankenstand-sde88637/. Tätigkeiten, die die Vorgesetzten bei ihren Mitarbeitern im Homeoffice vermuten: Private Anrufe erledigen (31 Prozent), Wäsche waschen (30 Prozent), Onlineshopping (30 Prozent),Lebensmittel einkaufen (28 Prozent), Fernsehen (28 Prozent), Mit dem Hund Gassi gehen (23 Prozent).
88 GOOD WORK Folge 62 vom 7. Mai 2020 mit Julia Erdmann. https://humiq.de/podcast-good-work/cc62-julia-erdmann-architektin-und-stadtplanerin-socialtecture/
89 GOOD WORK Folge 129 vom 27. November 2021 mit Rainer Göttmann. https://humiq.de/podcast-good-work/rainer-goettmann-metafinanz/
90 GOOD WORK Folge 122 vom 14. August 2021 mit Timo Lehne. https://humiq.de/podcast-good-work/122-timo-lehne-sthree/
91 GOOD WORK Folge 62 vom 7. Mai 2020 mit Julia Erdmann. https://humiq.de/podcast-good-work/cc62-julia-erdmann-architektin-und-stadtplanerin-socialtecture/
92 Mathias Dolls, Jan-Carl Mehles: Wie beeinflusst die Corona-Pandemie die Wohnortpräferenzen?. Ifo-Institut 2021. https://www.ifo.de/publikationen/2021/aufsatz-zeitschrift/wie-beeinflusst-die-corona-pandemie-die-wohnortpraeferenzen
93 Arbeitszeit, Arbeitsschutz, Datenschutz: Was Mobilarbeit von Homeoffice unterscheidet. Haufe Personal. Hier: https://www.haufe.de/personal/arbeitsrecht/arbeitsrecht-was-mobilarbeit-von-homeoffice-unterscheidet_76_498118.html
94 GOOD WORK Folge 74 vom 28. Mai 2020 mit Stephan Derr. https://humiq.de/podcast-good-work/cc74-stephan-derr-vorstand-steelcase-ag-bueromoebelhersteller/
95 S. Munich Urban Colab: „Die Zukunft der Arbeit ist da". https://www.munich-urban-colab.de/inspiration-talk-zukunft-der-arbeit
96 Neue NEST-Unit „Sprint": Kreislaufgerechtes Bauen – vom Rückbau zum Re-Use – in kürzester Zeit. 9. September 2021. https://architek-

turmeldungen.de/nest-unit-sprint-kreislaufgerechtes-bauen-rueckbau-re-use/

97 GOOD WORK Folge 62 vom 7. Mai 2020 mit Julia Erdmann. https://humiq.de/podcast-good-work/cc62-julia-erdmann-architektin-und-stadtplanerin-socialtecture/

98 GOOD WORK Folge 94 vom 24. Juli 2020 mit Wolf Lotter. https://humiq.de/podcast-good-work/wolflottercc94/

99 GOOD WORK Folge 123 vom 6. September 2021 mit Anja Kirig und Markus Orth Lotter. https://humiq.de/podcast-good-work/anja-kirig-und-markus-orth-workation-und-bleasure/

100 Vertrauensurlaub: Urlaubsmodell der Zukunft? https://www.personalwissen.de/arbeitsrecht/fehlzeiten/urlaub/vertrauensurlaub-urlaubsmodell/

101 GOOD WORK Folge 119 vom 2. Juni 2021 mit Sascha Lobo https://humiq.de/podcast-good-work/119-sascha-lobo/

102 GOOD WORK Folge 117 vom 25. April 2021 mit Oliver Blüher https://humiq.de/podcast-good-work/oliver-blueher-digitale-kollaboration/

103 Peter F. Drucker: „Managing for Business Effectiveness. In: Harvard Business Review. Mai 1963. Siehe: https://hbr.org/1963/05/managing-for-business-effectiveness

104 Amel Karboul: „Coffin Corner – Warum auch die besten Unternehmen abstürzen können". Midas Verlag 2015.

105 GOOD WORK Folge 51 vom 22. April 2020 mit Stefanie Lüdecke https://humiq.de/podcast-good-work/cc51-stefanie-luedecke-geschaeftsfuehrerin-tlgg/

106 GOOD WORK Folge 117 vom 25. April 2021 mit Oliver Blüher https://humiq.de/podcast-good-work/oliver-blueher-digitale-kollaboration/

107 GOOD WORK Folge 119 vom 2. Juni 2021 mit Sascha Lobo https://humiq.de/podcast-good-work/119-sascha-lobo/

108 Wert der Weiterbildung 2020: So digital lernt Deutschland. s. auch: https://www.haufe-akademie.de/ressourcen/digitales-lernen/studie-wert-der-weiterbildung

109 GOOD WORK Folge 116 vom 11. April 2021 mit Christian Friedrich https://humiq.de/podcast-good-work/christian-friedrich/

110 GOOD WORK Folge 116 vom 11. April 2021 mit Christian Friedrich https://humiq.de/podcast-good-work/christian-friedrich/

111 Amy C. Edmonson „Die angstfreie Organisation". Vahlen 2020, Vorwort Seite X.

112 GOOD WORK Folge 118 vom 14. Mai 2021 mit Sven Steffes-Holländer https://humiq.de/podcast-good-work/steffes-hollaender/

113 Studie des Future Forums, durchgeführt im Frühjahr 2022 unter mehr als 10.000 Wissensarbeitern aus USA, Australien, Frankreich, Deutschland, Japan and U.K. https://futureforum.com/pulse-survey/

114 GOOD WORK Folge 120 vom 27. Juni 2021 mit Raphael Laguna de la Vera https://humiq.de/podcast-good-work/120-laguna-und-lotter/

115 Informationen zum Projekt Holodeck bei SPRIN-D, Agentur für Sprunginnovationen. S. https://www.sprind.org/de/projekte/gixel/

116 GOOD WORK Folge 120 vom 27. Juni 2021 mit Raphael Laguna de la Vera https://humiq.de/podcast-good-work/120-laguna-und-lotter/

117 Metaverse: Land kaufen virtuell – Unfug oder was für Landwirte? https://www.agrarheute.com/management/finanzen/metaverse-land-kaufen-virtuell-unfug-fuer-landwirte-589405

118 „Der Schreibtisch ist tot" in: Wirtschaftswoche vom 26. August 2021. https://www.wiwo.de/erfolg/beruf/homeoffice-der-schreibtisch-ist-tot/27546686.html

119 GOOD WORK Folge 127 vom 30. Oktober 2021 mit Torsten Groth https://humiq.de/podcast-good-work/torsten-groth-paradoxien/
120 Bernd Schmid und Arnold Messmer: „Auf dem Weg zu einer Verantwortungskultur im Unternehmen." In: LO – Lernende Organisation. Zeitschrift für systemisches Management und Organisation, Nr. 18, März/April 2004, S. 44–50. S. auch hier: https://bibliothek.isb-w.eu/alfresco/d/d/workspace/SpacesStore/09e0ec83-b671-409c-b97d-2b04d40d3055/068-AufDemWegzuEinerVerantwortungskulturImUnternehmen-Schmid-Messmer_2004.pdf
121 „BANI statt VUCA – Die neue Welt" Resilienz-Akademie. Siehe auch: https://www.resilienz-akademie.com/bani-statt-vuca-die-neue-welt/
122 Dave Snowden, Mary E. Boone: „A Leader's Framework for Decision Making" in Harvard Business Review, November 2007. https://hbr.org/2007/11/a-leaders-framework-for-decision-making
123 Torsten Groth, Gerhard P. Krejci, Stefan Günther (Hrsg.) „New Organizing", Carl-Auer-Verlag 2021.
124 GOOD WORK Folge 68 vom 16. Mai 2020 mit Julia Merkel. https://humiq.de/podcast-good-work/cc68-julia-merkel-personalvorstaendin-rv-versicherung/
125 https://www.youtube.com/watch?v=jSFeO1lyadY. Matthias Varga von Kibéd über Ordnung, Wissen, Vertrauen (das triadische System), Minute 19.
126 Sabine Kluge, Alexander Kluge: „Graswurzelinitiativen", Vahlen 2021.
127 GOOD WORK Folge 132 vom 22. Januar 2022 mit Jörg Staff. https://humiq.de/podcast-good-work/joerg-staff-atruvia/
128 Christoph Frey und Gudrun L. Töpfer: „Ambidextrie in Organisationen". Schäffer-Poeschel Verlag
129 GOOD WORK Folge 127 vom 30. Oktober 2021 mit Torsten Groth https://humiq.de/podcast-good-work/torsten-groth-paradoxien/
130 GOOD WORK Folge 48 vom 20. April 2020 mit Mareike Buckmann https://humiq.de/podcast-good-work/cc48-mareike-buckmann-agile-coach-bei-vodafone/
131 GOOD WORK Folge 128 vom 14. November 2021 mit Barbara Müller-Geskes. https://humiq.de/podcast-good-work/barbara-mueller-geskes-2/
132 Carol S. Dweck: „Mindset. The new psychology of success". Ballantine Books New York 2007.
133 GOOD WORK Folge 128 vom 14. November 2021 mit Barbara Müller-Geskes. https://humiq.de/podcast-good-work/barbara-mueller-geskes-2/
134 GOOD WORK 96 Sandra Wolf am 31.7.2020 https://humiq.de/podcast-good-work/cc96-kathrin-martin-schreinermeistern/
135 GOOD WORK 134 Jule und Lukas Bosch am 7. März 2022. https://humiq.de/podcast-good-work/134-jule-und-lukas-bosch/
136 GOOD WORK 134 Jule und Lukas Bosch am 7. März 2022. https://humiq.de/podcast-good-work/134-jule-und-lukas-bosch/
137 GOOD WORK 136 Michael Faschingbauer am 15. April 2022. https://humiq.de/podcast-good-work/michael-faschingbauer-effectuation/
138 GOOD WORK 40 Ulrich Wittur am 13. April 2020 https://humiq.de/podcast-good-work/cc40-ulrich-wittur-betriebsleiter-frischeparadies-gross-und-einzelhandel-lebensmittel-feinkost/
139 GOOD WORK 133 Jan-Hendrik Goldbeck am 6. Februar 2022 https://humiq.de/podcast-good-work/jan-hendrik-goldbeck-moeglichkeitsraeume/

140 GOOD WORK 133 Jan-Hendrik Goldbeck am 6. Februar 2022 https://humiq.de/podcast-good-work/jan-hendrik-goldbeck-moeglichkeits-raeume/
141 GOOD WORK 96 Sandra Wolf am 31.7.2020 https://humiq.de/podcast-good-work/cc96-kathrin-martin-schreinermeistern/
142 Eric Ries: „The Lean Start-up." Redline 2014.
143 GOOD WORK 134 Jule und Lukas Bosch am 7. März 2022. https://humiq.de/podcast-good-work/134-jule-und-lukas-bosch/
144 GOOD WORK 69 Anna und Lisa Hahner am 18.5.2020 https://humiq.de/podcast-good-work/cc69-hahnertwins-anna-und-lisa-hahner-olympiateilnehmerinnen-marathon/
145 GOOD WORK 26 Sandra Wolf am 1. April 2020 https://humiq.de/podcast-good-work/cc26-dr-sandra-wolf-geschaeftsfuehrerin-riese-mueller-premium-e-bike-hersteller/
146 Stefan Kühl: Organisationsexperte: „In ein, zwei Jahren wird kaum noch jemand über Purpose sprechen". In: Handelsblatt vom 4.10.2020. https://www.handelsblatt.com/karriere/stefan-kuehl-im-interview-organisationsexperte-in-ein-zwei-jahren-wird-kaum-noch-jemand-ueber-purpose-sprechen/26238316.html
147 Zitiert nach: Frankl, Viktor: „Wer ein Warum zu leben hat." Beltz Verlag, Weinheim Basel.
148 Zitiert nach: Biller, Karlheinz u. a.: Wörterbuch der Logotherapie und Exi- stenzanalyse von Viktor E. Frankl. Sachbegriffe, Metaphern, Fremdwörter, Wien/Köln/Weimar 2008, S. 81.
149 GOOD WORK Folge 122 vom 14. August 2021 mit Timo Lehne. https://humiq.de/podcast-good-work/122-timo-lehne-sthree/
150 „Anpassung an eine neue Normalität". Empirische Erhebung unter 750 Führungskräften von Hays/Rheingold Institut. https://www.hays.de/documents/10192/118775/hays-studie-anpassung-an-eine-neue-normalitaet-2020.pdf
151 GOOD WORK 134 Jule und Lukas Bosch am 7. März 2022. https://humiq.de/podcast-good-work/134-jule-und-lukas-bosch/

Über die Autorin, über GOOD WORK

Jule Jankowski ist systemische Organisationsberaterin und begleitet in dieser Funktion mit ihrem Beratungsunternehmen Humiq Teams und Führungsmannschaften durch die rauen Gewässer von Veränderungsprozessen und Innovationsdruck. So ist sie hautnah dran an den Dynamiken, die in Unternehmen wirken. Ihre akademische Ausbildung und berufliche Herkunft ist die empirische Sozial- und Kommunikationsforschung. Und diese Expertise bringt sie in ihre Arbeit als Beraterin, als Keynote-Speakerin, als Moderatorin ein. Ihr waches Auge ist stets auf Veränderungsphänomene in sozialen Systemen gerichtet. Ihre Blickrichtung fokussiert die Perspektive Mensch.

Als sich im März 2020 die abrupten und umgreifenden Umwälzungen in der Arbeitswelt abzeichnen, springt ihr Forschergeist an. „Wir müssen jetzt mitschreiben, was gerade passiert. Lernen werden wir viel später". Es ist die Geburtsstunde von GOOD WORK, der Lernchronik in Podcastform. Und er ist zugleich die Datenquelle für dieses Buch.

Der Podcast GOOD WORK hat sich mittlerweile als Institution für renommierte Vordenker zu Themen der Transformation der Arbeitswelt fest im deutschsprachigem Raum etabliert. Jule Jankowski begrüßt in ihrem Audiosalon ebenso gerne namhafte Fachleute wie Menschen aus der Mitte der Arbeitsgesellschaft, die ihre Erfahrungen wahrhaftig teilen möchten. Über 140 Folgen sind seit dem Start veröffentlicht. Gäste wie Hörende des Podcasts GOOD WORK schätzen Jule Jankowskis Faible für eine bildhafte Sprache, ihre sehr persönliche Gesprächsführung, ihre tiefen Kenntnisse in Fragen der Organisationsentwicklung sowie ihre klugen, pointierten Schlussfolgerungen. Auf ihrer Gästeliste finden sich große Namen wie Sascha Lobo, Wolf Lotter, Thomas Sattelberger, Gunter Dueck, Bodo Janssen, Armin Nassehi, Ines Imdahl und viele mehr.

Die Rolle der Salongastgeberin und Moderatorin ist ihr in die Wiege gelegt. Ihre Herkunftsfamilie war bekannt für ihre allsonntäglichen, wortgewaltigen und kontroversen Frühstücksrunden, zu denen sich sehr regemäßig Gäste einluden. Als jüngstes Kind und einziges Mädchen neben drei älteren Brüdern hat sie intuitiv sehr früh erlebt und gelebt, was es für einen gelungenen Austausch braucht: Eine moderative Stärke, die auf Humor, Sprach- und Einfühlungsvermögen beruht.

Diana Kinnert im Podcast „Der achte Tag" bei The Pionier über GOOD WORK: „Jule Jankowski ist eine Koryphäe auf dem Gebiet des modernen Arbeitslebens. Sie hat sich in 2020 auf eine Reise begeben und untersucht: „Was macht Corona mit unserer Arbeitswelt, mit unserer Arbeitsweise?" ... Weit über 100 Podcast-Gespräche sind entstanden, in denen Jule Jankowski mit Experten über ihren Umgang mit den Veränderungen der Rahmenbedingungen in unserer Arbeitswelt vor dem Hintergrund der Pandemie gesprochen hat. Mehr als 100 Stunden Expertise, Lernerkenntnisse, neue Einsichten zu guter moderner Arbeit sind das Ergebnis. Dass Jule Jankowski so früh, so schnell in die Feldforschung gegangen ist, ist ein wahnsinniger Gewinn für uns. Vielen Dank Dir, liebe Jule."

Dipl. Psychologin Ines Imdahl, Geschäftsführerin Rheingold Salon: „Good ist das neue New – ein viel zitierter Satz, als Formel jedoch originär von Jule Jankowski geprägt. Weil „New" für sich genommen keinen sinnhaften Wert in der Arbeitswelt ergeben kann, entwickelt sie in jedem ihrer Podcast-Folgen durch kluge systemisch-zusammenhängende Gesprächsführung mit ihren zum Teil wirklich prominenten Gästen eine Vision und auch Konkretisierung für Arbeitsweisen der Zukunft."

Wolf Lotter, Begründer von BrandEins sagt zu GOOD WORK: „GOOD WORK ist der beste und klügste Transformationspodcast des Landes. Jule Jankowski hat eine eigene und höchst alltagspraktische Enzyklopädie der Veränderung geschaffen, die Arbeit, Mensch und Organisation in ihrer wunderbaren Vielfalt abbildet. Das sollte jede und jeder, die die Entwicklung von der Industrie- zur Wissensgesellschaft vollzieht, im geistigen Regal stehen haben."

Jule Jankowski ist verheiratet und lebt mit ihrem Mann, zwei Kindern und ihrem Hund in Wiesbaden.

Danksagung der Autorin

Mein Dank gilt allen Gästen im Podcast GOOD WORK. Ihre wertvollen Gedanken und der Austausch mit ihnen haben das Buch „Zwischen Alt und Neu liegt Gut" überhaupt erst vorstellbar gemacht. Ausdrücklich und namentlich erwähnt seien an dieser Stelle all diejenigen, deren Stimme im Buch noch einmal lebendig wurde.

Martin Andrée, Oliver Blüher, Jule und Lukas Bosch, Mareike Buckmann, Stephan Derr, Conny Dethloff, Julia Erdmann, Michael Faschingbauer, Christian Friedrich, Mark Gevers, Gerd Gigerenzer, Raphael Gielgen, Jan-Hendrik Goldbeck, Rainer Göttmann, Torsten Groth, Thomas Gutberlet, Anna und Lisa Hahner, David Hillmer, Matthias Horx, Gerald Hüther, Ines Imdahl, Benjamin Jaksch, Bodo Janssen, Antonia Jennewein, Diana Kinnert, Anja Kirig, Rafael Laguna de la Vera, Timo Lehne, Sascha Lobo, Wolf Lotter, Stefanie Lüdecke, Mareike Lüken, Julia Merkel, Barbara Müller-Geskes, Christian Obad, Markus Orth, Christine Radtke, Ingo Scheidweiler, Eva Schulte-Austum, Diane Siegloch, Fritz B. Simon, Maren Spiller, Jörg Staff, Sven Steffes-Holländer, Boris Steinhart und Sandra Wolf.

Viele Menschen wollen ein Buch schreiben, besser noch: geschrieben haben. Damit dieser Wunsch Wirklichkeit wird, braucht es gute Geister, mentale Mentoren und Wegbereiter im Hintergrund.

Stellvertretend für all diese Unterstützer bedanke ich mich ganz besonders bei:

- Ingo Stoll für seine spektakuläre Geburtshilfe zum Podcast GOOD WORK innerhalb weniger Tage.
- Nicole Rengelshausen für ihr sprachliches und inhaltliches Feingefühl, klagloses Lesen und wertschätzendes Redigieren.
- Nicole Frenken, Nico Lange und Christian Obad für die moderatorische Kollaboration in den irrwitzigen ersten Wochen der Corona Chroniken im Podcast GOOD WORK.
- meiner Familie für ihre Langmut, wenn ich mich mal wieder für Stunden in meiner Schreibhöhle verkrochen habe.
- meinem Mann Udo für den bedingungslosen 24/7-Support.
- und meinem Hund Ruby, der so oft der Versuchung widerstanden hat, mitten bei einer Podcast Aufzeichnung lauthals loszubellen.